高等学校土木工程专业规划教材

结 构 力 学

Structural Mechanics

肖勇刚　唐雪松　**主编**

人民交通出版社

内 容 提 要

本书根据教育部高等学校力学教学指导委员会编制的结构力学教学大纲编写,选材适当,叙述精炼,联系实际,努力适应当前教学改革的要求。

全书共八章,内容包括:绪论、平面杆系的几何组成分析、静定结构的内力计算、静定结构的位移计算、超静定结构的内力与位移计算、影响线及其应用、矩阵位移法、结构的动力计算。每章后附有习题和答案。为了方便教学,本书配有教学课件,可在 http://www.ccpress.com.cn/service/index.aspx 网址下载。

本书可作为高等院校土木工程、水利水电工程以及工程力学等专业的本科教材,也可供相关专业工程技术人员参考。

图书在版编目(CIP)数据

结构力学/肖勇刚,唐雪松主编.—北京:人民
交通出版社,2012.6
高等学校土木工程专业规划教材
ISBN 978-7-114-09823-9

Ⅰ.①结⋯　Ⅱ.①肖⋯ ②唐⋯　Ⅲ.①结构力学—高
等学校—教材　Ⅳ.①O342

中国版本图书馆 CIP 数据核字(2012)第 108362 号

　　　　　高等学校土木工程专业规划教材
书　　名:结构力学
著 作 者:肖勇刚　唐雪松
责任编辑:王文华(wwh@ccpress.com.cn)
出版发行:人民交通出版社
地　　址:(100011)北京市朝阳区安定门外外馆斜街 3 号
网　　址:http://wwh.ccpress.com.cn
销售电话:(010)59757973
总 经 销:人民交通出版社发行部
经　　销:各地新华书店
印　　刷:北京盈盛恒通印刷有限公司
开　　本:787×1092　1/16
印　　张:16.5
字　　数:380 千
版　　次:2012 年 6 月　第 1 版
印　　次:2014 年 7 月　第 3 次印刷
书　　号:ISBN 978-7-114-09823-9
定　　价:32.00 元

(有印刷、装订质量问题的图书由本社负责调换)

前　言

本书根据教育部高等学校力学教学指导委员会编制的结构力学教学大纲，并结合《高等学校土木工程本科指导性专业规范》中关力结构力学的知识点要求进行编写，适用于作为高等院校土木工程、水利水电工程以及工程力学等专业本科教材，亦可供从事相关专业的工程技术人员学习参考。

本书在编写的过程中，吸取了以往结构力学教材的长处，并根据作者多年的教学实践经验编写而成。编写时结合一般工科院校的特点，精选内容、注重理论联系实际和工程应用；结构上遵循循序渐进、承上启下的规律；应用简洁的文字，试图做到深入浅出、通俗易懂；编写过程中还研制了相应教学课件，与纸质教材配套使用，方便教与学。全书共分八章，内容包括绪论、平面体系的几何组成分析、静定结构的内力计算、静定结构的位移计算、超静定结构的内力与位移计算（力法、位移法、弹性中心法、力矩分配法）、影响线及其应用、矩阵位移法、结构的动力计算。每章后有习题和答案。

本书由长沙理工大学肖勇刚教授和唐雪松教授担任主编，编写分工如下：第一、二、三章由肖勇刚、邓军、彭旭龙编写，第四章由陈得良、缪莉编写，第五章由唐雪松、郝海霞编写，第六章由陈星烨、付果编写，第七章由陈常松、张晓萌编写，第八章由杨金花、付果编写。

在本书的编写过程中，许多同行提出了很好的意见和建议，在此表示感谢。限于编者水平，书中缺点错误一定不少，敬请广大读者批评指正，并将意见寄往长沙理工大学土木与建筑学院。

作者
2012 年 2 月

目　　录

第1章 绪 论

1.1 结构力学的研究对象和任务

在土木工程中,由建筑材料按照一定方式组成并能承受荷载作用的物体或体系称为工程结构(简称结构),例如房屋建筑中的屋架、梁、板、柱、基础及其组成的体系,铁路与公路桥梁等。结构按其几何特征可分为三种类型:杆件结构[图 1-1a)]、薄壁结构[图 1-1b)]和块体结构[图 1-1c)]。

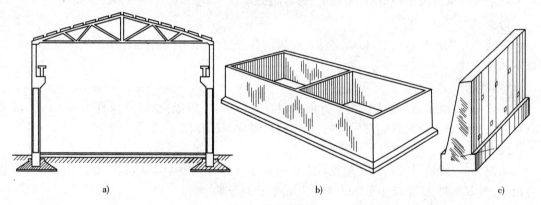

图 1-1 结构的类型

结构力学与理论力学、材料力学、弹性力学有密切关系。理论力学着重讨论刚体的静力学、运动学和动力学问题,而其他三门力学课程着重讨论弹性结构及其构件的强度、刚度和稳定问题,其中材料力学以单个构件为主要研究对象,结构力学以杆系结构为主要研究对象,弹性力学以实体结构和板壳结构为主要研究对象。

结构力学的研究任务是:

(1)研究杆系结构的组成规律及其合理的组成形式,以及结构计算简图的合理选择。

(2)研究杆系结构在荷载、温度变化和支座沉陷等因素作用下,结构各部分的内力计算和位移计算,以保证结构有足够的强度和刚度。

(3)研究杆系结构在动力荷载作用下的结构动力响应。

结构力学作为土木类专业的一门重要技术基础课,在大学本科课程体系中起着承前启后的作用,它既要用到理论力学和材料力学的基础知识,也为后续的专业课程(如钢结构,钢筋混凝土结构)的设计提供计算方法。

1.2 结构的计算简图和分类

1.2.1 结构的计算简图

实际的建筑结构一般都很复杂,往往不能考虑所有因素去做严格计算,因此,对实际结构进行力学计算前,必须加以简化,略去次要因素,显示其基本特点,以简化图形来代替实际结构。这种用以计算的简化图形,叫做结构计算简图。

确定计算简图的原则是:

(1)保证设计上的足够精度;

(2)使计算尽可能简化。

计算简图的确定,需要经过试验、实测和理论分析,并要经过多次工程实践的检验。

1.2.2 结构的简化

对实际结构的简化通常包括三个方面:①结构杆件的简化;②支座和结点的简化;③荷载的简化。

1)结构杆件的简化

在结构计算简图中,对杆件简化时,通常略去其具体形状,而以一根轴线来表示。

2)支座的简化

把结构和基础联系起来,以固定结构位置的装置,称为支座。平面杆系结构的支座一般有以下四种形式。

(1)活动铰支座

如图 1-2a)所示,杆端 A 沿水平方向可以自由移动,但沿竖向(沿支撑杆)不能移动,绕 A 点可以自由转动。因此只能发生竖向(沿支撑杆方向)反力[图 1-2b)]。

(2)固定铰支座

如图 1-3a)所示,杆端 A 绕 A 点可以自由转动,但沿任何方向均不能移动。反力的未知数有两个,为方便起见,将反力分解为两个互相垂直的分量,如图 1-3b)所示。

图 1-2　活动铰支座　　　　　　　　　　　　图 1-3　固定铰支座

(3)固定支座

如图 1-4a)所示,杆端不能移动也不能转动。反力的未知数有三个,可在杆端构成两个分反力以及力偶矩,如图 1-4b)所示。

(4)定向支座(又称滑动支座)

如图 1-5a)所示,这种支座只允许结构在沿支撑面方向滑动,而沿其他方向不能移动,也不能转动。反力未知数是两个,可在杆端简化为一个垂直于支撑平面的反力和一个力偶矩,如图 1-5b)所示。

图 1-4　固定支座　　　　　　　　　　　　　图 1-5　定向支座

3)结点的简化

在杆件结构中,通常将杆件的相互联结处称为结点,尽管实际结构的结点构造是很复杂的、多样化的,但在确定结构计算简图时,其结点通常可简化为三类,即铰结点、刚结点和组合结点。

（1）铰结点[图 1-6a）]

该结点的特征是所联结的各杆件都可以绕结点自由转动，即铰结点上各杆间夹角可以改变。由于各杆端没有转动约束，相应地无杆端弯矩。

（2）刚结点[图 1-6b）]

该结点的特征是所联结的各杆件不能绕结点自由转动，即在结点处各杆端之间的夹角始终保持不变。

（3）组合结点[图 1-6c）、d）]

该结点的特征是在同一结点上，某些杆件间相互刚结，而另一些杆间相互铰接，故又称为半铰结点。它同时具有以上两种结点的几何特征。

图 1-6　结点

4）荷载的简化

结构承受的荷载可分为体积力和表面力两大类。体积力是指结构的自重或惯性力等；表面力是由其他物体通过接触面传给结构的作用力。这些荷载如果要准确地确定其大小、方向和作用将是困难的，必须适当简化。例如作用面积不大，但给予结构较大荷载的力（如汽车荷载），按集中荷载考虑；作用在较大面积上的荷载（如人群、自重和风力等）按分布荷载计算，相联部分给予结构反作用力，视联结处的构造情况按集中力、集中力偶计算。在杆系结构中把杆件简化为轴线，因此，所有荷载最后都简化为作用在结构纵轴线的三大类型荷载：线荷载、集中荷载和力偶荷载。

1.2.3　结构的分类

平面杆系结构，根据其组成特征和受力特点，可分为如下几种类型：

1）梁

梁是一种受弯杆件，其轴线通常是直线。梁可以是单跨的或多跨的[图 1-7a）、b）]。

图 1-7　梁

2）拱

拱的轴线为曲线，其力学特点是在竖向荷载作用下能产生水平支座反力[图 1-8a）、b）]。

图 1-8　拱

3)桁架

桁架由直杆组成,所有结点均为铰结点(图1-9)。

4)刚架

刚架是由梁和柱组成的结构,其结构特点是具有刚结点(图1-10)。

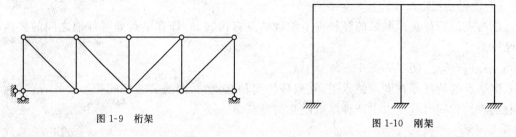

图1-9 桁架

图1-10 刚架

5)组合结构

组合结构是桁架和梁或刚架组合在一起形成的结构,其具有组合特点(图1-11)。

图1-11 组合结构

1.3 荷载的分类

荷载是主动作用在结构上的外力,例如结构的自重,加于结构上的土压力等。除外力外,还有诸如温度变化、基础变位等也可以使结构产生内力和变形,因此,广义上说,这些因素也可以叫做荷载。

作用在结构上的荷载,按其不同特征可分为以下几种。

1)按荷载作用时间分为恒载和活载

恒载是指作用在结构上不变的荷载,例如结构的自重或土压力。

活载是指作用在结构上可变的荷载,例如楼面荷载、风荷载、雪荷载、吊车荷载等。

对结构进行计算时,恒载和大部分活载(如雪载、风载等)在结构上作用的位置可以认为是固定的,这种荷载叫做固定荷载;有些活载如吊车梁上的吊车荷载,桥梁上的汽车荷载等,在结构上的位置是移动的,这种荷载叫做移动荷载。

2)按荷载作用性质分为静荷载和动荷载

静荷载是指逐渐地、缓慢地自零开始增至终值的荷载,且荷载的大小、方向和位置不随时间而变。不产生加速度,不必考虑惯性力的影响。动荷载是指急剧施加在结构上的荷载,且其大小、方向和位置都随时间而变,因此产生加速度,必须考虑惯性力的影响。

3)按荷载的作用范围分为集中荷载和分布荷载

荷载的作用面积相对于总面积是微小的,作用在这个面积上的荷载,可以简化为集中荷载。分布作用在一定面积或长度上的荷载,可简化为分布荷载,如风、雪、自重等荷载。

4)按荷载位置的变化可分为固定荷载和移动荷载

作用位置固定不变的荷载为固定荷载,如风、雪、结构自重等。可以在结构上自由移动的荷载称为移动荷载,如吊车梁上的吊车荷载、公路桥梁上的汽车荷载。

4

第2章 平面杆系的几何组成分析

2.1 概 述

2.1.1 几何体系的分类

由若干根杆件按一定方式联结而成的体系,称为杆件体系。若全部的杆件均处于同一平面内,则称为平面杆件体系。在荷载作用下,体系将发生变形。如果体系的变形相对于其原尺寸非常小时,变形可忽略不计,而认为其几何形状和位置不发生改变,即把组成体系的每根杆件都看作是完全不变形的刚性杆件。凡是在荷载作用下能够保持自身几何形状和位置不变的几何体系称为几何不变体系。工程上,只有几何不变体系才能作为承载的结构;若在荷载作用下不能保持其几何形状和位置的,称之为几何可变体系。结构是用来承受荷载的体系,如果它承受荷载很小时结构就倒塌了或发生了很大变形,就会造成工程事故。故结构必须是几何不变体系,而不能是几何可变体系。

如图 2-1a)所示的铰接三角形体系,在外力 F 作用下不会改变其几何形状和位置,这样的体系是几何不变体系。而图 2-1b)所示三链杆则不然,它在某个很小的干扰力作用下,会发生几何形状和位置的变化,这类体系是几何可变体系。

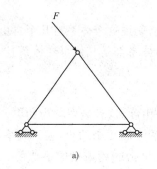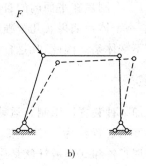

图 2-1

2.1.2 几何组成分析的目的

显然,一个几何可变体系是不能作为工程结构的。因此,在对结构进行受力分析之前,必须对体系的几何组成性质进行分析,简称几何组成分析,也称为几何构造分析或机动分析。

对体系进行几何组成分析的目的在于:
(1)判断一个体系是否几何不变,从而决定它能否作为结构;
(2)研究几何不变体系的组成规律,以保证设计的结构能承受荷载而维持平衡;
(3)为正确区别静定结构和超静定结构,以及进行结构的内力计算打下基础。
本章只讨论平面杆件体系的几何组成分析。

2.2 平面体系的计算自由度

2.2.1 自由度

在对体系进行几何组成分析时,如果不考虑材料的应变,可以认为体系的各个构件没有变形。因此,把体系中已判定为几何不变的某个部分,比如一根梁、一根链杆等,可以看作一个平面刚体,简称刚片。同样,支撑体系的地基可看作一个刚片,如图 2-2 所示。

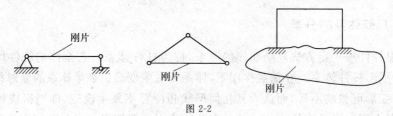

图 2-2

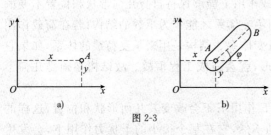

图 2-3

为了便于对体系进行几何组成分析,必须先了解体系的自由度。所谓自由度是指确定体系的空间位置所需的独立坐标的数目。例如,确定图 2-3a)中点 A 在平面中的位置,需要用 x、y 两个独立坐标,那么点 A 的自由度就等于 2。再如,确定图 2-3b)中平面坐标内一个刚片的位置,可由其上面任一点 A 的坐标 x、y 及通过 A 点的任一条直线 AB 与 x 轴的夹角才能确定,所以一个刚片在平面内的自由度等于 3。

一般来说,一个体系如果有几个独立的运动方式,就说这个体系有几个自由度。工程结构必须都是几何不变体系。因此,凡是自由度大于零的体系都是几何可变体系。

2.2.2 约束

对体系施加某种装置以限制其运动,就能减少自由度,这种装置称为约束。凡是能使体系减少一个自由度的装置称为一个约束。因此,对体系施加几个约束,就可使它减少几个自由度。结构中的理想铰和支座链杆就是这种约束。(这里指的约束指的是能使自由度减少的必要约束,而多余约束并不能使自由度减少。)

1)链杆

如图 2-4 所示,用一根链杆将刚片与地基相连,则此刚片将只有两种运动的可能:沿着以 A 点为圆心,以 AB 为半径的圆周转动和刚片沿 x 方向的平动,刚片的位置可用两个参数完全确定,故其自由度由 3 变为 2,可见加入一根支座链杆可以减少一个自由度,即一根链杆相当于一个约束。

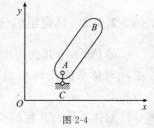

图 2-4

2)铰

(1)单铰

对于彼此毫无联系的刚片Ⅰ与Ⅱ,在平面内各有 3 个自由度,总共 6 个自由度。如果用一个铰把它们联结起来(图 2-5),这种联结两个刚片的铰称为单铰。若刚片上的位置由 A 点作自由转动，其位置由一个倾角就可以完全确定。因此，两个刚片用一个单铰联结后，体系的自由度由 6 个减少成 4 个。可见，一个单铰相当于两个约束，也就是相当于 2 根链杆的作用。

（2）复铰

如果用一个铰同时联结三个或三个以上的刚片，这种铰称为复铰，如图 2-6 所示。当刚片 Ⅰ、Ⅱ、Ⅲ 用铰 A 联结时，若刚片 Ⅰ 的位置由 A 点的坐标 (x,y) 和倾角确定后，刚片 Ⅱ、Ⅲ 都只需一个角度坐标便可完全确定，因此各减少两个自由度（共减少 4 个自由度）。可见联结三刚片的复铰相当于两个单铰的作用。

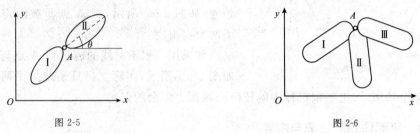

图 2-5　　　　　　　　　　　　图 2-6

由此可推知：联结 n 个刚片的复铰相当于 $n-1$ 个单铰的作用。

（3）虚铰

如果两个刚片用两根链杆联结，如图 2-7a)所示，则这两根链杆的作用就和一个位于两杆交点的铰的作用完全相同。我们常称联结两个刚片的两根链杆的交点为虚铰。如果联结两个刚片的两根链杆并没有相交，则虚铰在这两根链杆延长线的交点上，如图 2-7b)所示。若这两根链杆是平行的，则认为虚铰的位置在沿链杆方向的无穷远处，如图 2-7c)所示，称为无穷远虚铰。

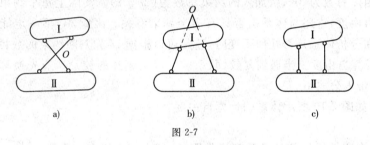

a)　　　　　　　b)　　　　　　　c)

图 2-7

3）刚结点

如图 2-8a)所示，刚片 Ⅰ、Ⅱ 在 A 处刚性联结成一个整体，原来两个刚片在平面内具有 6 个自由度，现刚性联结成整体后减少了 3 个自由度，所以，一个刚结点相当于三个约束。同理，一个固定端的支座相当于刚结点，或者说固定端支座相当于三个约束，如图 2-8b)。

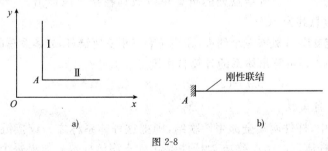

a)　　　　　　　　　　　b)

图 2-8

三种类型约束之间的关系：一个单铰的约束作用相当于两根链杆；一个刚结点的约束作用相当于三根链杆。

为保持体系几何不变必须有的约束叫必要约束,为保持体系几何不变并不需要的约束叫多余约束。一个平面体系,通常都是由若干个刚片加入一定约束组成的。加入约束的目的一般是为了减少体系的自由度。如果在体系中增加一个约束,而体系的自由度并不因此而减少,则该约束被称为多余约束。多余约束只说明为保持体系几何不变是多余的,在几何体系中增设多余约束,可改善结构的受力状况,并非真的多余。

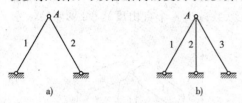

图 2-9

例如,平面内一个自由点 A 原来有两个自由度,如果用两根不共线的链杆 1 和 2 把 A 点与基础相连,如图 2-9a)所示,则 A 点即被固定,因此减少了两个自由度。

如果用三根不共线的链杆把 A 点与基础相连,如图 2-9b)所示,实际上仍只是减少了两个自由度,有一根是多余约束(可把三根链杆中的任何一根视为多余约束)。

2.2.3 平面体系的计算自由度

1)刚片系计算自由度

一个平面体系,通常都是由若干个刚片彼此用铰相联并用支座链杆与基础相联所组成。假设每个约束都使体系减少一个自由度,则体系的自由度为

$$W = 3m - (2h + r) \tag{2-1}$$

式中,m 为刚片数;h 为单铰数;r 为支座链杆数。

体系的自由度总数为 $3m$,所加入的约束总数为 $(2h + r)$。实际上每个约束不一定都能使体系减少一个自由度,这还与体系是否具有多余约束有关。因此,W 不一定能反应体系真实的自由度。但在分析体系是否几何不变时,还是可以根据 W 先判断约束的数目是否足够。所以,把 W 称为计算自由度。当遇到复铰(联系两个以上刚片的铰)时,应先换算成相当数目的单铰数,然后再带入公式中。

【例 2-1】求如图 2-10 所示体系的计算自由度。

解:

(1)可将除支座链杆外的各杆件都当作刚片,其中 CD 和 BD 两杆在结点 D 处为刚结点,因而 CDB 为一连续整体,故可作为一个刚片。这样,总的刚片数为 8。

(2)在计算单铰数时,应正确识别各复铰所联结的刚片数。在结点 D 处,折算单铰数为 2。其余各结点处的折算单铰数均在括号内标出。因此,体系的单铰数总共为 10。

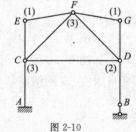

图 2-10

(3)注意到固定支座 A 处有三个约束,相当于有三根支座链杆,故体系总的支座链杆数为 4。

(4)于是,由式(2-1)可算出体系的计算自由度为

$$W = 3m - (2h + r) = 3 \times 8 - (2 \times 10 + 4) = 0$$

2)链杆系计算自由度

如果平面体系中,杆件两端全部用铰联结,则把这种体系称之为铰接链杆体系,比如桁架结构。假设 j 为链杆体系的结点数,b 为杆件数,r 为支座链杆数。如果每个结点均为自由,则有 $2j$ 个自由度,但联结结点的每根杆件都起到一个约束的作用,故链杆体系的计算自由度为

$$W = 2j - (b + r) \tag{2-2}$$

【例 2-2】求如图 2-11a)所示体系的计算自由度。

解:

按照式(2-2)计算有

$$W=3j-(b+r)=2\times 6-(9+3)=0$$

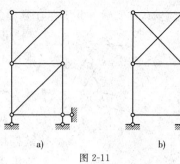

按照式(2-1)和式(2-2)计算的结果,有如下 3 种情况:

(1)$W>0$,表明体系缺少必要的约束,因而体系是几何可变的。

图 2-11

(2)$W=0$,表明体系有保证几何不变所需的最少约束数目,但不一定就是几何不变的。如图 2-11b)所示体系,虽然 $W=0$,总的约束数目足够,但布置不当,其上部有多余约束而下部又缺少必要约束,因而是几何可变的。

(3)$W<0$,表明体系有多余的约束存在,但不一定就是几何不变的,这还要看约束布置是否得当。

由此可见,一个体系当 $W\leq 0$ 是保证其几何不变的必要条件,但不是充分条件。这是因为体系的约束如果安排、布置得不恰当,仍会造成体系的一部分有多余约束而另一部分则约束不足,从而使整个体系仍然几何可变。为了判定体系的几何不变性,还必须进一步分析几何不变体系的合理组成规则,以便提出保证结构几何不变的充分条件。

2.3　几何不变体系的组成规则

虽然一个体系具有足够数目的约束,但若是布置不当,仍会成为几何可变体系。下面讨论几何不变体系的组成规则,以用作判断体系几何可变与否的依据。

2.3.1　三刚片规则

三刚片规则描述:三个刚片用三个不在同一直线上的三个单铰两两相联,则所组成的体系是几何不变的。

1)三刚片用三个铰相联

设有三个刚片Ⅰ、Ⅱ、Ⅲ,用 3 个铰两两相联,构成一个三角形 ABC,如图 2-12 所示。此体系从几何上看,它的几何形状是不会改变的。从运动看,若假定刚片Ⅰ固定不动,则刚片Ⅱ只能绕 A 点转动,其上的 C 点只能在以 A 点为圆心、AC 为半径的圆弧上运动,而刚片Ⅲ只能绕铰 B 转动,其上的 C 点只能以 B 为圆心、BC 为半径的圆弧上运动,但刚片Ⅱ和刚片Ⅲ已被铰 C 连接,可见各个刚片不可能发生任何相对运动,因此这样组成的体系是几何不变的。(简单地说,就是三角形三条边长一定,则三角形形状是唯一的、不变的。)

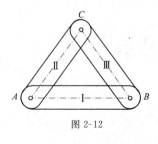

图 2-12

三刚片规则也可称为三角形规则,即一个铰接三角形,如果它的三个铰不共线,此铰接三角形是几何不变的。它是组成几何不变体系的最基本组成规则,下面两个组成规则都可从它演变而得。

2)三刚片完全用链杆相联

设有三个刚片,用 6 根链杆两两相联结,如图 2-13 所示。因为两根链杆的约束作用相当于一个单铰,6 根链杆中两两链杆分别相交于三个点 $O_{Ⅰ,Ⅱ}$、$O_{Ⅱ,Ⅲ}$、$O_{Ⅰ,Ⅲ}$。通常把两根链杆的实际交点称为实铰,而把两链杆延线的交点称为虚铰或称瞬铰。虚铰位置是随链杆的位置改变而变动,在实际上并不存在真实的虚铰。

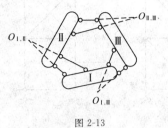

图 2-13

由此可见,这里的 $O_{I,II}$、$O_{II,III}$、$O_{I,III}$ 就是虚铰,只要这三个虚铰不在同一直线上,这个体系就是几何不变的。

2.3.2 两刚片规则

两刚片规则描述:两个刚片用一个单铰和一根不通过该铰的链杆相联,或用三根既不全平行也不交于一点的链杆相联结,则所组成的体系是几何不变的。

1)两刚片用一个单铰和一根链杆联结

设有两个刚片 I、II,用一个单铰 A 和一个不通过铰 A 的链杆 BC 相联,如图 2-14 所示。若 BC 杆看作刚片 III,则此种体系实际上就是三个刚片 I、II、III 用不在一直线上的三个铰 A、B、C 两两相联结而成,属于几何不变体系。由此可知,两刚片规则中一个铰和一根不通过铰心的链杆组成规则本质上就是三刚片规则。

2)两刚片用三根链杆联结

设有两刚片 I、II,用不汇交于一点也不完全平行的三根链杆 1、2、3 相联结,如图 2-15 所示。其中 1、2 两杆的延长线相交于虚铰 O,这样刚片 I、II 就相当于两个刚片用虚铰 O 和一根不通过铰 O 的链杆 3 相联而成,这种体系是几何不变的。

由此可知,如果两个刚片用三根既不相交于一点也不完全平行的链杆相联而成的体系,没有多余的约束,则该体系是几何不变的。

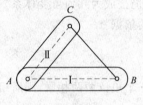

图 2-14

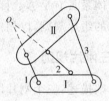

图 2-15

2.3.3 二元体规则

如图 2-16 所示,在一个刚片上用两根不在一直线上的链杆联结一个新结点,按这种方式加上去的两根链杆,称为二元体。二元体规则描述:在一个体系上增加或减少二元体,不会改变原体系的几何不变或几何可变性质。

如图 2-17 所示的体系是按三刚片规则组成的。但也可以这样看:其中的两个刚片看作链杆,是在一个刚片上增加二元体,仍为几何不变体系。或者说,二元体规则实质上也是三刚片规则。

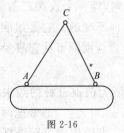

图 2-16

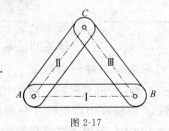

图 2-17

10

对于铰接体系,用二元体规则分析特别方便。先将一个铰接三角形选作刚片,在此基础上依次增加一个二元体,得几何不变体系,然后以此方式可以不断增加二元体,最后得出的铰接体系为几何不变体系。当然,也可以反过来,用拆除二元体的方法来分析体系是否几何可变。一个体系拆除一个二元体后,并不改变原来体系的几何组成性质。

2.4 瞬 变 体 系

2.4.1 瞬变体系的概念

在前面讨论几何不变体系规则时,各条规则中都附有一些限制。例如,联结两刚片的三根链杆不能完全交于一点,也不能完全平行;联结三刚片的三个铰不能在同一直线上,等等。如果不满足上述限制条件,体系将会出现下面所述的情况。

如图 2-18 所示的两个刚片Ⅰ、Ⅱ,用三根链杆相联结,各杆的延长线交于 O 点,此时,体系可以绕 O 点作微小的相对转动,是几何可变的。但是经过相对转动后,三根链杆就不再交于一点,从而不再继续发生转动,体系变成几何不变的。这种在某个瞬时可以发生微小相对转动的体系,称为瞬变体系。

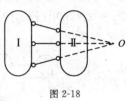

图 2-18

2.4.2 瞬变体系的组成规则

1)三根链杆汇交于一点的体系

当刚片Ⅰ、Ⅱ用三根汇交于一点 C 的链杆 1、2、3 相联结时,此时三杆的交点 C 是实铰。C 点是刚片Ⅰ、Ⅱ的转动中心,因而同样是几何可变体系。

2)三根链杆互相平行的体系

如图 2-19 所示的体系,即是两刚片Ⅰ、Ⅱ用三根相互平行但不等长的链杆相联结。这时刚片Ⅰ、Ⅱ可绕无穷远处虚铰作相对转动。若三根链杆的顶端产生相等的水平位移,但因三根链杆长度不等,所以转角并不相等(或不全相等),三根链杆也不再相互平行而构成瞬变体系。

同样,刚片Ⅰ、Ⅱ用三根相互平行且等长的链杆相联结,如图 2-20 所示的体系。当刚片Ⅰ、Ⅱ产生相对运动后,三根链杆仍相互平行而继续产生相对运动,因此是几何可变体系,又称之为常变体系。瞬变体系和常变体系都属于几何可变体系。

3)三个铰位于同一直线上的体系

设有刚片Ⅱ和刚片Ⅲ用铰 C 相联,而铰 A 和铰 B 分别与地基相联,A、B、C 三铰位于同一直线上,如图 2-21 所示。若将地基看作刚片Ⅰ,则此体系属于三刚片用 3 个铰两两相联结。此时,C 点位于 AC 和 BC 为半径的两个圆弧的公切线上,故 C 点可沿此公切线作微小的移动。不过在发生一个微小的移动之后,这三个铰就不再位于一直线上,运动停止,故此体系是几何瞬变体系。

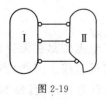

图 2-19

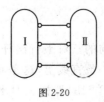

图 2-20

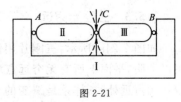

图 2-21

综上所述,从几何组成分析看,杆件体系可分为几何不变体系和几何可变体系两种类型,而几何可变体系又可分为常变和瞬变两类。对于工程结构,显然不能采用几何可变体系,而只能采用几何不变体系。

2.5 三刚片体系中虚铰在无穷远处情况

分析中,常遇到虚铰在无穷远处的情况,此时如何判定体系是否是几何不变的呢?一般可分为三种情形。

2.5.1 一铰无穷远

如图 2-22a)所示,虚铰 $O_{I,II}$ 在无穷远处,而另外两个虚铰不在无穷远处。此时,如果组成无穷远虚铰的两根平行链杆与另外两铰连线不平行,则体系为几何不变;若平行,则体系为瞬变[图 2-22b)];若如图 2-22c)所示,$O_{I,III}$ 和 $O_{II,III}$ 是实铰,其连线和杆1、2平行且三者等长,则体系为常变。

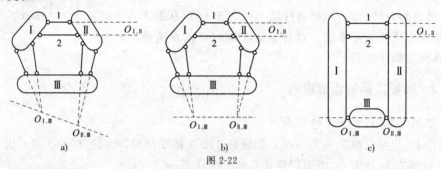

图 2-22

2.5.2 两铰无穷远

如图 2-23a)所示,虚铰 $O_{I,II}$ 不在无穷远处,而另外两个虚铰均在无穷远处。此时,如果组成无穷远虚铰的两对平行链杆互不平行,则体系为几何不变;若此两对平行链杆互相平行,则体系为瞬变[图 2-23b)];若如图 2-23c)所示,此四杆均平行且等长,则体系为常变。

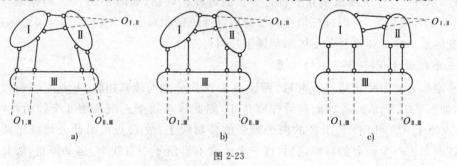

图 2-23

2.5.3 三铰无穷远

如图 2-24a)所示,三刚片用任意方向的三对平行链杆两两铰联,三个虚铰都在无穷远处。可以证明,平面上所有无穷远点均在同一条直线上,这条直线称为无穷远直线。因此,当三虚铰在无穷远处时,体系是瞬变的。如图 2-24b)那样三对平行链杆又各自等长,而且每对链杆

12

都是从每一刚片的同侧方向联出,则体系是常变的,此时刚片间的相对平动可以继续进行下去。但如果是如图 2-24c)那样,有从异侧方向联出的情况,则体系是瞬变的。

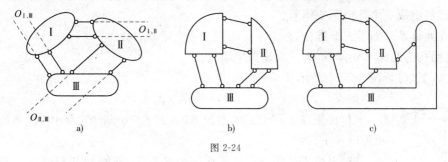

图 2-24

2.6　几何组成分析

　　根据体系的几何组成,分析它是否几何可变,称为体系的几何组成分析。几何不变体系的组成规则是进行几何组成分析的依据。对体系灵活使用这些规则,就可以判定体系是否是几何不变体系及有无多余约束等问题。分析时,步骤大致如下:

　　(1)选择刚片:在体系中任选一杆件或某个几何不变的部分(例如基础、铰接三角形)作为刚片。在选择刚片时,要考虑哪些是连接这些刚片的约束。

　　(2)先从能直接观察的几何不变的部分开始,应用几何组成规则,逐步扩大几何不变部分,直至整体。

　　(3)对于复杂体系可以采用以下方法简化体系:

　　①当体系上有二元体时,应依次拆除二元体。

　　②如果体系只用三根不全交于一点也不全平行的支座链杆与基础相连,则可以拆除支座链杆与基础。

　　③利用约束的等效替换。如只有两个铰与其他部分相连的刚片用直链杆代替,联结两个刚片的两根链杆可用其交点处的虚铰代替。

　　【例 2-3】试分析图 2-25 中所示体系的几何组成。

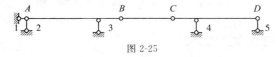

图 2-25

解:

　　(1)先将地基看作一个刚片,然后看 AB 部分,它与地基用三根不汇交于一点又不互相平行的三根链杆相联结,符合两刚片规则,因而 AB 部分是几何不变的。

　　(2)再把 AB 部分和地基看作是扩大了的刚片,它与 CD 又是用三根既不汇交于一点又不互相平行的链杆相联结,也符合两刚片规则。

　　因此,整个体系是几何不变的,并且没有多余约束。

　　【例 2-4】分析图 2-26 中所示体系的几何组成。

图 2-26

解：

(1)将杆 AB 和基础分别当作刚片 I 和刚片 II,刚片 I 和刚片 II 用固定铰支座 A 和链杆①相连,已经组成一个几何不变体系。

(2)在此体系添加了三个链杆,相当于加了三个多余联系。

故此结构为几何不变体系,为三次超静定结构。

【例 2-5】试分析图 2-27 中所示体系的几何组成。

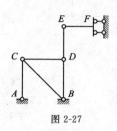

图 2-27

解：

(1)首先在地基上依次增加 ACB 和 CDB 两个二元体,并将所得部分视为刚片 I。

(2)再将 EF 部分看作另外一个刚片 II,该刚片 II 和刚片 I 通过链杆 ED 和 F 处两根链杆相联,而这三根链杆既不全交于一点又不完全平行,符合两刚片规则。

故该体系是几何不变的,并且没有多余约束。

【例 2-6】试对图 2-28 中所示体系作几何组成分析。

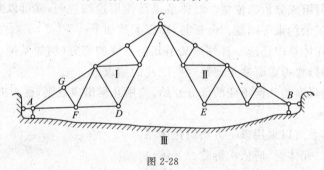

图 2-28

解：

(1)体系中 ADC 部分是由基本铰接三角形 AFG 逐次加上二元体所组成,是一个几何不变部分,可视为刚片 I。

(2)同样,BEC 部分也是几何不变,可作为刚片 II。

(3)再将地基作为刚片 III,固定铰支座 A、B 相当于两个铰,则三个刚片由三个不共线的铰 A、B、C 两两相联。

故该体系几何不变,且无多余约束。

【例 2-7】试对图 2-29 中所示体系作几何组成分析。

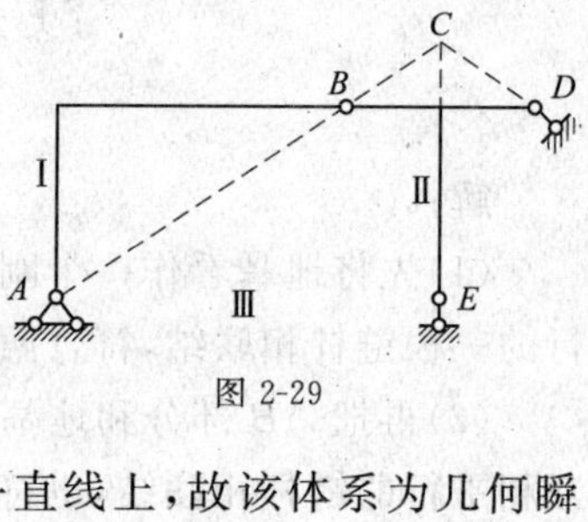

解：

(1)将 AB、BED 和地基分别作为刚片 I、II、III。

(2)刚片 I 和 II 用铰 B 相联;刚片 I 和 III 用铰 A 相联;刚片 II 和 III 用虚铰 C 相联。

图 2-29

从图 2-29 中可知,三个铰在一直线上,故该体系为几何瞬变体系。

【例 2-8】分析图 2-30 中所示体系的几何组成。

解：

(1)刚片 I 和 II 之间由链杆 AB 和 DE 连接(交于 G),相当于由一个虚铰 G 相联。

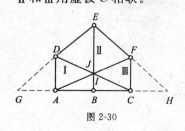

图 2-30

14

（2）同理刚片Ⅱ和Ⅲ之间由虚铰 H 相联；刚片Ⅰ和Ⅲ由虚铰 J 相联。

由于三个虚铰不共线，因此体系是几何不变的，且无多余约束。作为一个整体，体系对地面有三个自由度。

【例 2-9】分析图 2-31 中所示体系的几何组成。

解：

（1）将 AB 和地基分别作为刚片Ⅰ、Ⅱ，它们用不汇交于一点也不完全平行的三根链杆相联，成为几何不变部分。

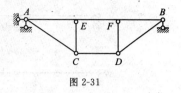

图 2-31

（2）在刚片Ⅰ、Ⅱ的基础上，再增加 ACE 和 BDF 两个二元体，不改变体系的几何不变性。

（3）结点 C 和 D 已被约束，在它们之间的链杆 CD 显然是多余的约束。

故此体系为具有一个多余约束的几何不变体系。

习　题

2-1 分析题 2-1 图示平面体系的几何组成性质。

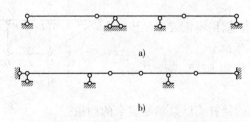
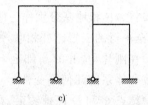

题 2-1 图

2-2 分析题 2-2 图示平面体系的几何组成性质。

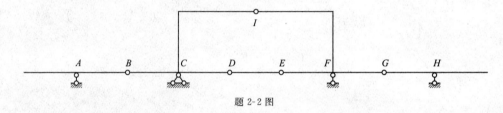

题 2-2 图

2-3 分析题 2-3 图示平面体系的几何组成性质。

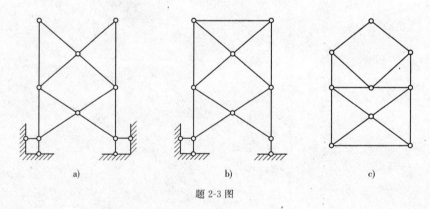

题 2-3 图

2-4 分析题 2-4 图示平面体系的几何组成性质。

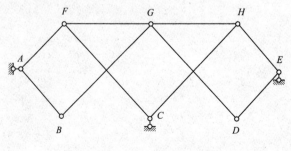

题 2-4 图

2-5 分析题 2-5 图示平面体系的几何组成性质。

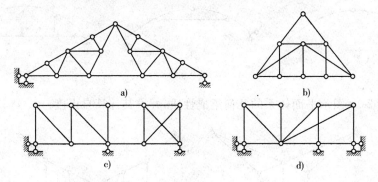

题 2-5 图

2-6 分析题 2-6 图示平面体系的几何组成性质。

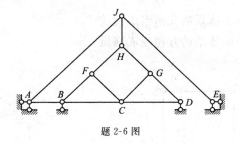

题 2-6 图

2-7 分析题 2-7 图示平面体系的几何组成性质。

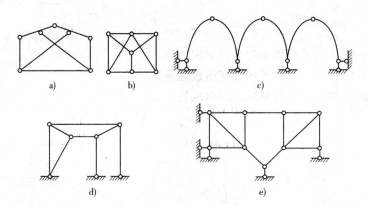

题 2-7 图

2-8 分析题 2-8 图示平面体系的几何组成性质。

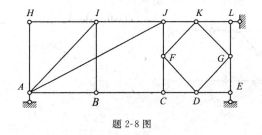

题 2-8 图

2-9 分析题 2-9 图示平面体系的几何组成性质,并求其计算自由度。

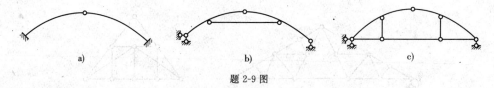

a)　　　　　　b)　　　　　　c)

题 2-9 图

2-10 分析题 2-10 图示平面体系的几何组成性质,并求其计算自由度。

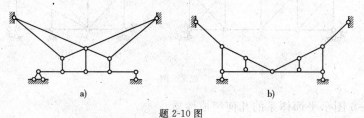

a)　　　　　　b)

题 2-10 图

2-11 分析题 2-11 图示平面体系的几何组成性质。

2-12 分析题 2-12 图示平面体系的几何组成性质。

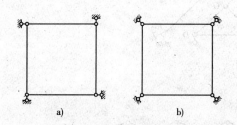

a)　　　　b)

题 2-11 图

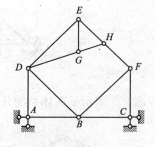

题 2-12 图

2-13 分析题 2-13 图示平面体系的几何组成性质。

2-14 分析题 2-14 图示平面体系的几何组成性质。

2-15 分析题 2-15 图示平面体系的几何组成性质。

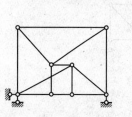

题 2-13 图

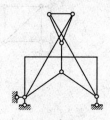

题 2-14 图

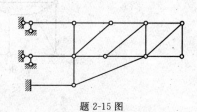

题 2-15 图

2-16 分析题 2-16 图示平面体系的几何组成性质。

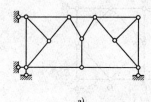

a)

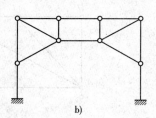

b)

题 2-16 图

2-17 试求题 2-17 图所示体系的计算自由度。

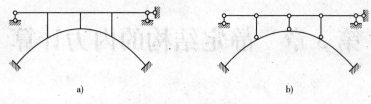

a)   b)

题 2-17 图

答　案

2-1 a)几何不变,无多余约束;b)几何可变;c)几何不变,无多余约束

2-2 几何不变,无多余约束

2-3 a)几何不变,无多余约束;b)几何不变,无多余约束;c)瞬变

2-4 几何可变(常变)体系,缺 3 个约束

2-5 a)几何不变,无多余约束;b)内部不变,无多余约束;c)几何不变,有多余约束;d)瞬变

2-6 瞬变体系

2-7 a)内部不变,无多余约束(如三铰共线,则为瞬变);b)内部不变,无多余约束;c)几何不变,无多余约束;d)几何不变,无多余约束;e)瞬变

2-8 几何可变(常变)体系,缺一个约束

2-9 a)几何不变,有多余约束,计算自由度 $W=-2$;b)几何不变,无多余约束,计算自由度 $W=0$;c)几何不变,无多余约束,计算自由度 $W=0$

2-10 a)几何不变,无多余约束,计算自由度 $W=0$;b)几何不变,无多余约束,计算自由度 $W=0$

2-11 a)几何不变,无多余约束,计算自由度 $W=0$;b)瞬变,计算自由度 $W=0$

2-12 瞬变

2-13 几何不变,无多余约束

2-14 瞬变

2-15 几何不变,无多余约束

2-16 a)几何不变,无多余约束,计算自由度 $W=0$;b)瞬变,计算自由度 $W=0$

2-17 a)$W=-12$;b)$W=-3$

第3章 静定结构的内力计算

3.1 静定结构的基本概念

在工程中,结构有静定结构和超静定结构两大类。按平面体系几何组成分析,前者为无多余约束的几何不变体系,后者为有多余约束的几何不变体系。静定结构的全部反力和各截面的内力可以由静力平衡条件确定,而超静定结构的全部反力和各截面的内力不能完全由静力平衡条件来确定。本章只讨论静定结构的内力计算,同时为超静定结构计算打下基础。

3.1.1 静定结构的分类

静定结构种类很多,通常分成如下几种典型的结构形式。

(1)静定梁:指由主要承受垂直杆轴方向荷载的杆件组成的结构,它可分为单跨梁(如简支梁、悬臂梁、外伸梁等)和多跨梁(由若干根梁用铰相联,并用若干支座与基础相联所组成的结构)。

(2)静定刚架:指由若干杆件组成的具有刚性结点的结构,有悬臂刚架、门式刚架、三铰刚架等。

(3)静定桁架:指由若干杆件组成的具有铰接结点的结构,有简单桁架、组合桁架和复杂桁架等。

(4)静定拱:指杆轴为曲线并在竖向荷载作用下能产生水平支座反力的结构,可分为无铰拱、两铰拱和三铰拱等,但只有三铰拱是静定的。

3.1.2 静定结构的反力计算

静定结构在荷载作用下处于静力平衡状态时,其支座反力和内力应满足平衡方程。

对于平面结构,一般平面力系的静平衡方程有三个,即

$$\sum X = 0, \sum Y = 0, \sum M = 0 \tag{3-1}$$

前两个式子是力系在直角坐标轴 x 和 y 上分别投影的投影方程,后一个式子是力矩方程,表示力系对所在平面内任一点力矩的代数和等于零。式(3-1)也可以改用三个力矩方程,即

$$\sum M_A = 0, \sum M_B = 0, \sum M_C = 0 \tag{3-2}$$

式中,A、B、C 为力系所在平面内不共线的三个点(矩心)。

下面将分别讨论静定梁、静定刚架、静定桁架和静定拱的内力计算原理和方法。

3.2 静定梁的内力计算

3.2.1 单跨静定梁内力计算

静定梁是工程常见的结构,它的内力计算主要是确定截面上的弯矩和剪力。

1)单跨梁截面上内力分量

单跨梁在荷载作用下,任一截面上的内力分量有三个:轴力 F_N,剪力 F_S 和弯矩 M。其内

力求解的方法是截面法，就是把梁沿欲求内力的截面截开，取截面任一边为隔离体，应用隔离体的平衡条件确定该截面上的三个内力分量，其中：

(1)轴力的数值等于截面任一侧的外力沿截面法线上的投影代数和；

(2)剪力的数值等于截面任一侧的外力在截面上的投影代数和；

(3)弯矩的数值等于截面任一侧的外力对截面形心的力矩代数和。

2)单跨梁截面上内力的符合规定

梁的轴力、剪力和弯矩的正负号规定如下：

(1)轴力以拉力为正，压力为负。

(2)剪力以绕隔离体顺时针转动者为正，反之为负。在代数和式中，凡对截面形心顺时针方向转动的外力，其投影取正号，逆时针方向转动的外力，其投影取负号。

(3)弯矩以使梁下部纵向纤维受拉、上部纵向纤维受压为正，反之为负。

3)单跨梁的内力图

梁的内力图是指表示梁各截面的内力变化规律的图形。通常按下述原则绘制：对于直梁，取梁轴线的坐标表示截面位置（坐标轴线称为基线），以垂直梁轴的坐标（称为纵距或竖标）表示内力的大小。当轴力图和剪力图为正值时，画在基线上方，负值时画在基线下方，且需注明正负号。而弯矩图，则规定一律画在杆件受拉一侧，图中不需注明正负号。

梁的荷载、剪力和弯矩之间有如下微分关系：

$$\frac{dF_s(x)}{dx} = -q(x), \frac{dM(x)}{dx} = F_s(x) \tag{3-3}$$

式(3-3)的第一式表示剪力图上任一点的斜率等于该点处的分布荷载集度，但符号相反（荷载向下为正）；而第二式表示弯矩图上任一点的斜率等于该点处的剪力。据此，可以推知荷载情况与内力图形状之间的一些对应关系，如表3-1所示。掌握内力图形状的这些特征，对于正确和迅速地绘制内力图很有帮助。

直梁内力图的形状特征 表3-1

序号	梁上的外力情况	剪力图	弯矩图
1	$q=0$ 无外力作用梁段	F_s图为水平线	M图为斜直线
2	$q=$常数<0 均布荷载作用指向上方	上斜直线	上凸曲线

21

序号	梁上的外力情况	剪力图	弯矩图
3	q=常数>0 均布荷载作用指向下方	下斜直线	下凹曲线
4	F_P C 集中力作用	C 截面剪力有突变	C 截面弯矩有转折
5	M_e C 集中力偶作用	C 截面剪力无变化	C 截面左右侧弯矩突变 （M_e 顺时针,弯矩增加,反之减少）
6	M 极值的求解	$F_S(x)=0$ 的截面	M 有极值

4)区段叠加法作弯矩图

当简支梁上同时作用几个不同荷载时,若用截面法列出其内力方程,再绘制弯矩图是比较麻烦的。如果利用叠加法来作弯矩图就会很方便。因为梁在若干荷载共同作用下的内力等于各个荷载单独作用下梁内力的代数和。

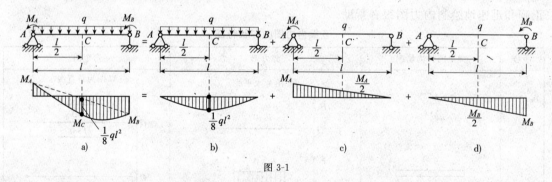

图 3-1

作简支梁[图 3-1a)]在均布荷载 q、A 截面外力偶 M_A 和 B 截面外力偶 M_B 共同作用下的弯矩图。如果按一般步骤作弯矩图,就必须先求出反力,再分段,求各控制截面上的弯矩,显得很麻烦。如果用叠加原理作其弯矩图,就将上述荷载分解为简支梁 AB 单独受均布荷载 q 及杆端弯矩 M_A 和 M_B 作用,其弯矩图如图 3-1b)、c)、d)所示,将它们进行叠加,即得简支梁 AB 的弯矩图[图 3-1a)]。实际作图时,不必作出分解图 b)、c)、d),而直接作出图 a)。其方法是先绘出两个杆端弯矩 M_A 和 M_B,并用直线(图中虚线)相连,然后以此直线为基线叠加简支梁在荷载 q 作用下的弯矩图 b),其跨中截面 C 的弯矩为

$$M_C = \frac{M_A}{2} + \frac{M_B}{2} + \frac{ql^2}{8} = \frac{M_A + M_B}{2} + \frac{ql^2}{8}$$

弯矩图的叠加是指其纵坐标叠加,而不是指图形的简单拼合。

上述的叠加法对作任何区段的弯矩图都是适用的,如图 3-2a)所示的梁中某一区段 AB,取出该梁段为隔离体[图 3-2b)],如果把它与一个长度相等承受同样荷载 F 并在两端有力偶 M_A、M_B 作用的简支梁[图 3-2c)]相比,二者具有相同的内力图。因此,AB 区段上集中力作用的跨中截面的弯矩不必用截面法去求,而可采用简便的区段叠加法求解。

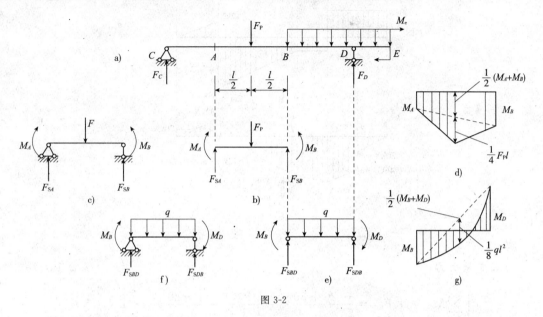

图 3-2

具体作法是:先将其两端弯矩 M_A 和 M_B 求出,并连以直线(虚线),然后在此直线上叠加相应简支梁在集中力 F 作用下的弯矩图[图 3-2d)]。同理,图 3-2e)BD 区段梁和图 3-2f)所示的简支梁受力完全相同,故两者弯矩图也相同;而图 3-2f)所示简支梁的弯矩图在图 3-1a)中已用叠加法绘出。故得出结论:受弯结构中任意区段梁均可当作简支梁,利用简支梁弯矩图的叠加法作区段梁的弯矩图。上述画内力图方法可称为区段叠加法或者简支梁叠加法,亦可称为叠加法。

5)绘制内力图的一般步骤

(1)求反力。

(2)分段。

凡外荷载不连续点(如集中力作用点、集中力偶作用点、分布荷载的起讫点及支座结点等)均应作为分段点,每相邻两分段点为一梁段,每一梁段两端称为控制截面,根据外力情况就可以判断各梁段的内力图形状。

(3)定点。

根据各梁段的内力图形状,选定所需的控制截面,用截面法求出这些控制截面的内力值,并在内力图上标出内力的竖坐标。

(4)连线。

根据各段梁的内力图形状,将其控制截面的竖坐标以相应的直线或曲线相连。对控制截面间有荷载作用的情况,其弯矩图可用区段叠加法绘制。

下面举例来说明单跨静定梁的计算。

【例 3-1】试作如图 3-3 所示梁的剪力图和弯矩图。

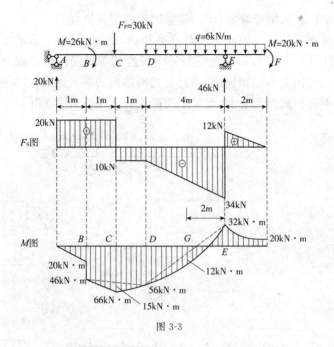

图 3-3

解：

1）求支座反力

$$\begin{cases} \sum M_E = 0, F_{RA} = \dfrac{-26 + 30 \times 5 + 6 \times 6 \times 1 - 20}{7} = 20(\text{kN})(\uparrow) \\[4mm] \sum M_A = 0, F_{RE} = \dfrac{26 + 30 \times 2 + 6 \times 6 \times 6 + 20}{7} = 46(\text{kN})(\uparrow) \end{cases}$$

2）梁分段并用截面法求出各控制截面的剪力和弯矩

（1）$A_{右}$ 截面

$$F_{SA}^R = 20\text{kN}, M_A^R = 0$$

（2）$B_{左}$ 截面

$$F_{SB}^L = F_{SA}^R = 20(\text{kN}), M_B^L = 20 \times 1 = 20(\text{kN} \cdot \text{m})$$

（3）$B_{右}$ 截面

$$F_{SB}^R = 20(\text{kN}), M_B^R = M_B^L + 26 = 46(\text{kN} \cdot \text{m})$$

（4）$C_{左}$ 截面

$$F_{SC}^L = 20\text{kN}, M_C^L = 20 \times 2 + 26 = 66(\text{kN} \cdot \text{m})$$

（5）$C_{右}$ 截面

$$F_{SC}^R = 20 - 30 = -10(\text{kN}), M_C^R = M_C^L$$

（6）D 截面

$$F_{SD}^L = F_{SD}^R = -10(\text{kN}), M_D^L = M_D^R = 20 \times 3 + 26 - 30 \times 1 = 56(\text{kN} \cdot \text{m})$$

（7）$E_{左}$ 截面

$$F_{SE}^L = -10 - 6 \times 4 = -34(\text{kN}), M_E^L = -20 - 6 \times 2 \times 1 = -32(\text{kN} \cdot \text{m})$$

（8）$E_{右}$ 截面

$$F_{SE}^R = 6 \times 12 = 12(\text{kN}), M_E^R = -6 \times 2 \times 1 - 20 = -32(\text{kN} \cdot \text{m})$$

(9)$F_{左}$ 截面

$$F_{SF}^L = 0, M_F^L = -20(\text{kN} \cdot \text{m})$$

3)定出各控制截面的纵坐标,按微分关系连线,绘出剪力图和弯矩图(图 3-3)

其中区段 BD 和区段 DE 可用区段叠加法快速求区段跨中弯矩。

(1)区段 BD 跨中截面

$$M_C = \frac{M_B + M_D}{2} + \frac{1}{4}Fl = \frac{46 + 56}{2} + \frac{30 \times 2}{4} = 66(\text{kN} \cdot \text{m})$$

(2)区段 DE 跨中截面

$$M_G = \frac{M_D + M_E}{2} + \frac{ql^2}{8} = \frac{56 - 32}{2} + \frac{6 \times 4^2}{8} = 24(\text{kN} \cdot \text{m})$$

3.2.2 多跨静定梁内力计算

多跨静定梁是由若干根梁用铰相联,并受到与基础相联的若干支座的约束的静定结构。常见用于公路桥梁[图 3-4a)]、单层厂房建筑中的木檩条等工程中。

图 3-4a)中的多跨静定梁,计算简图如图 3-4b)所示。从几何组成上看,多跨静定梁各部分可分为基本部分和附属部分。图 3-4b)中 AD、EH 两个部分均有三根支座链杆直接与地基相联,为静定外伸梁,它们可以不依赖其他部分提供的约束而能独立地承受荷载作用,为没有多余约束的几何不变体系,称它为结构的基本部分。而图中的 DE 部分在没有两边的基本部分通过铰 D 和 E 提供支持的前提下,不能承受荷载,即它必须依靠基本部分才能维持其几何不变性,故被称为结构的附属部分。显然,若附属部分被破坏或撤除,基本部分仍能维持其几何不变性;反之,若基本部分被破坏,则附属部分必随之垮塌破坏。为了更清晰地表示各部分之间的支持依从关系,可以把基本部分画在下层,而把附属部分画在上层,如图 3-4c)所示,称为层叠图,具有多级附属关系,且具有相对性。

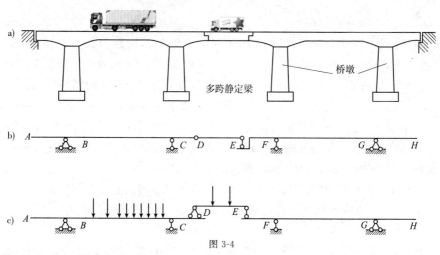

图 3-4

由前面可知,多跨静定梁的计算应先计算附属部分,把求出的附属部分约束反力反向地加到基本部分上,就作为基本部分上的荷载。这样就把多跨梁拆成单跨梁进行分析,各单跨梁的内力图逐一连在一起就是多跨梁的内力图。

下面举例说明在直接荷载作用下多跨静定梁的内力计算。

【例 3-2】试计算如图 3-5a)所示多跨静定梁,并做内力图。

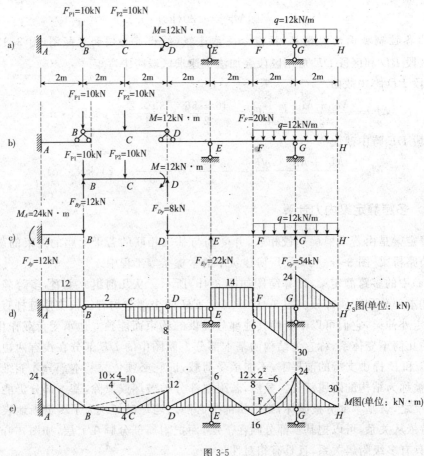

图 3-5

解：

(1)多跨静定梁基本部分为 AB 和 DH，附属部分为 BD，层叠图如图 3-5b)所示。

(2)分析从附属部分 BD 开始，然后分别是 AB 和 DH；附属部分 BD 和基本部分 AB、DH 受力如图 3-5c)所示，并根据平衡方程求铰接点 B、D 和支座 A、E、G 的约束反力。

(3)因梁上只承受竖向荷载，由整体平衡条件可知水平反力，从而可推知各中间铰接点处的水平反力均等于零，全梁不产生轴力。挂梁 BD 受到基本部分的支持力，B 铰处的反作用力即为基本部分 AB 的荷载，D 铰处的反作用力即为基本部分 DH 在 D 截面受到的荷载。所有约束反力实际方向及大小标注于图中，毋须再说明。

(4)剪力图和弯矩图按照"分段、定点、连线"的绘图方法绘出[图 3-5d)、e)]。

【例 3-3】试作图 3-6a)所示多跨静定梁的内力图，并求出各支座的反力。

解：

按照一般步骤，先求出各支座反力及铰接处的约束力，然后作梁的剪力图和弯矩图。但是，如果能熟练地应用形状特征表以及叠加法，则在某些情况下也可以不计算反力而首先绘出弯矩图，本题即是一例。

(1)作弯矩图时从附属部分开始。GH 段的弯矩图与悬臂梁的相同，可立即绘出。G、E 间并无外力作用，故其弯矩图必定为一段直线，只需定出两个点便可绘出此直线。现已知 $M_G = -4\text{kN·m}$；而 F 处为铰，其弯矩应等于零，即 $M_F = 0$。因此，将以上两点连以直线并将

其延长至 E 点之下，即得该段梁的弯矩图，并可定出 $M_E = 4\text{kN·m}$。用同样的方法可绘出 CE 段梁的弯矩图。最后，在绘出伸臂部分 AB 的弯矩图后，BC 段梁的弯矩图便可以用叠加法绘出。这样，就未经过计算反力而绘出全梁的弯矩图，如图 3-6b)所示。

（2）有了弯矩图，剪力图即可根据微分关系或平衡条件求得。对于弯矩图为直线的区段，利用弯矩图的斜率来求剪力是方便的，例如 CE 段梁的剪力为

$$F_{SCE} = \frac{4\text{kN·m} + 4\text{kN·m}}{4\text{m}} = 2\text{kN}$$

至于剪力的正负号，可按如下方法迅速判定：若弯矩图是从基线顺时钟方向转的（一小于 $90°$ 的转角），则剪力为正，反之为负。据此可知，F_{SCE} 应为正。又如 EG 段梁，有

$$F_{SEG} = -\frac{4\text{kN·m} + 4\text{kN·m}}{4\text{m}} = -2\text{kN}$$

（3）对于弯矩图为曲线的区段，则根据弯矩图的切线斜率来计算剪力并不方便，此时可利用杆段的平衡条件求得两端剪力。例如 BC 段梁，可取出该段梁为隔离体（在截面 B 右和 C 左处截断），如图 3-6c)所示，由 $\sum M_C = 0$ 和 $\sum M_B = 0$ 可分别求得其两端剪力为

$$F_{SB}^R = \frac{4\text{kN/m} \times 4\text{m} \times 2\text{m} - 4\text{kN·m} + 2\text{kN·m}}{4\text{m}} = 7.5\text{kN}$$

$$F_{SC}^L = \frac{-4\text{kN/m} \times 4\text{m} \times 2\text{m} - 4\text{kN·m} + 2\text{kN·m}}{4\text{m}} = -8.5\text{kN}$$

在均布荷载作用区域剪力图应为斜直线，故将以上两点连以直线即得 BC 段梁的剪力图。整个多跨静定梁剪力图如图 3-6d)所示。

（4）剪力图作出后，求支座反力就不困难。例如欲求支座 C 的反力，可取出结点 C 为隔离体而考虑其平衡条件 $\sum F_y = 0$（图 3-6e，与投影方程无关的弯矩在图中未示出），得到

$$F_C = 8.5\text{kN} + 2\text{kN} = 10.5\text{kN}(\uparrow)$$

当然，反力值也可以直接从剪力图上竖标的突变值得到。各支座反力值已标在图 3-6a)中。

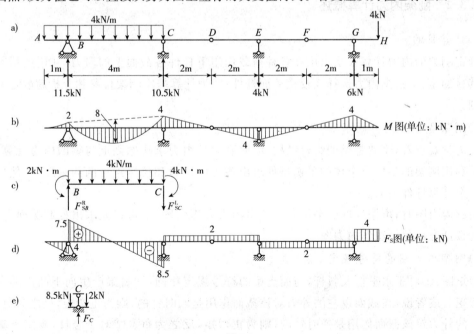

图 3-6

3.3 静定刚架的内力计算

3.3.1 静定刚架的组成及类型

平面刚架是由直杆(梁和柱)组成的平面结构。刚架中的结点全部或部分是刚结点。在刚结点处,各杆件连成一个整体,杆件之间不能发生相对移动和相对转动,刚架变形时各杆之间的夹角保持不变,因此刚结点能够承受弯矩、剪力和轴力。

平面刚架的内力分析中,通常是先求支座反力,然后再求控制截面的内力,最后作内力图。凡由静力平衡条件就可以求得刚架的反力和内力者,称为静定平面刚架。静定平面刚架常见的形式有如下三种。

1)悬臂刚架(图 3-7)

2)简支刚架(图 3-8)

3)三铰刚架(图 3-9)

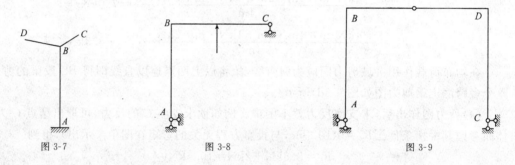

图 3-7　　　　　　　　图 3-8　　　　　　　　图 3-9

3.3.2 刚架内力计算概述

1)计算目的

静定刚架的内力计算就是求出在各种荷载作用下杆件各截面上的内力,并用图形表示出来。其目的是:①根据内力选择或校核截面杆件;②为计算静定刚架位移和分析超静定刚架打下基础。

2)刚架各杆件内力的求法

从力学观点看,刚架是梁的组合结构,因此刚架的内力求法原则上与梁的内力计算相同。通常是利用刚架的整体或个体的平衡条件求出各支座反力和铰接点处的约束反力,然后用截面法逐个计算杆件内力。

绘制内力图时,可按杆件的平衡条件列出内力方程作图,也可以先求出控制截面上内力,再按荷载情况用叠加法作内力图。

3)刚架内力图的符号规定

弯矩图:①对于水平杆及斜杆,与简支梁的符号规定相同,即将梁产生向下凸出的弯矩看作正弯矩。或者说,在截面以左的外力对该截面作用是顺时针的,则为正弯矩,反之为负;在截面以右的外力对该截面作用是逆时针的,则为正弯矩,反之为负。②对于竖杆,规定下端为左端,上端为右端,并采用与梁相同的规定。

剪力图:剪力符号规定与直梁中的规定相同;剪力图可画在杆件的任一侧,但剪力图上要标明正负号。

轴力图:轴力仍以受拉为正,受压为负;轴力图可画在杆件的任一侧或与纵坐标对称地画在杆件的两边,但需在轴力图上标明正负号。

4)刚架内力图的校核

为了校核所做的弯矩图、剪力图和轴力图的正确性,可以利用静力平衡条件来检查,即检查从整个刚架中隔离的任一部分是否与静定平衡条件相符合,这就是所谓的静力平衡校核法。

根据静力平衡条件的校核有以下方面。

(1)弯矩的校核:根据力矩平衡条件,在刚结点上的力矩(包括外力矩和弯矩)代数和必须等于零。

(2)剪力和轴向力的校核:根据两个方向上的平衡条件,在刚结点上所有剪力和轴向力沿任意两个方向分力的代数和必须等于零,也就是说作用于每一刚结点的剪力和轴向力必须保持平衡。

下面举例说明刚架内力计算的步骤和方法。

【例 3-4】试作图 3-10a)所示刚架的内力图。

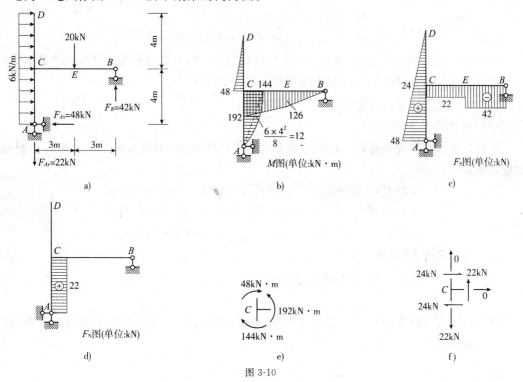

图 3-10

解:

1)计算支座反力

此为一简支刚架,反力有三个,考虑刚架的整体平衡,由 $\sum F_x=0$ 有

$$F_{Ax}=6\times 8=48(\text{kN})$$

由 $\sum M_A=0$ 可得

$$F_B=\frac{6\times 8\times 4+20\times 3}{6}=42(\text{kN})$$

由 $\sum F_y = 0$ 可得

$$F_{Ay} = 42 - 20 = 22(\text{kN})$$

2)绘制弯矩图

作弯矩图时应逐杆考虑。首先,考虑 CD 杆,该杆为一悬臂梁,故其弯矩图可直接绘出。其 C 端弯矩为

$$M_{CD} = \frac{6 \times 4^2}{2} = 48(\text{kN} \cdot \text{m})$$

其次,考虑 CB 杆。该杆上作用一集中荷载,可分为 CE 和 EB 两无荷载区段,用截面法求出下列控制截面的弯矩:

$$M_{BE} = 0$$
$$M_{EB} = M_{EC} = 42 \times 3 = 126(\text{kN} \cdot \text{m})$$
$$M_{CB} = 42 \times 6 - 20 \times 3 = 192(\text{kN} \cdot \text{m})$$

便可绘出该杆的弯矩图。

最后,考虑 AC 杆。该杆受均布荷载作用,可用叠加法来绘制其弯矩图,为此,先求出该杆两端弯矩:

$$M_{AC} = 0$$
$$M_{CA} = 48 \times 4 - 6 \times 4 \times 2 = 144(\text{kN} \cdot \text{m})$$

这里,M_{CA} 是取截面 C 下边部分为隔离体计算得到。将两端弯矩绘出并连以直线,再在此直线上叠加相应简支梁在均布荷载作用下的弯矩图即可。

由上所得整个刚架的弯矩图,如图 3-10b)所示。

3)绘制剪力图和轴力图

作剪力图时同样逐杆考虑。根据荷载和已知求出的反力,用截面法不难求得各控制截面的剪力值如下:

CD 杆:$F_{SDC} = 0$, $F_{SCD} = 6 \times 4 = 24(\text{kN})$

CB 杆:$F_{SBE} = -42(\text{kN})$, $F_{SCE} = -42 + 20 = -22(\text{kN})$

AC 杆:$F_{SAC} = 48(\text{kN})$, $F_{SCA} = 48 - 6 \times 4 = 24(\text{kN})$

据此可绘出剪力图,见图 3-10c)。

用同样的方法可绘出轴力图,见图 3-10d)。

4)校核

内力图做出后应进行校核。对于弯矩图,通常是检查刚结点处是否满足力矩平衡条件。例如取 C 点为隔离体[图 3-10e)],有

$$\sum M_C = 48 - 192 + 144 = 0$$

可见,这一平衡条件是满足的。

为了校核剪力图和轴力图的正确性,可取刚架的任何部分为隔离体,检查 $\sum F_x = 0$ 和 $\sum F_y = 0$ 的平衡条件是否满足。例如取结点 C 为隔离体[图 3-10f)]有

$$\sum F_x = 24 - 24 = 0$$

$$\sum F_y = 22 - 22 = 0$$

故知此结点投影平衡条件无误。

3.3.3 刚架内力计算举例

【例 3-5】绘制如图 3-11 所示门式刚架在半跨均布荷载作用下的内力图。

解：

1) 求支座反力

由整体平衡方程可得

$$\begin{cases} \sum M_A = 0, 6 \times 3 - 12F_{By} = 0 \\ \sum M_B = 0, 6 \times 9 - 12F_{Ay} = 0 \\ \sum X = 0, F_{Ax} - F_{Bx} = 0 \end{cases}$$

取铰 C 右边部分为隔离体

$$\sum M_C = 0, 6.5F_{Bx} - 6F_{By} = 0$$

求得 $F_{By} = 1.5\text{kN}(\uparrow), F_{Ay} = 4.5\text{kN}(\uparrow), F_{Ax} = 1.384\text{kN}(\rightarrow), F_{Bx} = 1.384\text{kN}(\leftarrow)$。

2) 作弯矩图

求出杆端弯矩(设弯矩正方向为使刚架内侧受拉)后，画于受拉一侧并连以直线，再叠加简支梁的弯矩图。

以 DC 杆为例，

$$M_{DC} = -1.384 \times 4.5 = -6.23(\text{kN} \cdot \text{m}), M_{CD} = 0$$

CD 中点弯矩为

$$-1.384 \times 5.5 - 1 \times 3 \times 3 \times \frac{1}{2} + \frac{1}{2} \times 4.5 \times 6 = 1.388(\text{kN} \cdot \text{m})$$

弯矩如图 3-12 所示。

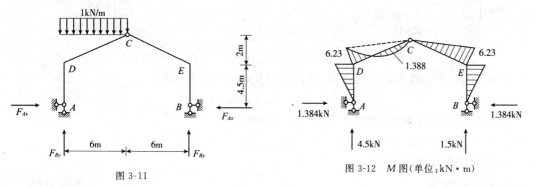

图 3-11

图 3-12　M 图(单位：kN·m)

3) 作剪力图

对于 AD 和 BE 两杆，可取截面一边为隔离体，求出杆端剪力：

$$F_{SAD} = F_{SDA} = 1.38(\text{kN}), F_{SBE} = F_{SEB} = 1.38(\text{kN})$$

对于 CD 和 CE 两杆，可取杆 CD 和 CE 为隔离体(图 3-13)，求出杆端剪力如下：

$$\begin{cases} F_{SDC} = \dfrac{1}{6.33} \times (6.23 + 6 \times 3) = 3.83(\text{kN}) \\ F_{SCD} = \dfrac{1}{6.33} \times (6.23 - 6 \times 3) = -1.86(\text{kN}) \\ F_{SCE} = F_{SEC} = \dfrac{1}{6.33} \times (-6.23) = -0.99(\text{kN}) \end{cases}$$

剪力图如图 3-14 所示。

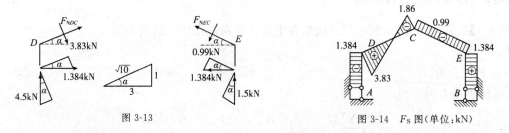

图 3-13

图 3-14 F_S 图(单位:kN)

4)作轴力图

对于 AD 和 BE 两杆,可取截面一边为隔离体,求出杆端轴力:

$$F_{NAD} = F_{NDA} = -4.5(kN), \quad F_{NBE} = F_{NEB} = -1.5(kN)$$

至于 DC 和 CE 两杆的杆端轴力,则可取结点为隔离体进行计算。取结点 D 为隔离体(图 3-15),沿轴线 DC 写投影方程

$$F_{NDC} + 1.384\cos\alpha + 4.5\sin\alpha = 0$$

求得

$$F_{NDC} = -2.74(kN)$$

同样,由结点 E 的隔离体图(图 3-16),以 EC 为轴,写投影平衡方程,求得

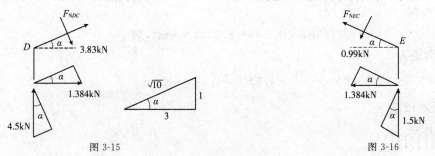

图 3-15

图 3-16

$$F_{NEC} = -1.384\cos\alpha - 1.5\sin\alpha = -1.789(kN)$$

因为杆 EC 沿轴线方向没有荷载,所以沿杆长轴力为常数,即

$$F_{NCE} = -1.789(kN)$$

由结点 C 的隔离体写平衡方程 $\sum X = 0$,可求得

$$F_{NCD} = 1.86\sin\alpha + 0.99\sin\alpha - 1.79\cos\alpha = -0.839(kN)$$

作出轴力图,如图 3-17 所示。

5)内力图校核

可以截取刚架的任意部分,校核其是否满足平衡条件。例如,由结点 C 的隔离体(图 3-18)可以验算投影平衡条件 $\sum Y = 0$。

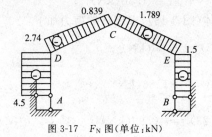

图 3-17 F_N 图(单位:kN)

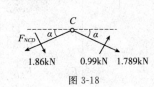

图 3-18

【例 3-6】试作图 3-19a)所示悬臂刚架的内力图。

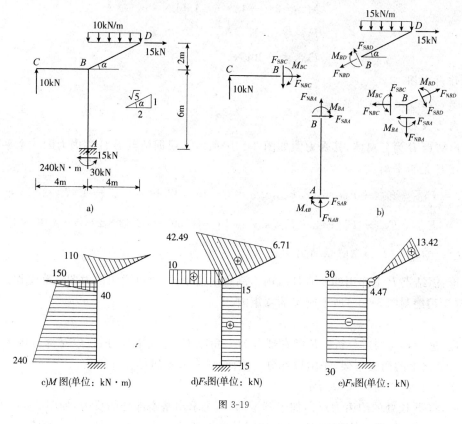

图 3-19

解：

悬臂刚架的内力计算与悬臂梁基本相同，一般从自由端开始，逐根杆件截取分离体计算各杆端内力。悬臂刚架可以不先求支座反力，只是在内力计算结果的检验时可利用整体平衡求得支座反力。

1) 求杆端内力

将悬臂刚架拆分成三根杆件 CB、DB、AB 及结点 B。其受力图如图 3-19b)所示。杆端内力计算从自由端开始，用截面法直接计算。

CB 杆件：

$$\begin{cases} M_{CB}=0, F_{SCB}=10\text{kN}, F_{NCB}=0 \\ M_{BC}=-10\times4=-40\text{kN}\cdot\text{m}, F_{SBC}=10\text{kN}, F_{NBC}=0 \end{cases}$$

DB 杆件：

$$M_{DB}=0, F_{SDB}=15\sin\alpha=15\times1/\sqrt{5}=6.71(\text{kN}), F_{NDB}=15\cos\alpha=15\times2/\sqrt{5}=13.42(\text{kN})$$

$$\begin{cases} M_{BD}=10\times4\times2+15\times2=110(\text{kN}\cdot\text{m}) \\ F_{SBD}=10\times4\cos\alpha+15\sin\alpha=40\times2/\sqrt{5}+15\times1/\sqrt{5}=42.49(\text{kN}) \\ F_{NBD}=-10\times4\sin\alpha+15\cos\alpha=-40\times1/\sqrt{5}+15\times2/\sqrt{5}=-4.47(\text{kN}) \end{cases}$$

AB 杆件：

$$M_{AB}=240\text{kN}\cdot\text{m}, F_{SAB}=15\text{kN}, F_{NAB}=10-40=-30\text{kN}$$

$$\begin{cases} M_{BA}=240-15\times6=150\text{kN}\cdot\text{m} \\ F_{SBA}=15\text{kN} \\ F_{NBA}=-30\text{kN} \end{cases}$$

2) 作内力图

如图 3-19c)、d)、e)所示。

3) 内力校核

取出结点 B 为分离体,其受力图如图 3-19b)所示。根据结点 B 杆端内力的三个平衡方程检验结点 B 是否平衡:

$$\begin{cases} \sum F_x = F_{NBC}-F_{SBA}+F_{SBD}\sin\alpha-F_{NBD}\cos\alpha=0-15+42.49\times1/\sqrt{5}-4.47\times2/\sqrt{5}=0 \\ \sum F_y = F_{SBC}-F_{NBA}-F_{SBD}\cos\alpha+F_{NBD}\sin\alpha=10-(-30)-42.49\times2/\sqrt{5}-4.47\times1/\sqrt{5}=0 \\ \sum M_B = M_{BA}+M_{BC}+M_{BD}=150-40-110=0 \end{cases}$$

结论:因结点 B 上作用的所有杆端内力满足平衡条件,故可说明内力图正确无误。

【例 3-7】绘制图 3-20a)所示刚架的弯矩图。

解:

首先,进行几何构造分析。F 以右部分为三角刚架,是基本部分;F 以左部分则为支承于地基和右部之上的简支刚架,是附属部分。因此,应先取附属部分计算。

求出其反力,如图 3-20b)所示。

然后,将 F 铰处的约束力反向加于基本部分,再求出基本部分的反力,如图 3-20c)所示。

反力均求出后,即可绘制出弯矩图,如图 3-20d)所示。

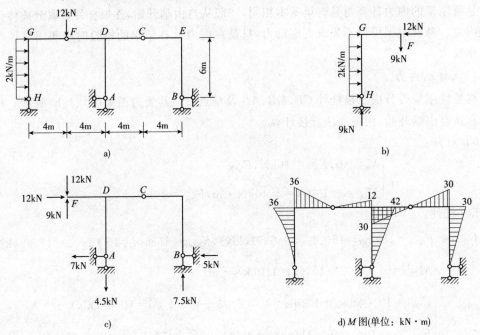

图 3-20

3.4 静定桁架的内力计算

3.4.1 桁架的概念和分类

全部由链杆组成的杆件结构叫作桁架。实际桁架的受力情况比较复杂,在计算中需要对桁架作必要的简化。一般情况下,采用以下假定:

(1)桁架杆件的结点都是光滑的铰结点;

(2)桁架杆件的轴线都是直线并相交于铰的中心;

(3)外荷载和支座反力都作用于铰的中心。

凡是符合上列条件的桁架叫作理想桁架。理想桁架中的杆件只有轴力,没有弯矩和剪力。因此杆件截面上的应力均匀分布,材料得以充分的利用。这是桁架可以跨越比较大的跨度,而且较经济的主要原因。桁架在工程实际中有广泛的应用,如图 3-21 所示为武汉长江大桥所采用的桁架形式。

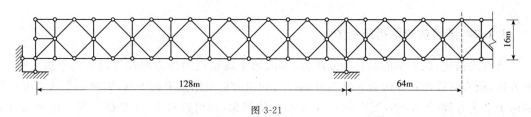

图 3-21

实际的桁架其实并不完全满足上述的假定条件。通常把按桁架理想情况计算出来的应力称为初应力或基本应力。由于理想情况不能完全实现而产生的附加应力称为次应力。关于次应力的计算有专门的参考文献论述,本节只讨论桁架的理想情况。

桁架的杆件,依据所在位置的不同,可分为弦杆和腹杆两类。构成桁架四周轮廓的杆件叫作弦杆,被包围于弦杆之中的叫作腹杆。弦杆又可以分为上弦杆和下弦杆。腹杆又可分为竖杆和斜杆(图 3-22)。弦杆相邻结点的水平距离叫作节间,其距离 d 称为节间长度。支座间的水平距离叫作桁架的跨度。桁架的最高点至支座联线的竖向垂直距离叫作桁架的高度。

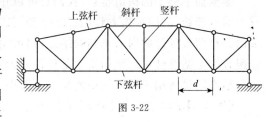

图 3-22

桁架按所用材料分为钢桁架、钢筋混凝土桁架、预应力混凝土桁架、木桁架,以及钢与木组合桁架和钢与混凝土组合桁架。桁架按外形分为三角形桁架、梯形桁架、平行弦桁架、多边形桁架。桁架按所采用的腹杆形式分为斜腹杆桁架和无斜腹杆桁架即空腹桁架。还有很多分类的方法,要将全部桁架进行分类很困难,下面简单介绍几种桁架结构。

(1)三角形桁架(图 3-23):在沿跨度均匀分布的结点荷载下,上下弦杆的轴力在端点处最大,向跨中逐渐减少;腹杆的轴力则相反。三角形桁架由于弦杆内力差别较大,材料消耗不够合理,多用于瓦屋面的屋架中。

(2)梯形桁架(图 3-24):梯行桁架和三角形桁架相比,杆件受力情况有所改善,而且用于屋架中可以更容易满足某些工业厂房的工艺要求。如果梯形桁架的上、下弦平行就是平行弦桁架,其杆件受力情况较梯形桁架略差,但腹杆类型大为减少,多用于桥梁和栈桥中。

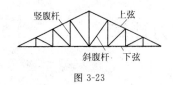

图 3-23

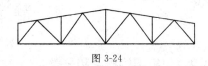

图 3-24

（3）多边形桁架（图 3-25）：多边形桁架也称折线形桁架。上弦结点位于二次抛物线上，如上弦呈拱形可减少结间荷载产生的弯矩，但制造较为复杂。在均布荷载作用下，桁架外形和简支梁的弯矩图形相似，因而上下弦轴力分布均匀，腹杆轴力较小，用料最省，是工程中常用的一种桁架形式。

（4）空腹桁架（图 3-26）：空腹桁架基本取用多边形桁架的外形，上弦结点之间为直线，无斜腹杆，仅以竖腹杆和上下弦相连接。杆件的轴力分布和多边形桁架相似，但在不对称荷载作用下杆端弯矩值变化较大。优点是在结点相交汇的杆件较少，施工制造方便。

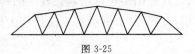

图 3-25

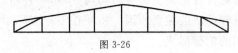

图 3-26

3.4.2 结点法求解桁架内力

结点法描述：取桁架的结点为隔离体，考虑加于该结点的外力和杆件内力的平衡，建立平衡方程，从而解算出杆件内力。结点处的外力和内力形成结点平衡力系，因此每个结点可以得到两个平衡方程（$\sum X = 0, \sum Y = 0$）。n 个结点的桁架，就可以有 $2n$ 个平衡方程。这个数目恰好与静定桁架的全部杆件数（包括支座杆件在内）相等，因此可以解出全部杆件的内力和支座反力。但是解 $2n$ 个联立方程式极其冗繁，特别是当桁架的结点数较多时。因此结点法只用来解简单桁架，或者是有个别杆件的内力已知的联合桁架和复杂桁架。

根据简单桁架的构造特点，我们总可以在这种桁架上找到只有两根杆件交成的结点。从这个结点开始，应用平衡方程（$\sum X = 0$ 和 $\sum Y = 0$），就可解出两杆的内力来。然后可以转到相邻的只有两根杆件的内力未知的结点，仍可用 $\sum X = 0$ 和 $\sum Y = 0$ 解出未知内力。这样一个结点跟着一个结点就可以把桁架全部杆件内力算出来。

结点法最适用于计算简单桁架。下面用一个例题来说明结点法的详细计算步骤。

【例 3-8】试用结点法求解图 3-27 所示桁架中各杆的内力。

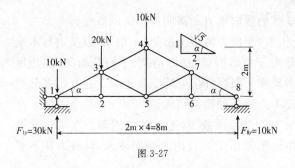

图 3-27

解：

（1）以整个桁架为隔离体，先求出支座反力

$$\sum M_8 = 0$$

$$(F_{1y} - 10 \times 10^3) \times 8 - 20 \times 10^3 \times$$
$$6 - 10 \times 10^3 \times 4 = 0$$

求得 $F_{1y} = 30 \text{kN}(\uparrow)$。再根据 $\sum F_y = 0$，

$$30 \times 10^3 - 10 \times 10^3 - 20 \times 10^3 -$$
$$10 \times 10^3 + F_{8y} = 0$$

求得 $F_{8y} = 10 \text{kN}$。

求出反力后，就可截取结点求解各杆的内力。只包含两个未知力的结点有 1 和 8 两个结点，现在从结点 1 开始，然后依次进行求解。假定杆件内力为拉力，如所得结果为负，则为压力。

(2)取结点 1 为隔离体(图 3-28)

$$\sum F_y = 0, F_{N13} \times \frac{1}{\sqrt{5}} - 10 \times 10^3 + 30 \times 10^3 = 0$$

求得 $F_{N13} = -44.72\text{kN}$，再根据

$$\sum F_x = 0, F_{N13} \times \frac{2}{\sqrt{5}} - F_{N12} = 0$$

求得 $F_{N12} = 40\text{kN}$。

(3)取结点 2 为隔离体(图 3-29)

$$\begin{cases} \sum F_y = 0, F_{N23} = 0 \\ \sum F_x = 0, F_{N25} - F_{N12} = 0 \end{cases}$$

求得 $F_{N25} = F_{N12} = 40\text{kN}$。

(4)取结点 3 为隔离体(图 3-30)

$$\begin{cases} \sum F_x = 0, -F_{N13} \times \frac{2}{\sqrt{5}} + F_{N34} \times \frac{2}{\sqrt{5}} + F_{N35} \times \frac{2}{\sqrt{5}} = 0 \\ \sum F_y = 0, -20 + F_{N34} \times \frac{1}{\sqrt{5}} - F_{N35} \times \frac{1}{\sqrt{5}} - F_{N13} \times \frac{1}{\sqrt{5}} = 0 \end{cases}$$

求得 $F_{N34} = -22.36\text{kN}, F_{N35} = -22.36\text{kN}$。

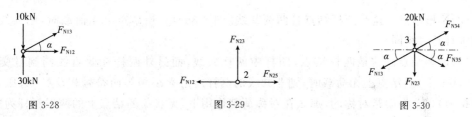

图 3-28   图 3-29   图 3-30

(5)取结点 4 为隔离体(图 3-31)

根据 $\sum F_x = 0$，可求得 $F_{N47} = -22.36\text{kN}$，再由 $\sum F_y = 0$，可求得 $F_{N45} = 10\text{kN}$。

(6)取结点 5 为隔离体(图 3-32)

根据 $\sum F_y = 0$，可求得 $F_{N57} = 0$，再由 $\sum F_x = 0$，可求得 $F_{N56} = 20\text{kN}$。

(7)取结点 6 为隔离体(图 3-33)

根据 $\sum F_y = 0$，可求得 $F_{N67} = 0$，再由 $\sum F_x = 0$，可求得 $F_{N68} = 20\text{kN}$。

(8)取结点 7 为隔离体(图 3-34)

根据 $\sum F_x = 0$，可求得 $F_{N78} = -22.36\text{kN}$，至此，桁架中各杆件的内力都已求得。

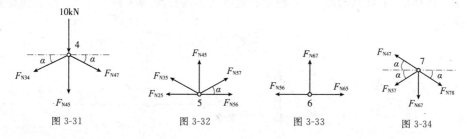

图 3-31   图 3-32   图 3-33   图 3-34

(9)最后根据结点 8 为隔离体是否满足平衡条件 $\sum F_x = 0$ 和 $\sum F_y = 0$ 来作校核

此时有

$$\begin{cases} -(-22.36\times10^3)\times\dfrac{2}{\sqrt{5}}-20\times10^3=0 \\ -22.36\times10^3\times\dfrac{1}{\sqrt{5}}+10\times10^3=0 \end{cases}$$

可知,计算结果没有错误。

为了更加清楚地显示计算结果,现将此桁架各杆的内力标在图 3-35 中。

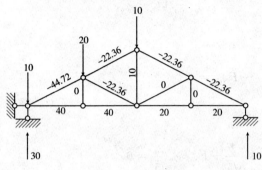

图 3-35　(单位:kN)

桁架中内力为零的杆件称为零杆。例如图 3-35 中的 23、67、57 三杆件就是零杆。常会有一些特殊形状的结点,掌握了桁架中这些特殊结点的平衡规律,可以给计算带来很大的方便。列举几种特殊结点如下:

(1)L 形结点。这是两杆结点[图 3-36a]。当结点上无荷载时两杆内力皆为零,若荷载沿一杆作用,则另一杆为零杆。

(2)T 形结点。这是三杆汇交的结点,而其中两杆在一条直线上[图 3-36b],当结点上无荷载时,第三杆(又称单杆)必为零杆,而共线两杆内力相等且符号相同(即同为压力或同为拉力)。

(3)X 形结点。这是四杆结点且两两共线[图 3-36c],当结点上无荷载时,则共线两杆内力相等且符号相同。

(4)K 形结点。这是四杆结点,四杆中两杆共线,而另外两杆在此直线同侧且交角相等[图 3-36d]。当结点上无荷载时,则非共线的两杆内力大小相等而符号相反(一为压力,则另一为拉力)。若桁架是对称的,那么在对称荷载作用下,无载荷的结点上的两根斜杆为零杆。

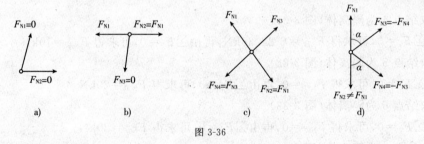

图 3-36

上述各条结论都不难由结点平衡条件得到证实。

应用上述结论,不难判断图 3-37 桁架中虚线所示各杆皆为零杆。于是,剩下的计算工作就大为简化。

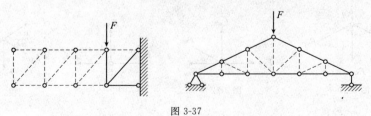

图 3-37

【例 3-9】找出如图 3-38a)、b)所示桁架的零杆数目。

解：

按特殊结点判定零杆的原则,容易求得各图的零杆数目,分别如图 3-38c)、d)所示。

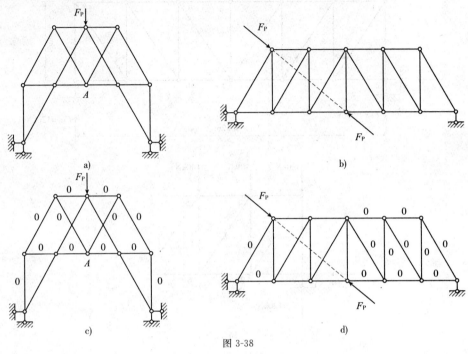

图 3-38

3.4.3 截面法求解桁架内力

结点法实际上可以说是截面法的一种特殊情况,因为它是用一截面截取结点为隔离体而考虑其平衡条件以计算内力,不过本节所指的截面法所截取的隔离体不止限于一个结点,而是选取适当的截面截取桁架的一部分为隔离体而考虑其平衡问题。从理论力学可知平面一般力系静力平衡条件有三个:$\sum X=0$,$\sum Y=0$ 及 $\sum M=0$。如果隔离体中未知内力不超过三个,即可从三个平衡方程中求出三个内力。因此一般来说,截面法所选取的截面不应截断三根以上的杆件(特殊情况例外)。按照隔离体中各未知杆件内力的位置及选用的平衡方程式的不同,截面法又可分为力矩法和投影法两种。

(1)投影法:若三个未知力中有两个力的作用线互相平行,则可以将所有作用力都投影到与此平行线垂直的方向上,并写出投影平衡方程,从而直接求出另一未知内力。

(2)力矩法:以三个未知力中的两个内力作用线的交点为矩心,写出力矩平衡方程,直接求出另一个未知内力。

【例 3-10】已知图 3-39 中所示的桁架节间距离 d 为 2m,桁架高度 h 为 3m。所受结点荷载 F_P 如图 3-39 中所示。求 F_{Na}、F_{Nb}、F_{Nc}。

解：

用截面 I-I 截开 a、b、c 三杆,取截面以左为分离体。

1)投影法

由于 a 和 c 两杆互相平行,求 b 杆内力时,将所有作用力都投影到与两平行杆垂直的 y 方向上,列投影平衡方程

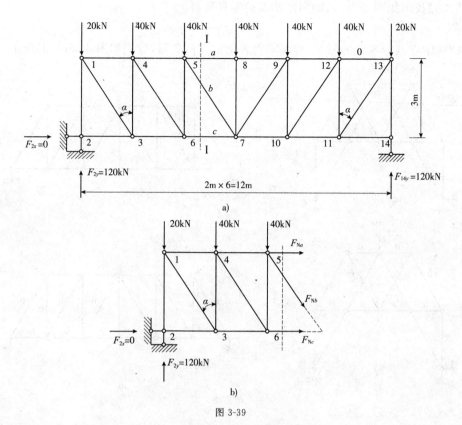

图 3-39

$$\sum F_y = 0, F_{2y} - \sum F_P - F_{Nb}\cos\alpha = 0$$

求得

$$F_{Nb} = (120 - 100)/\cos\alpha = 24(\text{kN})$$

2）力矩法

b、c 两根杆的轴力作用线汇交于结点 7，以 7 铰为矩心，列力矩式平衡方程求 F_{Na}：

$$\sum M_7(F_i) = 0, F_{Na} \times h + F_{2y} \times 3d - \sum F_{Pi}x_i = 0$$

求得

$$F_{Na} = -(F_{2y} \times 3d - \sum F_{Pi}x_i)/h = -(120 \times 6 - 20 \times 6 - 40 \times 4 - 40 \times 2)/3 = -120.0(\text{kN})$$

a、b 两根杆的轴力作用线汇交于结点 5，以 5 铰为矩心，列力矩式平衡方程求 F_{Nc}：

$$\sum M_5(F_i) = 0, F_{Nc} \times h - F_{2y} \times 2d + \sum F_{Pi}x_i = 0$$

求得

$$F_{Nc} = (F_{2y} \times 2d - \sum F_{Pi}x_i)/h = (120 \times 4 - 20 \times 4 - 40 \times 2)/3 = 106.7(\text{kN})$$

3）校核

由平衡方程

$$\sum F_x = F_{Na} + F_{Nb} \times \sin\alpha + F_{Nc} = -120.0 + 24.0 \times 0.555 + 106.7 = 0$$

可知，计算无误。

40

3.5 组合结构的计算

3.5.1 组合结构概述

在有些由直杆组成的结构中：一部分杆件是链杆，只受轴力作用；另一部分杆件是梁式杆，除受轴力作用外，还受到弯矩作用。这种由链杆和梁式杆组成的结构，称为组合结构。

图 3-40 和图 3-41 所示为组合结构的一些例子，图 3-40a)为一下撑式五角形屋架，上弦由钢筋混凝土制成，下弦和腹杆为型钢。计算简图如图 3-40b)所示。

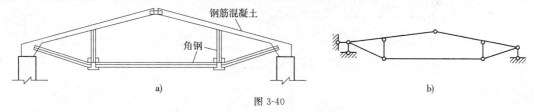

图 3-40

图 3-41a)为拱桥的计算简图，其中由多根链杆组成链杆拱，再与加劲梁用链杆连接，组成整个结构。当跨度较大时，加劲梁可换成加劲桁架，如图 3-41b)所示。

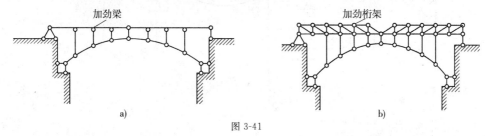

图 3-41

用截面法分析组合结构的内力时，为了使隔离体的未知力不致过多，宜尽量避免截断受弯杆件。因此，分析这类结构的步骤一般是先求出反力，然后计算各链杆的轴力，最后再分析受弯杆件的内力。当然，如受弯杆件的弯矩图容易先行绘出时，则不必拘泥上述步骤。

3.5.2 组合结构内力计算举例

【例 3-11】试求图 3-42a)所示组合结构的内力图。

解：

图中 BD 杆是轴力杆件，其他是受弯杆件（梁式杆）。

1）求反力

$$\begin{cases} \sum F_y = 0, F_{yA} = 1 \times 6 = 6(\text{kN}) \\ \sum M_B = 0, F_{xA} = 1 \times 6 \times 3/6 = 3(\text{kN}) \\ \sum F_x = 0, F_{xB} = 3\text{kN} \end{cases}$$

2）求 BD 杆轴力

CDE 杆为隔离体，如图 3-42b)所示。

$$\sum M_C = 0, F_{\text{NDB}} \sin\alpha \times 4 = 1 \times 6 \times 3, F_{\text{NDB}} = \frac{18 \times 5}{4 \times 3} = 7.5\text{kN}(\text{拉力})$$

3）画弯矩和轴力图（链杆标明轴力，梁式杆则画弯矩图，弯矩图画于受拉侧），见图 3-42c）所示。

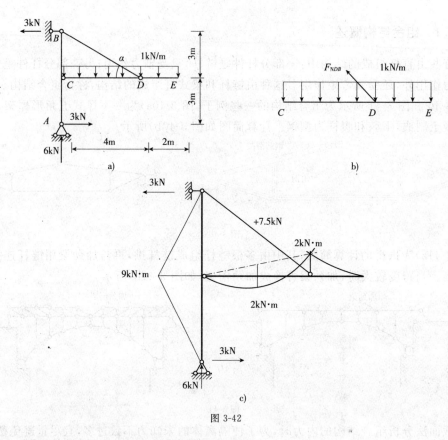

图 3-42

【例 3-12】试分析图 3-43a）所示组合结构的内力。

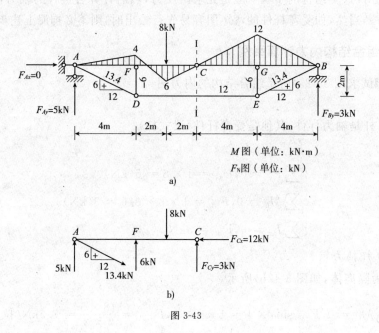

图 3-43

解：

1）求支座反力

考虑结构的整体平衡，可求的支座反力如图 3-43a)所示。

2）求链杆轴力

作截面 I—I 拆开铰 C 和截断拉杆 DE，并取右边部分为隔离体，有

$$\sum M_C = 0,3\text{kN} \times 8\text{m} - F_{\text{NDE}} \times 2\text{m} = 0, F_{\text{NDE}} = 12\text{kN}$$

再考虑结点 D 和 E 的平衡，便可求得其余各链杆的内力，如图 3-43a)所示。

3）求受弯杆件的内力

取出 AC 杆为隔离体[图 4-43b)]，考虑其平衡可求得

$$F_{Cr} = 12\text{kN}(\leftarrow), F_{Cy} = 3\text{kN}(\uparrow)$$

并可作出其弯矩图，如图 3-43a)所示。其剪力图及轴力图亦不难求出，此处从略。杆的内力可同样分析，无须赘述。

3.6　静定拱的内力计算

3.6.1　拱的概念

拱是杆轴线为曲线，并且在竖向荷载作用下在支座处会产生水平推力的结构。与刚架相仿，按结构构成与支承方式不同，拱也有三铰拱（静定拱）、双铰拱（一次超静定结构）与无铰拱（三次超静定结构）之分，见图 3-44。铰的数量和位置不同会影响拱的几何性质和受力性能。从结构的几何性质分析可知，图 3-44b)满足三刚片规则，为静定拱结构；图 3-44c)满足两刚片规则，为一次超静定拱结构，而图 3-44d)则为三次超静定拱结构。图 3-44a)给出了一石拱桥结构组成，这一实际工程结构可简化为一双铰拱，如图 3-44c)所示。

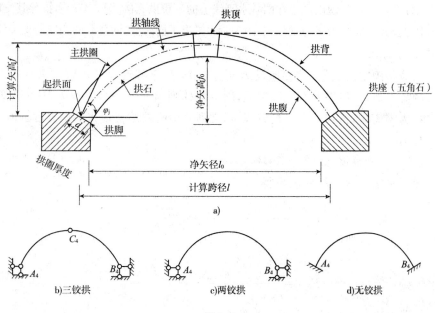

图 3-44

43

如图 3-45 给出了四种结构形式,图中的杆轴都是曲线。其中图 3-45a)所示结构在竖向荷载作用下不产生水平推力,其横截面弯矩与同跨度、同截面、同荷载的相应简支梁的弯矩相同,这种外形像拱但内力和支座却不具备拱的特性,属于静定曲梁,基础通过支座对上部结构仅起到支撑的作用。图 3-45b)、c)、d)给出三铰拱、两铰拱和无铰拱在竖向荷载作用下的受力图。不管是静定拱还是超静定拱,它们的共同特征就是两端支座除了提供向上的支座反力,还都对拱产生水平推力(F_{Ax} 或 F_{By}),阻止拱在 A、B 杆端产生水平方向的背离移动,向上和水平方向的约束反力的合力就是基础通过支座对上部结构的斜向支撑力。由于水平推力的存在,可计算得到拱中各截面的弯矩将比相应的曲梁或简支梁的弯矩小,与此同时整个拱体主要承受的内力为轴向压力。所以拱结构可利用抗压强度较高而抗拉强度低的砖、石、混凝土等建筑材料来建造。

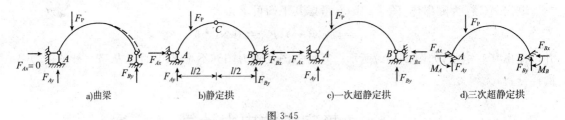

图 3-45

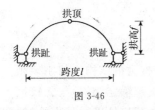

图 3-46

本节主要研究三铰拱(图 3-46,静定拱),拱身截面形心之轴线称为拱轴,拱两端与支座联结处称为拱趾,或称为拱脚,通常两拱趾位于同一高程上。拱轴最高一点称为拱顶。三铰拱的中间铰通常布置在拱顶处。拱顶到两拱趾连线的竖向距离 f 称为拱高,或称拱矢、矢高。高跨比(f/l)的变化范围很大,是拱的重要几何特征,也是决定拱主要性能的重要因素。

3.6.2　三铰拱的解法

三铰拱为静定结构,其全部约束反力和内力求解与静定梁或三铰刚架的求解方法完全相同,都是利用平衡条件即可确定。现以拱趾在同一水平线上的三铰拱为例[图 3-47a)],推导其支座反力和内力的计算中心公式。同时为了与梁比较,图 3-47b)给出了同跨度、同荷载的相应简支梁计算简图。

1)支座反力的计算

三铰拱两端是固定铰支座,其支座反力共有四个,其全部反力的求解共需列四个平衡方程。与三铰刚架类似,一般需取两次隔离体,除取整体列出三个平衡方程外,还需取左半个拱(或右半个拱)为隔离体,再列一个平衡方程[通常列对中间铰的力矩式平衡方程 $\sum M_C = 0$],方可求出全部反力。

首先,取整体为分离体,如图 3-47a)所示,列 $\sum M_A = 0$ 与 $\sum M_B = 0$ 两个力矩式平衡方程以及水平方向投影平衡方程 $\sum F_x = 0$,可得

$$
\left.
\begin{aligned}
F_{Ay} &= \frac{F_{P1}b_1 + F_{P2}b_2}{l} = \frac{\sum F_{Pi}b_i}{l} \\
F_{Ax} &= F_{Bx} = F_x \\
F_{By} &= \frac{F_{P1}a_1 + F_{P2}a_2}{l} = \frac{\sum F_{Pi}a_i}{l}
\end{aligned}
\right\}
\tag{3-4}
$$

式中,F_x 即为铰支座对拱结构的水平推力。

44

下面再考虑左半个拱 AC 的平衡，列平衡方程 $\sum M_C = 0$ 有

$$F_{Ay} \times \frac{l}{2} - F_{P1} \times \left(\frac{l}{2} - a_1\right) - F_x \times f = 0 \qquad (3-5)$$

整理可得

$$F_x = \frac{F_{Ay} \times \dfrac{l}{2} - F_{P1} \times \left(\dfrac{l}{2} - a_1\right)}{f} \qquad (3-6)$$

将拱与图 3-47b)所示的同跨度、同荷载的水平简支梁比较，式(3-4)中 F_{Ay} 和 F_{By} 恰好与相应简支梁的支座反力 F_{Ay}^0 和 F_{By}^0 相等。而式(3-6)中水平推力 F_x 的分子等于简支梁截面 C 的弯矩 M_C^0，故三铰拱的支座反力分别为

$$\left.\begin{array}{l} F_{Ay} = F_{Ay}^0 \\[4pt] F_x = \dfrac{M_C^0}{f} \\[4pt] F_{By} = F_{By}^0 \end{array}\right\} \qquad (3-7)$$

由式(3-7)可知，水平推力 F_x 等于相应简支梁的截面 C 的弯矩 M_C^0 除以拱高 f。其值只与三个铰的位置有关，而与各铰间的拱轴线无关，即 F_x 只与拱的高跨比 f/l 有关。当荷载和拱的跨度不变时，推力 F_x 将与拱高 f 成反比，即 f 愈大，则 F_x 愈小，反之，f 愈小，则 F_x 愈大。

支座反力的特点：

(1)竖向反力与拱高无关；

(2)水平反力与 f 成反比；

(3)所有反力与拱轴无关，只取决于荷载与三个铰的位置。

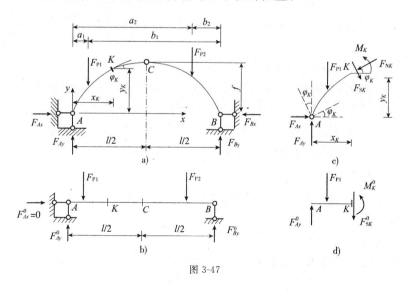

图 3-47

2)弯矩的计算

由于拱轴为曲线的特点，计算拱的内力时要求截面应与拱轴线正交，即与拱轴线的切线垂直(图 3-47)。拱的内力计算依然用截面法，下面计算图 3-47a)中任一截面 K 的内力，设拱的轴线方程为 $y = y(x)$，则 K 截面的坐标为 (x_K, y_K)，该处拱轴线的切线与水平方向夹角为 φ_K。取出三铰拱的 AK 为隔离体，受力图如图 3-47c)所示，截面 K 的内力可分解为弯矩 M_K、剪力 F_{SK}、轴力 F_{NK}；F_{SK} 沿横截面方向，即沿拱轴的法线方向作用；F_{NK} 与横截面垂直，即沿横截面的切线方向作用。

M_K 以使拱内侧受拉为正,反之为负。由图 3-47c)所示分离体的受力图,列力矩式的平衡方程 $\sum M_K = 0$,有

$$F_{Ay}x_K - F_{P1}(x_K - a_1) - F_x y_K - M_K = 0 \qquad (3-8)$$

则 K 截面的弯矩:

$$M_K = [F_{Ay}x_K - F_{P1}(x_K - a_1)] - F_x y_K \qquad (3-9)$$

根据式 $F_{Ay} = F_{Ay}^0$ 以及图 3-47d)简支梁在 K 截面的弯矩 $M_K^0 = F_{Ay}x_K - F_{P1}(x_K - a_1)$,上式可改写为

$$M_K = M_K^0 - F_x y_K \qquad (3-10)$$

即拱内任一截面的弯矩,等于相应简支梁对应截面的弯矩减去由于拱的推力 F_x 所引起的弯矩 $F_x y_K$。可见,由于推力的存在,拱的弯矩比相应梁的要小。

3)剪力的计算

剪力的符号通常规定:以使截面两侧的隔离体有顺时针方向转动趋势为正,反之为负。如图 3-47c)所示,将作用在 AK 上的所有各力对横截面 K 投影,有平衡条件

$$\left.\begin{array}{l} F_{SK} + F_{P1}\cos\varphi_K + F_x\sin\varphi_K - F_{Ay}\cos\varphi_K = 0 \\ F_{SK} = (F_{Ay} - F_{P1})\cos\varphi_K - F_x\sin\varphi_K \end{array}\right\} \qquad (3-11)$$

在图 3-47d)相应简支梁的截面 K 处的剪力 $F_{SK}^0 = F_{Ay} - F_{P1}$,于是上式可改写为

$$F_{SK} = F_{SK}^0 \cos\varphi_K - F_x\sin\varphi_K \qquad (3-12)$$

4)轴力的计算

因拱轴向主要受压力,故规定轴力以压力为正,反之为负。如图 3-47c)所示,将作用在 AK 上的所有各力向垂直于截面 K 的拱轴切线方向投影,由平衡条件

$$F_{NK} + F_{P1}\sin\varphi_K - F_x\cos\varphi_K - F_{Ay}\sin\varphi_K = 0 \qquad (3-13)$$

可得

$$F_{NK} = F_{SK}^0 \sin\varphi_K + F_x\cos\varphi_K \qquad (3-14)$$

综上所述,三铰拱的内力值不但与荷载及三个铰的位置有关,而且与各铰间拱轴线的形状有关。计算中左半拱 φ_K 的符号为正,右半拱 φ_K 的符号为负。同时可知:因推力关系,拱内弯矩、剪力较之相应的简支梁都小。因此拱结构可比梁跨越更大的跨度,但拱结构的支承要比梁的支承多承受上部结构作用的水平方向作用压力,因此支承部位拱不及梁经济。拱内以轴力(压力)为主要内力。

5)三铰拱内力图的绘制

规定内力图画在水平基线上,弯矩 M 画在受拉侧,正值剪力画在轴上侧,受压的轴力画在轴上侧。

绘图步骤:

(1)将拱跨度(或拱轴)等分为 8~12 段,取每一等分截面为控制截面;

(2)由公式计算各控制截面弯矩、剪力、轴力值;

(3)绘内力图。(内力图特征与梁相仿,但均为曲线。)

3.6.3 三铰拱的合理拱轴线

由前面部分可知,当荷载及三个铰的位置给定时,三铰拱的反力就可确定,而与各铰间拱轴线形状无关;三铰拱的内力则与拱轴线形状有关。当拱上所有截面的弯矩都等于零而只有轴力时,截面上的正应力是均匀分布的,材料能得以最充分的利用。单从力学观点看,这是最经济的,故称这时的拱轴线为合理拱轴线。

合理拱轴线可根据弯矩为零的条件来确定。在竖向荷载作用下，三铰平拱任一截面的弯矩由式(3-10)计算，故合理拱轴线方程可由下式求得：

$$M = M^0 - F_x y = 0 \tag{3-15}$$

由此得

$$y = M^0 / F_x \tag{3-16}$$

上式表明，在竖向荷载作用下，三铰拱合理拱轴线的纵坐标 y 与相应简支梁弯矩图的竖标成比例。当荷载已知时，只需求出相应简支梁的弯矩方程，然后除以常数 F_x，就能得到合理拱轴线方程。

【例 3-13】 试求图 3-48a)所示对称三铰拱在图示满跨竖向均布荷载作用下的合理拱轴线。

解：

相应简支梁[图 3-48b)]的弯矩方程为

$$M^0 = \frac{ql}{2}x - \frac{qx^2}{2} = \frac{1}{2}qx(l-x)$$

推力为

$$F_x = \frac{M^0_C}{f} = \frac{ql^2}{8f}$$

从而由式(3-16)求得

$$y = \frac{M^0}{F_x} = \frac{4f}{l^2}x(l-x)$$

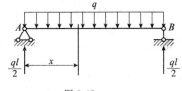

图 3-48

由上式得知，在满跨竖向均布荷载作用下，三铰拱的合理拱轴线是抛物线。

【例 3-14】 试求三铰拱在垂直于拱轴线的均布荷载（例如水压力）作用下的合理拱轴线[图 3-49a)]。

解：

本题为非竖向荷载。可以假定拱处于无弯矩作用状态，然后根据平衡条件求合理拱轴线的方程。为此，从拱中截取一微段为隔离体[图 3-48b)]，设微段两端横截面上弯矩、剪力均为零，而只有轴力 F_N 和 $F_N + dF_N$。由 $\sum M_0 = 0$ 有

$$F_N\rho - (F_N + dF_N)\rho = 0$$

式中 ρ 为微段的曲率半径。由上式可得

$$dF_N = 0$$

由此可知 $F_N =$ 常数，再沿 s-s 轴写出投影方程有

$$2F_N\sin\frac{d\varphi}{2} - q\rho d\varphi = 0$$

因 $d\varphi$ 角极小，故可取 $\sin d\varphi/2 = d\varphi/2$，于是，上式可写成

$$F_N - q\rho = 0$$

因 F_N 为常数，荷载 q 亦为常数，故

$$\rho = \frac{F_N}{q} = \text{常数}$$

可知在垂直于拱轴线的均布荷载下三铰拱的合理拱轴线是圆弧线。

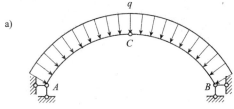

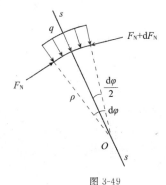

图 3-49

3.6.4 拱结构在桥梁工程中的应用

本节主要研究的是三铰拱,从上面的学习可知,三铰拱是静定结构,其整体刚度较低,尤其是挠曲线在拱顶铰处产生折角。若将其用于桥梁结构,将致使活载对桥梁的冲击增强,对行车不利。另外,拱顶铰的构造和维护也较复杂。因此,三铰拱除有时用于拱上建筑的腹拱圈外,一般不用作主拱圈,其应用受到限制。

实际桥梁工程中,虽然两铰拱为一次超静定拱,支座沉降或温度改变容易引起附加内力,但由于两铰拱取消了拱顶铰,构造较三铰拱简单,结构整体刚度较三铰拱好,维护也较三铰拱容易,而支座沉降等产生的附加内力较无铰拱小。因此在地基条件较差和不宜修建无铰拱的地方,可采用两铰拱桥。

无铰拱属三次超静定结构,虽然支座沉降等引起的附加内力较大,但在荷载作用下拱的内力分布比较均匀,且结构的刚度大、构造简单、施工方便。因此无铰拱是拱桥中,尤其是圬工拱桥和钢筋混凝土拱桥中普遍采用的形式,特别适用于修建大跨度的拱桥结构。

习　　题

3-1 试用分段叠加法作题 3-1 图的弯矩图。

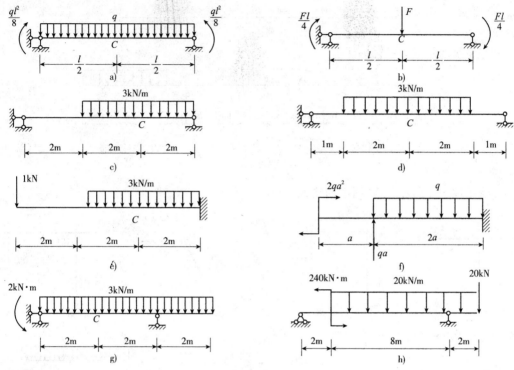

题 3-1 图

3-2 试判断题 3-2 内力图正确与否,将错误改正。

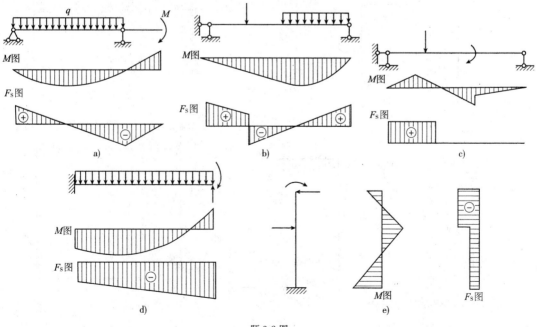

题 3-2 图

49

3-3 试作如题 3-3 图所示梁的弯矩图。

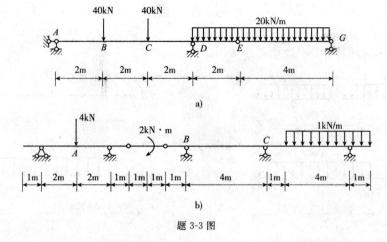

题 3-3 图

3-4 改正题 3-4 图示各 *M* 图中的错误。

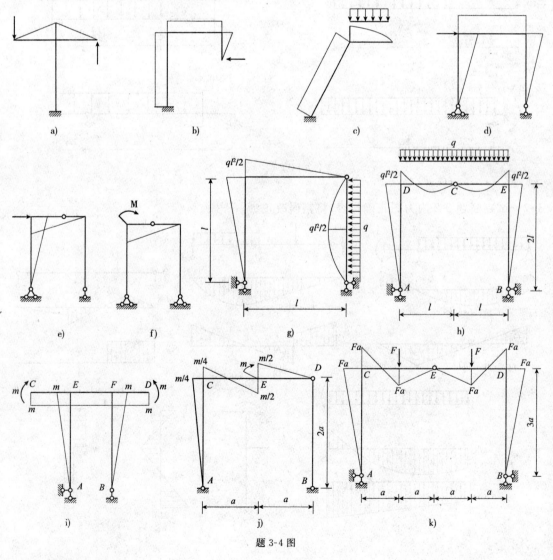

题 3-4 图

3-5 试作题 3-5 图示刚架内力图。

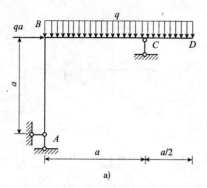

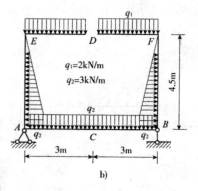

题 3-5 图

3-6 试作题 3-6 图示三铰刚架弯矩图。

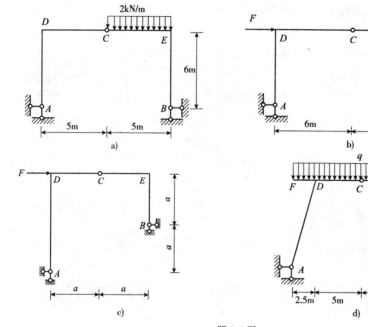

题 3-6 图

3-7 试求题 3-7 图示门式刚架的弯矩图。

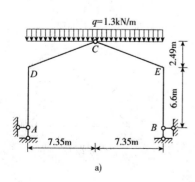

题 3-7 图

3-8 试对题 3-8 图示刚架进行构造分析，并作 M 图。

3-9 试作题 3-9 图示刚架弯矩图。

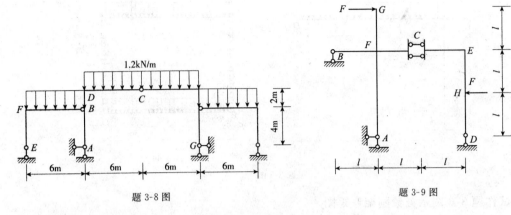

题 3-8 图　　　　　　　　　　题 3-9 图

3-10 试分析题 3-10 图示桁架类型，并指出其零杆。

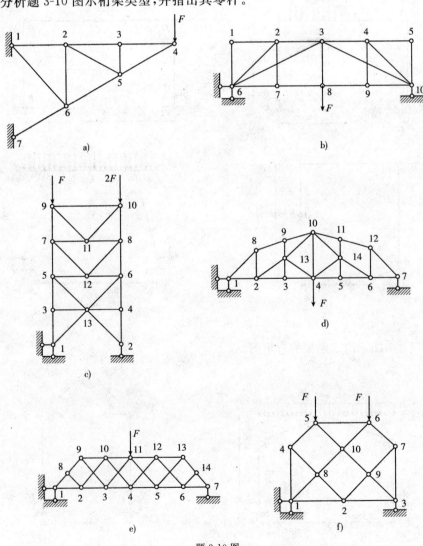

题 3-10 图

3-11 求题 3-11 图示桁架结构中各杆的轴力。

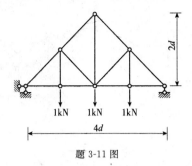

题 3-11 图

3-12 求题 3-12 图示桁架结构中 a、b 杆的轴力。

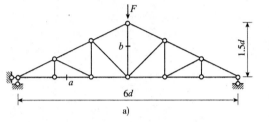
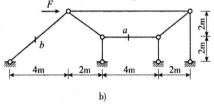

a)   b)

题 3-12 图

3-13 求题 3-13 图示桁架结构中 1、2、3、4、杆的轴力。

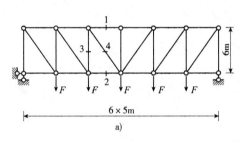

a)   b)

题 3-13 图

3-14 求题 3-14 图示桁架中杆 1、2 的内力。

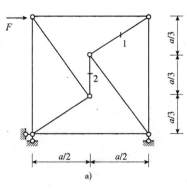
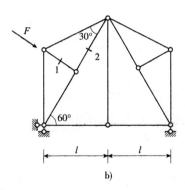

a)   b)

题 3-14 图

3-15 试作题 3-15 图示组合结构的内力图。

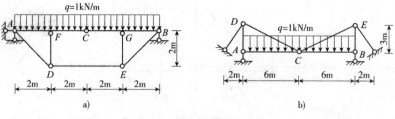

题 3-15 图

3-16 作题 3-16 图示组合结构的内力图(即 M、F_S、F_N 图)。

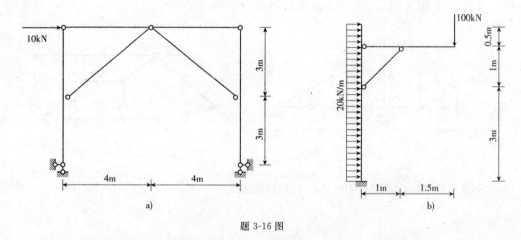

题 3-16 图

3-17 题 3-17 图示抛物线三铰拱轴线的方程为 $y = \dfrac{4f}{l^2}x(l-x)$，$l=16\text{m}$，$f=4\text{m}$。试求：

(1)支座反力；(2)截面 E 的剪力、轴力和弯矩；(3)D 点左右两侧截面的剪力和轴力。

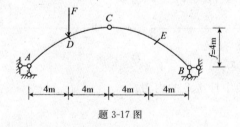

题 3-17 图

3-18 求题 3-18 图示弧形拱截面 K 的内力。

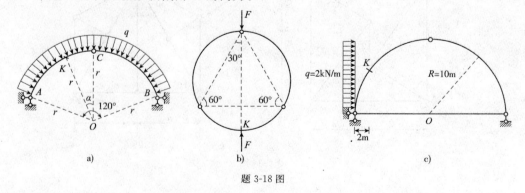

题 3-18 图

3-19 求题 3-19 图示三铰拱在均布载荷作用下的合理拱轴线方程。

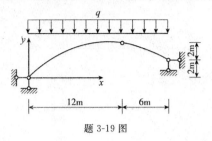

题 3-19 图

答　　案

3-1 a)$M_C = \frac{1}{4}ql^2$；b)$M_C = \frac{1}{4}Fl$；c)$M_C = 10\mathrm{kN \cdot m}$；d)$M_C = 12\mathrm{kN \cdot m}$；e)$M_C = 10\mathrm{kN \cdot m}$；

f)$|M|_{\max} = 2qa^2$；g)$M_C = 2\mathrm{kN \cdot m}$；h)$|M|_{\max} = 160\mathrm{kN \cdot m}$

3-2

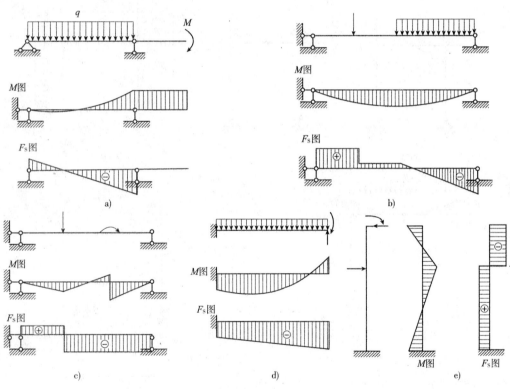

3-3

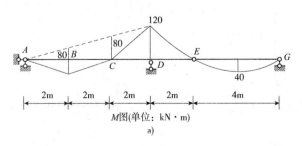

M图(单位：kN·m)
a)

b)$M_A = 4.5 \text{kN} \cdot \text{m}$(下边受拉),$M_B = 1 \text{kN} \cdot \text{m}$(上边受拉),$M_C = 1.87 \text{kN} \cdot \text{m}$(上边受拉)

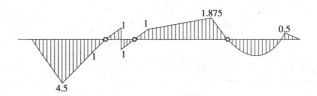

3-4

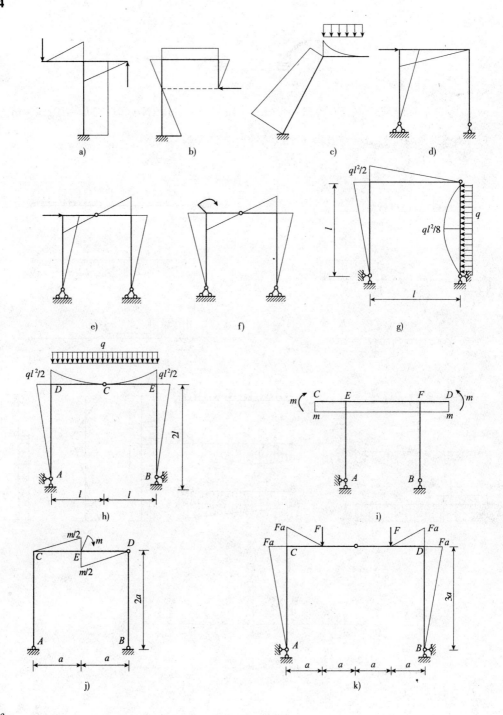

3 -5

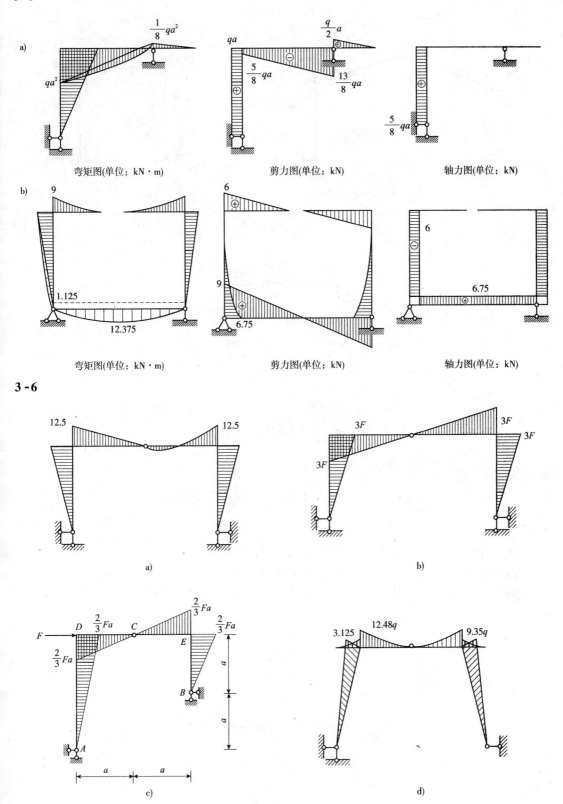

a)

$$\frac{1}{8}qa^2$$

qa^2

弯矩图(单位：kN·m)

qa

$\frac{q}{2}a$

$\frac{5}{8}qa$

$\frac{13}{8}qa$

剪力图(单位：kN)

$\frac{5}{8}qa$

轴力图(单位：kN)

b)

9

1.125

12.375

弯矩图(单位：kN·m)

6

9

6.75

剪力图(单位：kN)

6

6.75

轴力图(单位：kN)

3 -6

12.5   12.5

a)

$3F$ $3F$

$3F$ $3F$

$3F$

b)

F D $\frac{2}{3}Fa$ C $\frac{2}{3}Fa$

$\frac{2}{3}Fa$ E $\frac{2}{3}Fa$

$\frac{2}{3}Fa$

B

a

a

A

a a

c)

3.125   12.48q 9.35q

d)

3-7

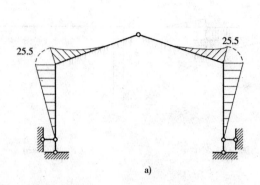

a)

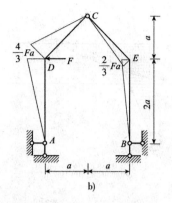

b)

3-8

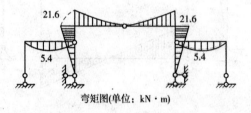

弯矩图(单位：kN·m)

3-9

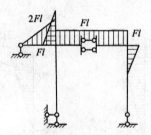

3-10

　　a)简单桁架,有 4 根零杆；　　　　b)联合桁架,有 10 根零杆；

　　c)简单桁架,有 15 根零杆；　　　d)简单桁架,有 6 根零杆；

　　e)简单桁架,有 7 根零杆；　　　　f)复杂桁架,利用对称性,8 根零杆

3-11

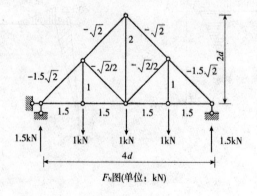

F_N图(单位：kN)

3-12 a)$F_{Na}=F, F_{Nb}=0$; b)$F_{Na}=-F, F_{Nb}=\sqrt{2}F$

3-13 a)$F_{N1}=-60\text{kN}; F_{N2}=37.3\text{kN}; F_{N3}=37.7\text{kN}; F_{N4}=-66.7\text{kN}$

b)$F_{N1}=-10\text{kN}; F_{N2}=10\text{kN}, F_{N3}=-5\sqrt{2}; F_{N4}=-10\sqrt{2}\text{kN}$

3-14 a)$F_{N1}=0.6F, F_{N2}=F$; b)$F_{N1}=0, F_{N2}=\dfrac{2\sqrt{3}}{3}F$

3-15

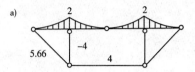
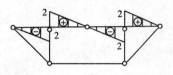

M图(单位:kN·m), F_N图(单位:kN)　　　　　　F_S图(单位:kN)

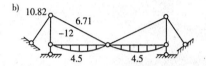
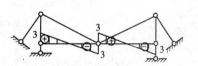

M图(单位:kN·m), F_N图(单位:kN)　　　　　　F_S图(单位:kN)

3-16

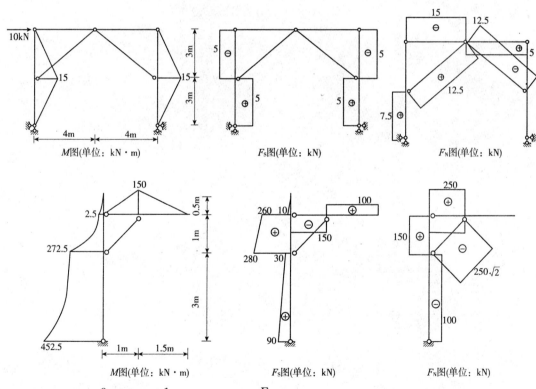

3-17 (1)$F_{Ay}=\dfrac{3}{4}F, F_{By}=\dfrac{1}{4}F, F_{Ax}=F_{Bx}=\dfrac{F}{2}$

(2)$F_{SE}=0.45F, F_{NE}=-0.33F, M_E=-0.5F$

(3)$F_{SD}^L=0.45F, F_{DS}^R=-0.45F, F_{ND}^L=-0.78F, F_{ND}^R=-0.22F$

3 -18 a)$M_K=0$,$F_{SK}=0$,$F_{NK}=qr$(压力)

b)$M_K=\dfrac{\sqrt{3}}{3}Fr$(内侧受拉),$F_{SK左}=-\dfrac{F}{2}$,$F_{SK右}=\dfrac{F}{2}$,$F_{NK}=-\dfrac{\sqrt{3}}{6}F$(拉力)

c)拉杆轴力为 5kN,$M_K=44$kN · m,$F_{SK}=-0.6$kN,$F_{NK}=-5.8$kN(拉力)

3 -19 $y=\dfrac{x}{27}(21-x)$

第4章 静定结构的位移计算

4.1 基 本 概 念

结构在荷载、温度变化、支座移动与制造误差等各种因素作用下发生变形,因而结构上各点的位置会有变动。这种位置的变动称为位移。

结构的位移通常有两种(图 4-1):截面的移动——线位移;截面的转动——角位移。

结构位移计算的目的:

(1)验算结构的刚度,校核结构的位移是否超过允许限值,以防构件和结构产生过大的变形而影响结构的正常使用。

(2)为超静定结构的内力计算打下基础。因为位移计算是计算超静定结构的一个组成部分。

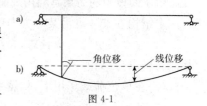

图 4-1

产生位移的原因:

(1)荷载作用;

(2)温度变化和材料胀缩;

(3)支座的沉降和制造误差。

本章将先介绍变形体系的虚功原理,然后讨论静定结构的位移计算。

4.2 虚 功 原 理

在理论力学中已经讨论过刚体的虚功原理:刚体体系处于平衡的充分必要条件为,对于任何虚位移,外力所作的虚功总和为零。

虚功原理应用于变形体时,外力虚功总和不为零。对于杆系结构,变形体系的虚功原理可表述为:变形体系处于平衡的充分必要条件为,对于任何虚位移,外力所作的虚功总和等于各微段上的内力在其变形上所作的虚功(变形虚功)总和。

对于杆系结构,虚功原理的一般形式可表示为

$$W = W_V$$

式中,W 为外力虚功;W_V 为变形虚功。

对于平面杆系结构,有

$$W_V = \sum \int F_N du + \sum \int M d\varphi + \sum \int F_S \gamma ds$$

虚功原理的关键是位移与力系是独立无关的。因此,可以把位移看成是虚设的,也可以把力系看成是虚设的。

如果力系是给定的,位移是虚设的,则上式为变形体的虚位移方程,可用于求力系中的某

未知力。

如果位移是给定的,力系是虚设的,则上式为变形体的虚力方程,可用于求给定变形状态中的某未知位移,这也是本章的主要内容。

4.3 结构位移计算的一般公式

根据虚力原理的基本表达式,为了能够计算某一结构位移 Δ,我们选择的力系只包含一个对拟求位移 Δ 做虚功的相应荷载 F,令 $F=1$。这样虚功原理就变成

$$1 \times \Delta + \sum \bar{F}_R c = \sum \int \bar{F}_N du + \sum \int \bar{M} d\varphi + \sum \int \bar{F}_s \gamma ds$$

式中,$\bar{F}_R$、$\bar{F}_N$、$\bar{M}$、$\bar{F}_s$ 为结构在集中单位荷载 $F=1$ 作用下的支反力和内力,它们都可以由静力平衡条件求出;位移 c 为实际结构中的位移。

由于假设中的力系是利用最简单的虚设力系——单位荷载力系,这种方法称为单位荷载法。

求结构在某一点沿某一方向的位移 Δ,其计算步骤为:

(1)虚设一单位荷载状态,在结构的所求位移处作用与位移相应的单位荷载,注意单位荷载应与所求位移相一致。

(2)在单位荷载作用下,根据平衡条件,求出结构的内力和支反力。

(3)利用公式

$$1 \times \Delta + \sum \bar{F}_R c = \sum \int \bar{F}_N du + \sum \int \bar{M} d\varphi + \sum \int \bar{F}_s \gamma ds$$

可求出相应位移,计算出的结果为正值时,则表明所求位移与单位荷载方向一致,为负值时,则表明实际位移与单位荷载方向相反。

本章所讨论的位移可以引申为广义位移。它既可以是某点沿某一方向的线位移或某一截面的角位移,也可以是某两个截面的相对位移。为了能够应用位移计算的一般公式,虚设单位荷载必须与所求位移产生虚功,因此,虚设单位荷载应与广义位移相一致。下面结合实例分析虚设单位荷载,如图 4-2 所示。

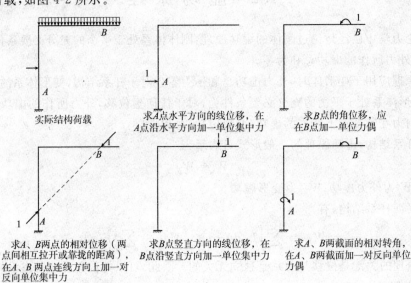

实际结构荷载

求 A 点水平方向的线位移,在 A 点沿水平方向加一单位集中力

求 B 点的角位移,应在 B 点加一单位力偶

求 A、B 两点的相对位移(两点间相互拉开或靠拢的距离),在 A、B 两点连线方向上加一对反向单位集中力

求 B 点竖直方向的线位移,在 B 点沿竖直方向加一单位集中力

求 A、B 两截面的相对转角,在 A、B 两截面加一对反向单位力偶

图 4-2

4.4 结构在荷载作用下的位移计算

现在讨论杆系结构在荷载作用下的位移计算。

杆系结构在荷载作用下,没有支座位移,故位移计算公式为

$$\Delta = \sum \int \bar{F}_N du_P + \sum \int \bar{M} d\varphi_P + \sum \int \bar{F}_s \gamma_P ds$$

利用材料力学中内力与应变的关系

$$du_P = \frac{F_{NP} ds}{EA}$$

$$d\varphi_P = \frac{M_P ds}{EI}$$

$$\gamma_P ds = \frac{k F_{SP} ds}{GA}$$

式中,du_P、$d\varphi_P$、$\gamma_P ds$ 为实际状态中微段的变形;F_{NP}、M_P、F_{SP} 为实际状态中微段的内力;E、G 分别为材料的弹性模量和剪切弹性模量;A、I 分别为杆件截面的面积和惯性矩;k 是与截面形状有关的系数。

综述,可得出荷载作用下弹性位移的一般公式

$$\Delta = \sum \int \frac{\bar{M} M_P}{EI} ds + \sum \int \frac{\bar{F}_N F_N}{EA} ds + \sum \int \frac{k \bar{F}_s F_s}{GA} ds$$

内力正负号规定:轴力以拉为正,剪力以使微段顺时针转动者为正,弯矩由两者乘积正负号决定,当两个弯矩使杆件同一侧受拉时,其乘积取正号。

各类结构的位移计算:

(1)梁和刚架

由于梁和刚架是以弯曲为主要变形,因此位移计算可简化为

$$\Delta = \sum \int \frac{\bar{M} M_P}{EI} ds$$

(2)桁架

桁架中杆件只受轴力作用,且每根杆件的截面面积、轴力均为常数,故位移计算可简化为

$$\Delta = \sum \int \frac{\bar{F}_N F_{NP}}{EA} ds = \sum \frac{\bar{F}_N F_{NP}}{EA} \int ds = \sum \frac{\bar{F}_N F_{NP} l}{EA}$$

(3)组合结构

桁梁混合结构中,一些杆件以弯为主,一些杆件只受轴力,故位移计算可简化为

$$\Delta = \sum \int \frac{\bar{M} M_P}{EI} ds + \sum \frac{\bar{F}_N F_{NP} l}{EA}$$

【例 4-1】计算图 4-3a)所示悬臂梁在 B 端的竖向位移,EI 为常数。

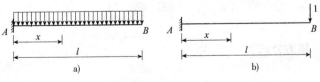

图 4-3

解：

虚设单位荷载，如图 4-3b)所示。

实际荷载和单位荷载的弯矩方程为

$$M(x) = -\frac{1}{2}q(l-x)^2 \qquad ,0 \leqslant x \leqslant l$$

$$\overline{M}(x) = -(l-x) \qquad ,0 \leqslant x \leqslant l$$

利用计算位移公式可得

$$\Delta_{By} = \sum\int\frac{\overline{M}M_P}{EI}\mathrm{d}s = \int_0^l\frac{\left[-\frac{1}{2}q(l-x)^2\right]\left[-(l-x)\right]}{EI}\mathrm{d}x = \frac{ql^4}{8EI}(\downarrow)$$

计算结果为正，说明实际位移方向与单位荷载方向一致。

【例 4-2】计算图 4-4a)中结构 E 点的挠度，上弦杆截面面积为 $A_1 = 120\mathrm{cm}^2$，弹性模量为 $E_1 = 10^4\mathrm{MPa}$；下弦杆截面面积为 $A_2 = 100\mathrm{cm}^2$，弹性模量为 $E_2 = 2.1\times10^5\mathrm{MPa}$；腹杆截面面积为 $A_3 = 64\mathrm{cm}^2$，弹性模量为 $E_3 = 2.1\times10^5\mathrm{MPa}$。

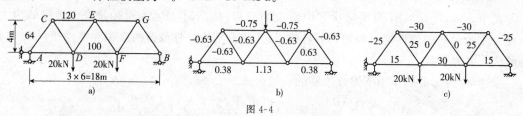

图 4-4

解：

在结点 E 加单位力，并求相应的内力，如图 4-4b)所示。

求实际荷载的内力，如图 4-4c)所示。

由于对称性，可计算一半内力，杆 DF 的长度只取一半。计算位移如表 4-1 所示。

位移计算表   表 4-1

杆件	F_{NP}(kN)	l(cm)	$A(\mathrm{cm}^2)$	E(MPa)	$\overline{F}_N$	$\dfrac{F_{NP}\overline{F}_N l}{EA}$(cm)
AD	15	600	100	2.1×10^5	0.38	0.0016
AC	-25	500	64	2.1×10^5	-0.63	0.0058
CD	25	500	64	2.1×10^5	0.63	0.0058
CE	-30	600	120	10^4	-0.75	0.1125
DE	0	500	64	2.1×10^5	-0.63	0.0000
DF	30	300	100	2.1×10^5	1.13	0.0048
合计						0.1305

所以

$$\Delta_E = \sum\frac{\overline{F}_N F_{NP} l}{EA} = 2\times0.1305 = 0.261(\mathrm{cm})(\downarrow)$$

4.5 图 乘 法

计算梁和刚架位移的公式为

$$\Delta = \sum\int\frac{\overline{M}M_P}{EI}\mathrm{d}s$$

为避免微分运算，下面介绍一种计算方法——图乘法。

图 4-5 为某直杆段 AB 的两个弯矩图，其中有一个图形为直线（$\overline{M}$ 图），如果抗弯刚度 EI 为常数，则可进行以下计算

$$\Delta = \sum \int_A^B \frac{\overline{M}M_P}{EI}\mathrm{d}s = \sum \frac{1}{EI}\int_A^B x \times \tan\alpha \times M_P \mathrm{d}x = \sum \frac{\tan\alpha}{EI}\int_A^B x\mathrm{d}A$$

$\mathrm{d}A = M_P\mathrm{d}x$，是 M_P 中阴影的微面积，利用静矩的概念可得

$$\int_A^B x\mathrm{d}A = A \times x_0$$

代入上式：

$$\Delta = \sum \int_A^B \frac{\overline{M}M_P}{EI}\mathrm{d}s = \sum \frac{\tan\alpha}{EI}A \times x_0 = \sum \frac{1}{EI}Ay_0$$

式中，y_0 为在 M_P 图中形心 C 对应的 $\overline{M}$ 图标距；A 为 M_P 图的面积。

因此，位移计算的问题可转化为标距求和的问题。

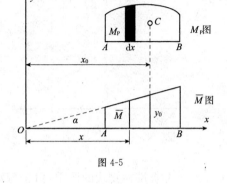

图 4-5

应用图乘法应注意两点：

（1）应用条件

杆段应是等截面直杆段；两个图形中至少有一个是直线，标距 y_0 应取自直线图形中。

（2）正负号规定

面积 A 与标距 y_0 在同一侧时，乘积取正号，反之取负号。

根据图乘法，位移计算主要是计算图形的面积、形心和标距，常见图形的形心和面积如图 4-6 所示。

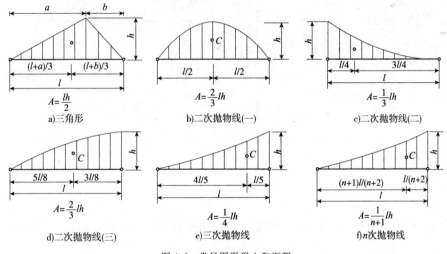

图 4-6　常见图形形心和面积

以上图形的抛物线均为标准抛物线——抛物线顶点处的切线都与基线平行。

如果两个图形都是直线图形，则标距可任取自其中一个图形。如果一个图形为曲线，另一个图形为折线，应分段考虑，如图 4-7 所示，则计算结果应为

$$\int \overline{M}M_P\mathrm{d}x = A_1 y_1 + A_2 y_2 + A_3 y_3$$

对于图形比较复杂的,可以将图形分解为几个简单图形,分项计算后再进行叠加。

若两个图形均为梯形,可将梯形分为两个三角形再进行图乘,如图 4-8 所示,则

$$\int \overline{M}M_\mathrm{P}\mathrm{d}x = A_1y_1 + A_2y_2$$

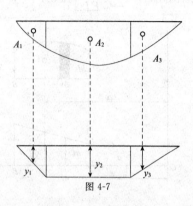

图 4-7

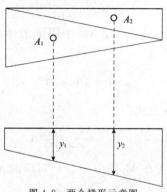

图 4-8　两个梯形示意图

对于非标准抛物线的图乘,由于弯矩图中的非标准抛物线是由叠加原理获得,因此可以将非标准抛物线分解为标准抛物线图形和直线图形,如图 4-9 所示。

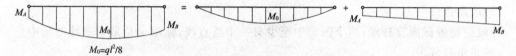

$$M_0=ql^2/8$$

图 4-9　非标准抛物线示意图

【例 4-3】试计算图 4-10a)所示悬臂梁 B 点的竖向位移,EI 为常数。

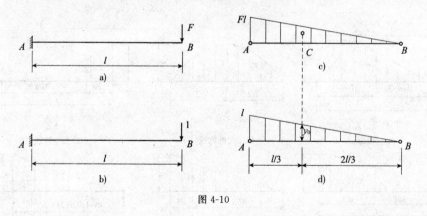

图 4-10

解:

虚设单位荷载,如图 4-10b)所示,作实际状态和虚设单位荷载的弯矩图,如图 4-10c)和 d)所示。

应用图乘法,实际荷载弯矩图中计算面积为 A,单位荷载弯矩图中计算竖标为 y_0。

$$A = \frac{1}{2}Fl \times l = \frac{1}{2}Fl^2$$

$$y_0 = \frac{2}{3} \times l = \frac{2}{3}l$$

于是求得

66

$$\Delta_{By} = \frac{1}{EI}\int \overline{M}M_{P}\mathrm{d}x = \frac{1}{EI} \cdot \frac{1}{2}Pl^{2} \cdot \frac{2}{3l} = \frac{Pl^{3}}{3EI}(\downarrow)$$

【例 4-4】试求出图 4-11a)所示刚架结点 B 的水平位移，EI 为常数。

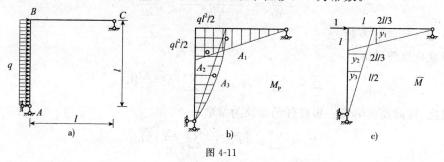

图 4-11

解：

作实际状态和单位荷载的弯矩图，如图 4-11b)和 c)所示。

M_{P} 图的面积可分为 A_{1}、A_{2}、A_{3} 计算：

$$A_{1} = \frac{1}{2} \times \frac{ql^{2}}{2} \times l = \frac{ql^{3}}{4}, A_{2} = \frac{ql^{3}}{4}, A_{3} = \frac{2}{3} \times \frac{ql^{2}}{8} \times l = \frac{ql^{3}}{12}$$

$\overline{M}$ 图上相应的标距为

$$y_{1} = \frac{2}{3}l, y_{2} = \frac{2}{3}l, y_{3} = \frac{l}{2}$$

于是，

$$\Delta_{Bx} = \sum\int \frac{\overline{M}M_{P}}{EI}\mathrm{d}s = \frac{1}{EI}\left(\frac{ql^{3}}{4} \times \frac{2l}{3} + \frac{ql^{3}}{4} \times \frac{2l}{3} + \frac{ql^{3}}{12} \times \frac{l}{2}\right) = \frac{3ql^{4}}{8EI}(\rightarrow)$$

4.6　温度变化和支座移动引起的位移计算

静定结构温度变化时，材料发生伸缩变形，结构因而产生位移。位移的计算仍然应用虚功原理。

外力的虚功等于内力的虚功，下面结合实例分析温度变化时结构的位移计算公式。

图 4-12a)所示刚架结构，杆件的内侧温度升高 t_{1}，外侧温度升高 t_{2}，温度沿高度 h 是按直线变化的，变形后截面仍将保持为平面。

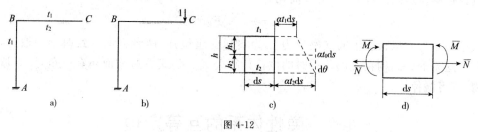

图 4-12

为了计算位移，应虚设单位荷载，图 4-12b)是求 C 点竖向位移的单位荷载图。

以下讨论温度变化时的变形，如图 4-12c)所示。

轴线处温度的升高为

$$t_{0} = \frac{h_{2}t_{1} + h_{1}t_{2}}{h}$$

轴向应变 ε 和曲率 κ 分别为

$$\varepsilon = \alpha t_0$$

$$\kappa = \frac{\mathrm{d}\theta}{\mathrm{d}s} = \frac{\alpha(t_2 - t_1)\mathrm{d}s}{h\,\mathrm{d}s} = \frac{\alpha\Delta t}{h}$$

式中，α 为线膨胀系数；$\Delta t = t_2 - t_1$。

应用虚功原理可得

$$\Delta = \sum \int \overline{F}_N \alpha t_0 \mathrm{d}s + \sum \int \overline{M} \frac{\alpha\Delta t}{h} \mathrm{d}s$$

当温度、杆的高度沿每一根杆件的全长为常数时，可得

$$\Delta = \sum \alpha t_0 \int \overline{F} \mathrm{d}s + \sum \frac{\alpha\Delta t}{h} \int \overline{M} \mathrm{d}s$$

【例 4-5】求图 4-13 中刚架 C 点的水平位移，已知刚架各杆外侧温度无变化，内侧温度上升了 10℃，刚架各杆的截面相同，且与形心轴对称，截面高为 h，线膨胀系数为 α。

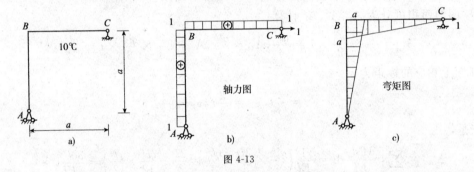

图 4-13

解：

虚设单位荷载，并画轴力图和弯矩图，如图 4-13b)和 c)所示。

$$t_0 = \frac{1}{2}(t_1 + t_2) = 5℃$$

$$\Delta t = 10℃$$

$$\Delta_C = \sum \frac{\alpha\Delta t}{h} \int \overline{M} \mathrm{d}s + \sum \alpha t_0 \int \overline{F}_N \mathrm{d}s = \frac{10\alpha}{h} a^2 + 10\alpha a$$

对于静定结构，支座发生位移时，并不引起内力，因而材料不发生变形，故此时结构的位移属于刚体位移，位移计算的一般公式简化为

$$\Delta = - \sum \overline{F}_R c$$

式中，$\overline{F}_R$ 为虚拟状态中的支座反力；c 为实际支座位移，两者方向一致时乘积取正，相反时为负。这是静定结构在支座位移时的位移计算公式。公式右边前面还有一负号，系原来移项所得，不可漏掉。

4.7　弹性体系的互等定理

以下讨论的互等定理只适用于线性变形体系：材料处于弹性阶段；结构变形很小，不影响力的作用。

1)功的互等定理

设有两组外力分别作用在同一结构(图 4-14)，分别称为第一状态和第二状态。

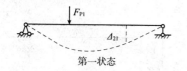 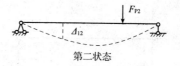

第一状态　　　　　　　　　　第二状态

图 4-14

对于两种状态应用虚功原理

$$W_{12} = F_{P1}\Delta_{12} = \sum \int \frac{M_1 M_2}{EI} ds$$

$$W_{21} = F_{P2}\Delta_{21} = \sum \int \frac{M_1 M_2}{EI} ds$$

外虚功有两个下标,第一个表示受力状态,第二个表示位移状态;位移也有两个下标,第一个表示位移的位置,第二个表示引起位移的力状态。

于是可得功的互等定理:**第一状态外力在第二状态位移上所做的功等于第二状态外力在第一状态位移上所做的功**,即

$$W_{12} = W_{21}$$

2)位移互等定理

对于图 4-15 所示的两种状态,由功的互等定理可得

$$F_{P1}\Delta_{12} = F_{P2}\Delta_{21}$$

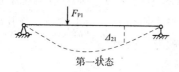 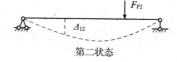

第一状态　　　　　　　　　　第二状态

图 4-15

当两个作用荷载都等于 1 时,此时的位移记作 δ_{12} 和 δ_{21},于是,得

$$\delta_{12} = \delta_{21}$$

δ_{12} 和 δ_{21} 又可称为位移影响系数。

这就是位移互等定理:**由荷载 F_{P1} 引起的与荷载 F_{P2} 相应的位移影响系数 δ_{12} 等于由荷载 F_{P1} 引起的与荷载 F_{P2} 相应的位移影响系数 δ_{21}。**

位移互等定理表明第二个单位力在第一个单位力作用点沿其方向引起的位移等于第一个单位力在第二个单位力作用点沿其方向引起的位移。

注意:这里的荷载和位移都是广义荷载和广义位移,一般情况下定理中的两个广义位移的量纲可能不相同,但是影响系数在数值和量纲上仍然保持相等。

3)反力互等定理

如图 4-16 所示为同一结构的两种状态。下面讨论由于图中的变形引起的反力的变化。图中的反力所用的双下标,第一个下标表示反力与相应的位移对应,第二个下标表示位移产生的反力,如 F_{12} 表示由位移 c_2 引起的与位移 c_1 对应的反力。

应用功的互等定理可得

$$F_{12} \times c_1 + F_{22} \times 0 = F_{11} \times 0 + F_{21} \times c_2$$

$$F_{12} \times c_1 = F_{21} \times c_2$$

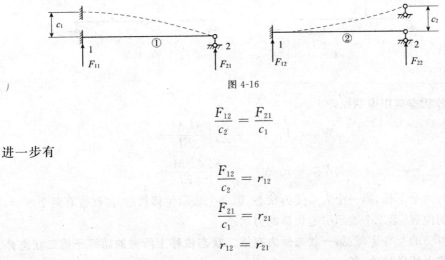

图 4-16

$$\frac{F_{12}}{c_2} = \frac{F_{21}}{c_1}$$

进一步有

$$\frac{F_{12}}{c_2} = r_{12}$$

$$\frac{F_{21}}{c_1} = r_{21}$$

$$r_{12} = r_{21}$$

上式实际上就是反力互等定理：

在任一线性变形体中，由位移 c_1 引起的与位移 c_2 相应的反力影响系数 r_{21}，等于由位移 c_2 所引起的与位移 c_1 相应的反力影响系数 r_{12}。

定理的关键是支反力应与位移相对应，可以是广义力和广义位移。

4）反力位移互等定理

该定理表明的是一个状态中的反力与另一状态中位移的互等关系。在单位荷载 $F_{P1} = 1$ 作用时，支座反力为 F_{R21}，方向如图 4-17 所示，而当支座位移 $c_2 = 1$ 时，F_{P1} 作用点沿其方向的位移为 δ_{12}。对于这两个状态应用功的互等定理，就有

$$F_{R21} = -\delta_{12}$$

这就是反力位移互等定理。它表明：单位力所引起的结构某支座反力，等于该支座发生单位位移时所引起的单位力作用点沿其方向的位移，但符号相反。

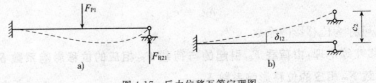

图 4-17 反力位移互等定理图

思考题

4-1 没有变形就没有位移，此结论是否正确？

4-2 为什么虚功原理对弹性体、非弹性体、刚性体都成立？它适用的条件是什么？

4-3 结构上本来没有虚拟单位荷载作用，但在求位移时，却加上了虚拟单位荷载，这样求出的位移会等于原来的实际位移吗？它是否包括虚拟单位荷载引起的位移？

4-4 图乘法的应用条件及注意点是什么？变截面杆及曲杆是否可用图乘法？

4-5 在温度变化引起的位移计算公式中，如何确定各项的正负号？

习　题

4-1　试用积分法求题 4-1 图示刚架 B 点的水平位移，$EI=$ 常数。

4-2　题 4-2 图示曲梁为圆弧形，$EI=$ 常数。求 B 点的水平位移。

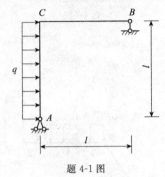

题 4-1 图

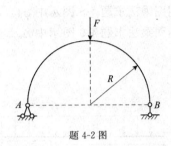

题 4-2 图

4-3　题 4-3 图示曲梁为圆弧形，$EI=$ 常数。求 B 点的水平位移。

4-4　题 4-4 图示桁架各杆截面均为 $A=2\times10^{-3}\,\mathrm{m^2}$，$E=210\mathrm{GPa}$，$F=40\mathrm{kN}$，$d=2\mathrm{m}$。试求 C 点竖向位移。

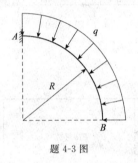

题 4-3 图

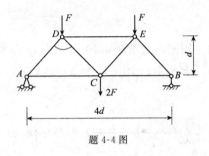

题 4-4 图

4-5　题 4-5 图中各图乘是否正确？如不正确应如何改正？

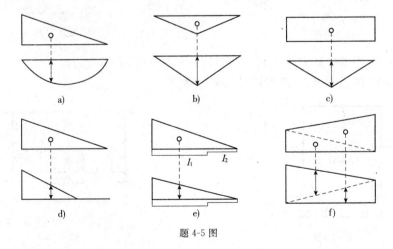

题 4-5 图

4-6　用图乘法求题 4-6 图示最大挠度。

4-7　用图乘法求题 4-7 图示中 Δ_{Cy}。

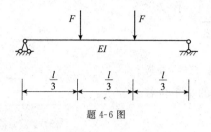

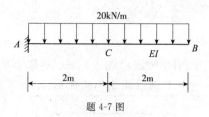

题 4-6 图　　　　　　　　　　　题 4-7 图

4-8　用图乘法求题 4-8 图示中 φ_B。

4-9　用图乘法求题 4-9 图示中 Δ_{Cy}。

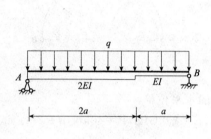

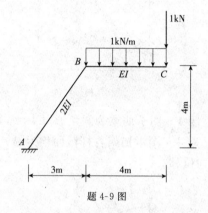

题 4-8 图　　　　　　　　　　　题 4-9 图

4-10　用图乘法求题 4-10 图示中 C、D 两点距离改变。

4-11　求题 4-11 图示的中 Δ_{Cx}、Δ_{Cy}、φ_D。

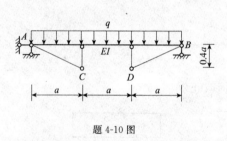

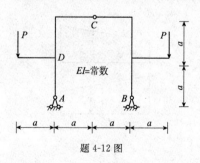

题 4-10 图　　　　　　　　　　　题 4-11 图

4-12　求题 4-12 图示中铰 C 左右截面相对转角及 C、D 两点距离的改变。

4-13　求题 4-13 图示中 A、B 两点相对水平位移。

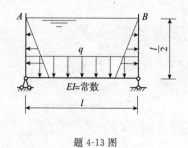

题 4-12 图　　　　　　　　　　　题 4-13 图

4-14　题 4-14 图示梁 $EI=$ 常数,在荷载 F 作用下,已测得截面 A 的角位移为 $0.001\mathrm{rad}$(逆时针),试求 C 点的竖向线位移。

4-15 题 4-15 图示组合结构横梁 AD 为 20b 工字钢，$I=2500\text{cm}^4$，拉杆 BC 为直径 20mm 的圆钢，材料弹性模量 $E=210\text{GPa}$，$q=5\text{kN/m}$，$a=2\text{m}$。求 D 点的竖向位移。

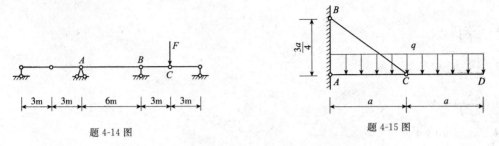

题 4-14 图　　　　　　　　　　　　题 4-15 图

4-16 结构的温度改变如题 4-16 图所示，求 C 点的竖向位移。各杆截面相同且对称于形心轴，其厚度 $h=l/10$，材料的线膨胀系数为 α。

4-17 题 4-17 图示为等截面简支梁，上边温度降低 t，下边温度升高 t，同时两端有一对力偶 M 作用。若欲使梁端转角为 0，M 应为多少？

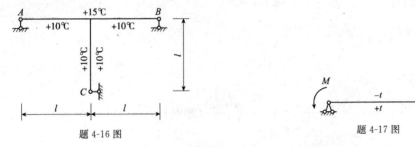

题 4-16 图　　　　　　　　　　　　题 4-17 图

4-18 在题 4-18 图示桁架中，AD 杆的温度上升 t，试求结点 C 的竖向位移。

4-19 题 4-19 图示简支刚架支座 B 下沉 b，试求 C 点的水平位移。

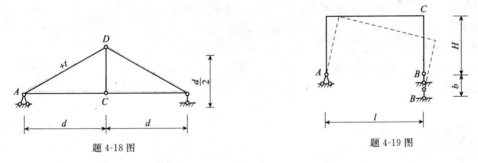

题 4-18 图　　　　　　　　　　　　题 4-19 图

4-20 题 4-20 图示两跨简支梁 $l=16\text{m}$，支座 A、B、C 的沉降分别为 $a=40\text{mm}$，$b=100\text{mm}$，$c=80\text{mm}$。试求 B 铰左右两侧截面的相对角位移。

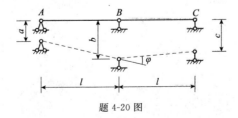

题 4-20 图

答　案

4-1 $\dfrac{3ql^4}{8EI}(\rightarrow)$

4-2 $\dfrac{FR^3}{2EI}(\rightarrow)$

4-3 $\dfrac{qR^4}{2EI}(\leftarrow)$

4-4 $3.52\text{mm}(\downarrow)$

4-6 $\dfrac{23Pl^3}{684EI}(\downarrow)$

4-7 $\dfrac{680\text{kN}\cdot\text{m}^3}{3EI}(\downarrow)$

4-8 $\dfrac{19qa^3}{24EI}(逆时针)$

4-9 $\dfrac{1985\text{kN}\cdot\text{m}^3}{6EI}(\downarrow)$

7-10 $\dfrac{11qa^4}{15EI}(离开)$

4-11 $\dfrac{486\text{kN}\cdot\text{m}^3}{EI}(\rightarrow),\dfrac{54\text{kN}\cdot\text{m}^3}{EI}(\uparrow),\dfrac{27\text{kN}\cdot\text{m}^2}{EI}(顺时针)$

4-12 $\dfrac{Fa^2}{6EI}(下边角度增大)、\dfrac{\sqrt{2}Fa^3}{24EI}(缩短)$

4-13 $\dfrac{ql^4}{60EI}(靠拢)$

4-14 $9\text{mm}(\downarrow)$

4-15 $8.02\text{mm}(\downarrow)$

4-16 $15\alpha l(\uparrow)$

4-17 $\dfrac{2\alpha tEI}{h}$

4-18 $\dfrac{5\alpha td}{4}(\uparrow)$

4-19 $\dfrac{Hb}{l}(\rightarrow)$

4-20 上边角度减少 0.005rad

第5章 超静定结构的内力和位移计算

本章主要讨论超静定结构的内力计算与位移计算问题。在学习超静定结构之前,首先应对超静定结构的特性有所了解。

从几何构造性质上看,超静定结构是几何不变有多余约束的体系。几何不变没有多余约束的体系是静定结构。因而,超静定结构可以看作是在静定结构的基础上又施加多余约束的结果。在超静定结构中,未知力的数目总是多于独立的平衡方程的数目,因而未知力不能像静定结构那样由平衡条件唯一确定,即内力是静不定或超静定的,故称为超静定结构。对于超静定结构的求解,除了要考虑平衡条件外,还要综合考虑结构的几何约束条件与物理关系。

超静定结构由于有多余约束的存在,在温度变化、支座移动等因素作用下,结构位移受到多余约束的限制,会产生附加内力,而静定结构不存在这一问题。

按受力与变形特点,超静定结构同样可分为超静定梁、超静定刚架、超静定拱、超静定桁架与超静定组合结构等,如图 5-1 所示。

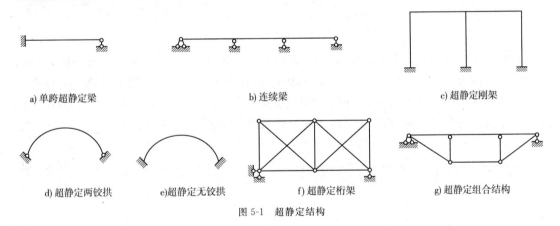

a) 单跨超静定梁　　　　　　　　　b) 连续梁　　　　　　　　　c) 超静定刚架

d) 超静定两铰拱　　　e)超静定无铰拱　　　　f) 超静定桁架　　　　g) 超静定组合结构

图 5-1　超静定结构

求解超静定结构有两种基本解法,即力法与位移法。力法是以多余约束力为求解的基本未知量,故称为力法。位移法是以未知的结点位移作为求解的基本未知量,故称为位移法。下面首先介绍力法。

5.1 力　　法

5.1.1　超静定次数的确定

前面已经学习了静定结构的内力计算与位移计算,因此一个自然的想法就是设法把超静定结构转变为静定结构来求解。超静定结构可以看作是在静定结构基础上,施加多余约束而成。因此,对于超静定结构,通过去掉多余约束,可使之成为一个静定结构。多余约束力不能由平衡条件求出,而是力法的基本未知量。多余约束力的个数就是结构的超静定次数,也就是力法中基本未知量的数目。因此,力法中一个首要问题就是结构超静定次数的确定。

通过去掉多余约束，把超静定结构变成一个静定结构，就可以知道结构的超静定次数了。多余约束力作为力法的基本未知量，得到的静定结构作为力法的基本结构。这里要强调的是，去掉的一定是多余约束而不能是必要约束，得到的一定是一个静定的结构，而不能是几何可变体系或仍有多余约束。如图 5-2a)所示的超静定结构，通过机动分析知结构有一个多余约束，超静定次数为 1。可以去掉一个多余约束，把原超静定结构变成一个静定结构，来得到力法的基本未知量 X_1 与力法基本结构，如图 5-2b)～d)所示。由此知，结构超静定次数是确定的，即 1 次，但具体要去掉哪一个多余约束，得到一个什么样的静定结构，可以有不同的选择。图 5-2e)是错误的，因为去掉了必要约束，得到的是一个几何可变体系。同样图 5-2f)也是错误的，因为只有一个多余约束，去掉两个约束后成为几何可变体系了。

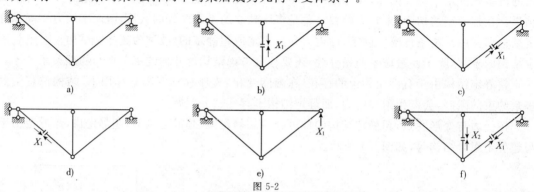

图 5-2

从超静定结构中去掉多余约束的方式，通常有以下几种：①去掉或切断一根链杆，相当于去掉了 1 个约束，如图 5-2b)所示；②拆开一个单铰，相当于去掉了 2 个约束，如图 5-3a)所示；③在刚结点处切开一个小口，或去掉一个固定端，相当于去掉了 3 个约束，如图 5-3b)所示；④将刚结点改为单铰约束，相当于去掉了 1 个转动约束，如图 5-3c)所示。

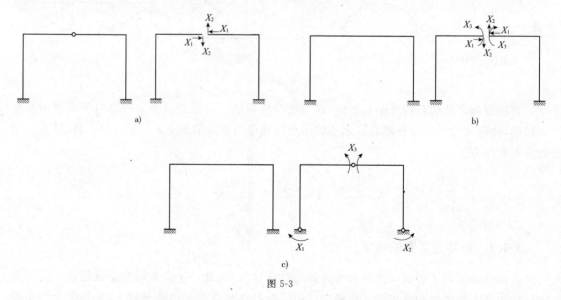

图 5-3

一个封闭框格，为 3 次超静定，如图 5-4a)所示。对于多层多跨刚架，地基本身可看作是一个开口的刚片，根据封闭的框格数，即可确定超静定次数。如图 5-4b)所示的框架，共有 7 个封闭框格，故超静定次数为 $3 \times 7 = 21$ 次。又如图 5-4c)所示框架结构，因为有两个单铰和一个固定铰支座,故超静定次数应该是 27 减去 3,即超静定次数是 24。

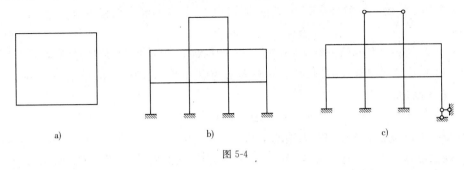

图 5-4

对于同一个超静定结构,可采取不同的方式去掉多余约束,从而得到不同的静定结构,但是所去多余约束的数目总是相同的。如图 5-3b)、c)所示的刚架,既可采用图 5-3b)所示的悬臂静定结构,也可以采用图 5-3c)所示的三铰刚架作为静定结构。虽然去掉的具体约束不同,得到的静定结构不同,但超静定次数都是 3 次,这一点是确定的。又如图 5-5 所示结构,超静定次数为 6 次,多余约束的解除及所得的静定结构可有不同的选择。

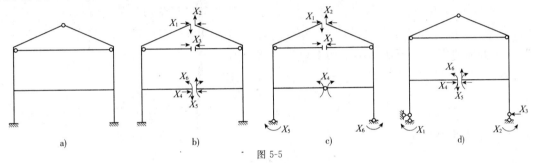

图 5-5

5.1.2 力法基本概念

力法的核心思想是把超静定结构转化为一个等效的静定结构来求解。下面举例说明力法的基本概念。

图 5-6 所示为一单跨超静定梁,超静定次数为 1。将支座 B 去掉,以 B 支座的约束反力 X_1 为力法的基本未知量,得到力法的基本结构如图 5-6b)所示。我们知道,对于杆 AB 可列出 3 个平衡方程,而杆 AB 包括 X_1 在内共有 4 个未知的约束反力,因而 X_1 无法由平衡条件求出。问题的关键是求解多余约束力 X_1,一旦 X_1 求出,则问题就完全成为静定问题了。

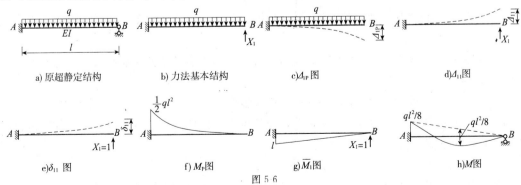

a) 原超静定结构   b) 力法基本结构   c)Δ_{1P}图   d)Δ_{11}图

e)δ_{11} 图   f) M_P图   g)$\overline{M}_1$图   h)M图

图 5-6

力法基本结构与原超静定结构应该是完全等效的。原结构 B 点的竖向位移为 0,则力法基本结构在均布荷载 q 与多余约束力 X_1 共同作用下,B 点的竖向位移也应该为 0,即

$$\Delta_1 = 0 \tag{5-1}$$

式(5-1)为多余约束处的位移方程,图 5-6b)中 X_1 的大小恰好使 B 点位移为 0,因而 X_1 可由式(5-1)求出。根据叠加原理,荷载 q 与多余约束力 X_1 共同作用的结果,等于它们分别单独作用结果的叠加,即有

$$\Delta_1 = \Delta_{11} + \Delta_{1P} = 0 \tag{5-2}$$

式中,Δ_{1P} 为荷载 q 单独作用在力法基本结构上,沿多余约束力 X_1 方向产生的位移,如图 5-6c)所示,规定位移沿 X_1 方向为正,与 X_1 方向相反为负,故此例中 Δ_{1P} 为负;Δ_{11} 表示 X_1 单独作用在力法基本结构上,沿 X_1 方向的位移,如图 5-6d)所示,因 X_1 未知,所以 Δ_{11} 也未知。

将 $X_1 = 1$ 作用在力法基本结构上沿 X_1 方向产生的位移记为 δ_{11},称为结构的柔度系数,表示单位力产生的位移。根据叠加原理知,$\Delta_{11} = \delta_{11} X_1$,故式(5-2)可写成

$$\delta_{11} X_1 + \Delta_{1P} = 0 \tag{5-3}$$

式(5-3)称为力法典型方程,它的物理意义是多余约束处的位移方程。

只要求出 δ_{11} 与 Δ_{1P},即可由式(5-3)解出 X_1。前面我们已经学习过静定结构的位移计算,因而 δ_{11} 与 Δ_{1P} 的计算现在不成问题。荷载 q 单独作用在力法基本结构上产生的弯矩图为 M_P 图,$X_1 = 1$ 单独作用在力法基本结构上产生的弯矩图为 $\overline{M}_1$ 图。δ_{11} 如图 5-6e)所示,可由 $\overline{M}_1$ 图自乘得出。Δ_{1P} 如图 5-6c)所示,可由 M_P 图与 $\overline{M}_1$ 图图乘求出,即

$$\delta_{11} = \frac{1}{EI}\left(\frac{1}{2} \cdot l \cdot l\right)\left(\frac{2}{3}l\right) = \frac{l^3}{3EI}, \Delta_{1P} = -\frac{1}{EI}\left(\frac{1}{3} \cdot l \cdot \frac{ql^2}{2}\right)\frac{3}{4}l = -\frac{ql^4}{8EI}$$

由式(5-3),解出 X_1 为

$$X_1 = -\frac{\Delta_{1P}}{\delta_{11}} = \frac{3}{8}ql$$

多余约束力 X_1 即已求出,由平衡条件可求出 A 端的弯矩,作出原超静定结构的弯矩图,如图 5-6h)所示。

如前所述,通过去掉多余约束,将超静定结构变成一个静定结构,以多余约束力为求解的基本未知量,以得到的静定结构作为基本结构,由多余约束处的位移约束条件求解出多余约束力,再由平衡条件求出其他未知反力与内力的方法,称为力法。力法是求解超静定结构的一种基本方法,可用来分析任何超静定结构。

5.1.3 力法典型方程

前面已经知道,力法典型方程就是多余约束处的位移方程。下面以图 5-7 所示刚架为例,讨论力法方程的一般形式。

图 5-7a)所示刚架是 3 次超静定,可去掉一个固定端,得到力法的基本未知量与基本结构,如图 5-7b)所示。

图 5-7b)所示的力法基本结构,在荷载 F 与多余约束力 X_1、X_2、X_3 共同作用下,应与图 5-7a)所示的原超静定结构完全等效,即沿多余约束力方向的 3 个位移均为 0(即原结构右固定端处水平位移、竖向位移与角位移为 0,有

$$\Delta_1 = 0, \Delta_2 = 0, \Delta_3 = 0 \tag{5-4}$$

根据叠加原理,F 与多余约束力 X_1、X_2、X_3 共同作用的结果,即图 5-7b),可分解成图 5-

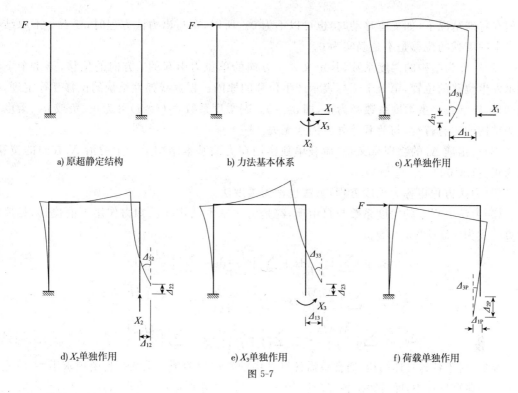

a) 原超静定结构　　　　b) 力法基本体系　　　　c) X_1单独作用

d) X_2单独作用　　　　e) X_3单独作用　　　　f) 荷载单独作用

图 5-7

7c)～f)4 种情况的叠加,有 $\Delta_1 = \Delta_{11} + \Delta_{12} + \Delta_{13} + \Delta_{1P}$, $\Delta_2 = \Delta_{21} + \Delta_{22} + \Delta_{23} + \Delta_{2P}$, $\Delta_3 = \Delta_{31} + \Delta_{32} + \Delta_{33} + \Delta_{3P}$,式(5-4)成为

$$
\left.
\begin{aligned}
\Delta_{11} + \Delta_{12} + \Delta_{13} + \Delta_{1P} = 0 \\
\Delta_{21} + \Delta_{22} + \Delta_{23} + \Delta_{2P} = 0 \\
\Delta_{31} + \Delta_{32} + \Delta_{33} + \Delta_{3P} = 0
\end{aligned}
\right\}
\tag{5-5}
$$

引入结构柔度系数 δ_{ij},其定义为 j 方向上单位力引起的 i 方向的位移。根据柔度系数的定义,多余约束力引起的位移可以写成

$$
\Delta_{ij} = \delta_{ij} X_j (i, j = 1, 2, 3)
\tag{5-6}
$$

将式(5-6)代入式(5-5)中,我们得到力法典型方程

$$
\left.
\begin{aligned}
\delta_{11} X_1 + \delta_{12} X_2 + \delta_{13} X_3 + \Delta_{1P} = 0 \\
\delta_{21} X_1 + \delta_{22} X_2 + \delta_{23} X_3 + \Delta_{2P} = 0 \\
\delta_{31} X_1 + \delta_{32} X_2 + \delta_{33} X_3 + \Delta_{3P} = 0
\end{aligned}
\right\}
\tag{5-7}
$$

对于 n 次超静定结构,我们可以去掉 n 个多余约束,代之以 n 个多余约束力 X_1、X_2……X_n,得到力法的基本未知量与力法基本结构。依照上面的分析,根据 n 个多余约束处的位移方程,即 $\Delta_1 = 0$、$\Delta_2 = 0$……$\Delta_n = 0$,可建立式(5-8)所示的力法典型方程

$$
\left.
\begin{aligned}
\delta_{11} X_1 + \delta_{12} X_2 + \cdots + \delta_{1n} X_n + \Delta_{1P} = \Delta_1 = 0 \\
\delta_{21} X_1 + \delta_{22} X_2 + \cdots + \delta_{2n} X_n + \Delta_{2P} = \Delta_2 = 0 \\
\vdots \qquad\qquad \vdots \qquad\qquad\qquad \vdots \\
\delta_{n1} X_1 + \delta_{n2} X_2 + \cdots + \delta_{nn} X_n + \Delta_{nP} = \Delta_n = 0
\end{aligned}
\right\}
\tag{5-8}
$$

式(5-8)即为力法典型方程的一般形式。对于力法典型方程,应注意理解与掌握以下几点:

(1)力法典型方程的物理意义是多余约束处的位移方程。注意,式(5-8)的右边项一般为

0,但在特殊情况下(如支座移动时)也可以不为0。所以,在写出力法方程时,要看一下原结构在多余约束处的位移是不是确实为0。

(2)δ_{ij}称为结构的柔度系数,其定义是j方向的单位力引起的i方向的位移,第1个下标表示发生位移的位置,第2个下标表示产生位移的原因。根据线弹性结构的位移互等定理,我们知道,$\delta_{ij}=\delta_{ji}$。主柔度系数必为正,即$\delta_{ii}>0$。副柔度系数$\delta_{ij}(i\neq j)$可为正、负或0。柔度系数为结构的固有特性,与荷载等外界因素无关。

(3)自由项Δ_{iP}的物理意义是,荷载单独作用在力法基本结构上产生的沿X_i方向的位移,可为正、负或0。

(4)力法方程也称为柔度方程,力法也称为柔度法。

(5)力法方程中的柔度系数与自由项,都是力法基本结构在已知力作用下的位移,相应的计算公式为

$$\delta_{ii} = \sum\int\frac{\overline{M}_i^2}{EI}ds + \sum\int\frac{\overline{F}_{Ni}^2}{EA}ds + \sum\int\frac{k\overline{F}_{Si}^2}{GA}ds \tag{5-9}$$

$$\delta_{ij} = \delta_{ji} = \sum\int\frac{\overline{M}_i\overline{M}_j}{EI}ds + \sum\int\frac{\overline{F}_{Ni}\overline{F}_{Nj}}{EA}ds + \sum\int\frac{k\overline{F}_{Si}\overline{F}_{Sj}}{GA}ds \tag{5-10}$$

$$\Delta_{iP} = \sum\int\frac{\overline{M}_iM_P}{EI}ds + \sum\int\frac{\overline{F}_{Ni}F_{NP}}{EA}ds + \sum\int\frac{k\overline{F}_{Si}F_{SP}}{GA}ds \tag{5-11}$$

显然,对于各种具体结构,通常只需计算其中的一项或两项。系数与自由项求出后,将它们代入力法典型方程中,即可解出各多余约束力。然后,利用平衡条件可求出其余反力与内力。

5.1.4 力法计算步骤与示例

【例 5-1】用力法计算图 5-8a)所示超静定刚架,并作出 M 图。

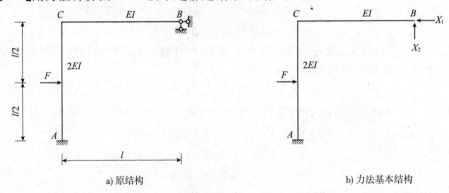

a) 原结构　　　　　　　　　　　　　　b) 力法基本结构

图 5-8

解:

结构为 2 次超静定,可取悬臂刚架为力法基本结构,如图 5-8b)所示。基本未知量 X_1、X_2 为支座 B 的两个约束反力。支座 B 的水平与竖向位移均为 0,故可写出力法典型方程为

$$\begin{cases}\delta_{11}X_1 + \delta_{12}X_2 + \Delta_{1P} = 0\\ \delta_{21}X_1 + \delta_{22}X_2 + \Delta_{2P} = 0\end{cases}$$

由于柔度系数与自由项均为力法基本结构上的位移,而力法基本结构是一个静定刚架。对于刚架,我们知道在计算位移时只考虑弯矩一项即可,且可用图乘法进行位移计算。故分别令 $X_1=1$、$X_2=1$ 与荷载 F 单独作用在力法基本结构上,作出 $\overline{M}_1$、$\overline{M}_2$ 与 M_P

图,如图 5-9 所示。

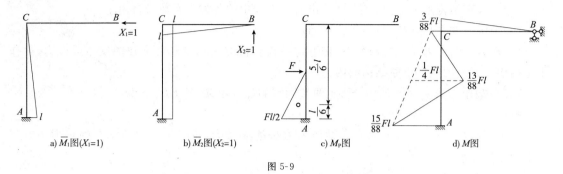

图 5-9

由柔度系数与自由项的物理含义知,δ_{11} 由 $\overline{M}_1$ 图自乘得到,δ_{22} 由 $\overline{M}_2$ 图自乘得到,$\delta_{12}=\delta_{21}$ 由 $\overline{M}_1$、$\overline{M}_2$ 图图乘得到,Δ_{1P}、Δ_{2P} 分别由 $\overline{M}_1$、$\overline{M}_2$ 与 M_P 图图乘得到。

$$\delta_{11} = \frac{1}{2EI}\left(\frac{1}{2}\cdot l\cdot l\right)\cdot\frac{2}{3}l = \frac{l^3}{6EI}$$

$$\delta_{12} = \delta_{21} = \frac{1}{2EI}\left(\frac{1}{2}\cdot l\cdot l\right)\cdot l = \frac{l^3}{4EI}$$

$$\delta_{22} = \frac{1}{EI}\left(\frac{1}{2}\cdot l\cdot l\right)\cdot\frac{2}{3}l + \frac{1}{2EI}(l\cdot l)\cdot l = \frac{5l^3}{6EI}$$

$$\Delta_{1P} = -\frac{1}{2EI}\left(\frac{1}{2}\cdot\frac{l}{2}\cdot\frac{Fl}{2}\right)\cdot\frac{5}{6}l = -\frac{5Fl^3}{96EI}$$

$$\Delta_{2P} = -\frac{1}{2EI}\left(\frac{1}{2}\cdot\frac{l}{2}\cdot\frac{Fl}{2}\right)\cdot l = -\frac{Fl^3}{16EI}$$

将以上结果代入力法方程中,消去 $\frac{l^3}{EI}$ 后,可得

$$\begin{cases} \frac{1}{6}X_1 + \frac{1}{4}X_2 - \frac{5}{96}F = 0 \\ \frac{1}{4}X_1 + \frac{5}{6}X_2 - \frac{1}{16}F = 0 \end{cases}$$

解以上联立方程,得出

$$X_1 = \frac{4}{11}F(与假设方向相同), X_2 = -\frac{3}{88}F(与假设方向相反)$$

多余约束力 X_1、X_2 既已求出,可由平衡条件计算出固定端 A 与刚结点 C 处的杆端弯矩,并做出原结构 M 图,如图 5-9d)所示。

由于力法方程每一项中均含有 EI,因而可以消去。由此知,在荷载作用下,超静定结构的内力只与各杆刚度的相对比值有关,而与杆件刚度的绝对值无关,这是超静定结构的一个重要性质。另外,刚度大的杆件,往往内力也较大,即超静定结构中,刚度大的杆件往往内力也较大,如图 5-9d)所示,立柱刚度为横梁的两倍,立柱的弯矩比横梁大得多。

由上面的解题过程,可归纳出力法的解题步骤如下:

(1)确定原结构的超静定次数,去掉多余约束,代之以多余约束力,得到一个静定结构,作为力法的基本结构,以多余约束力作为力法的基本未知量。

(2)根据原结构在多余约束处的位移约束条件,列出相应的力法典型方程。

(3)令各多余约束力分别等于1,并单独作用在力法基本结构上,作出相应的弯矩图或求

出相应的内力;令荷载单独作用在力法基本结构上,作出相应的弯矩图或求出相应的内力。

(4)按静定结构求位移的方法,计算出力法方程中的各柔度系数与自由项。

(5)求解力法方程,解出各多余约束力。

(6)在多余约束力已知的情况下,按静定结构分析方法求出其余未知的反力或内力,并作出原结构的弯矩图或求出原结构的内力。

【例 5-2】用力法求解图 5-10a)所示两端固定的超静定梁,其 $EI=$ 常数。

解:

此为三次超静定结构,可取简支梁作为力法基本结构,如图 5-10b)所示。列出力法方程如下:

$$\begin{cases} \delta_{11}X_1 + \delta_{12}X_2 + \delta_{13}X_3 + \Delta_{1P} = 0 \\ \delta_{21}X_1 + \delta_{22}X_2 + \delta_{23}X_3 + \Delta_{2P} = 0 \\ \delta_{31}X_1 + \delta_{32}X_2 + \delta_{33}X_3 + \Delta_{3P} = 0 \end{cases}$$

基本结构的 $\overline{M}_1$、$\overline{M}_2$、$\overline{M}_3$ 与 M_P 图分别如图 5-10c)~f)所示。

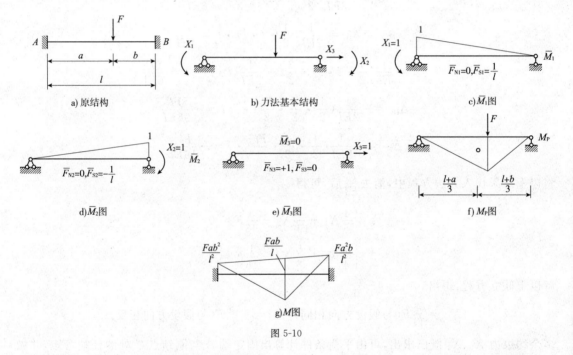

图 5-10

由静定结构的位移计算公式或图乘法知,$\delta_{13}=\delta_{31}=0$,$\delta_{23}=\delta_{32}=0$。故力法方程的第三式成为

$$\delta_{33}X_3 + \Delta_{3P} = 0$$

因为 $\delta_{33}=l/(EA)\neq0$,$\Delta_{3P}=0$,可解出

$$X_3 = 0$$

这表明,两端固定梁在竖向荷载作用下,不产生水平约束反力,问题可简化成求解只有两个未知多余约束力 X_1 与 X_2 的问题,即

$$\begin{cases} \delta_{11}X_1 + \delta_{12}X_2 + \Delta_{1P} = 0 \\ \delta_{21}X_1 + \delta_{22}X_2 + \Delta_{2P} = 0 \end{cases}$$

由图乘法可求得各柔度系数与自由项(只考虑弯矩一项即可),有

$$\delta_{11} = \frac{l}{3EI}, \delta_{22} = \frac{l}{3EI}, \delta_{12} = \delta_{21} = \frac{l}{6EI}$$

$$\Delta_{1P} = -\frac{Fab(l+b)}{6EIl}, \Delta_{2P} = -\frac{Fab(l+a)}{6EIl}$$

此时,力法方程成为

$$2X_1 + X_2 - \frac{Fab(l+b)}{l^2} = 0$$

$$X_1 + 2X_2 - \frac{Fab(l+a)}{l^2} = 0$$

解得

$$X_1 = \frac{Fab^2}{l^2}, X_2 = \frac{Fa^2b}{l^2}$$

最后,画出原结构 M 图,如图 5-10g)所示。

通过上面例题,可得出一个结论,即梁结构,不管是静定还是超静定梁,在竖向荷载的作用下,水平反力必为 0,因而水平反力为已知,可不必作为求解的未知量。这也是梁式结构与拱式结构的主要区别,拱式结构在竖向荷载的作用下,水平约束反力不为 0。

【例 5-3】用力法求解图 5-11a)所示超静定桁架,$EA=$ 常数。

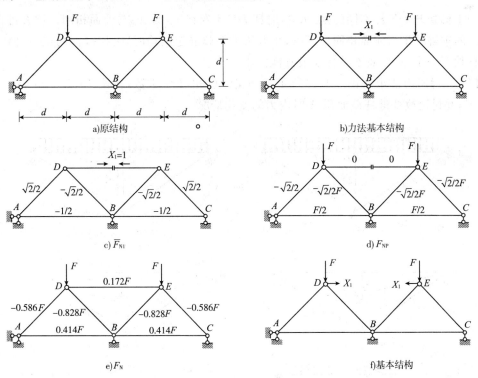

图 5-11

解:

原结构是一次超静定对称结构,因此应取一个对称的基本结构,将杆 DE 切开一个小口,如图 5-11b)所示。

多余约束处的位移条件是杆 DE 切口处沿杆轴方向的相对线位移为 0,则力法方程为

$$\delta_{11}X_1 + \Delta_{1P} = 0$$

令 $X_1 = 1$ 与荷载分别单独作用在基本结构上，求出各杆轴力 $\overline{F}_{N1}$ 与 F_{NP}，如图 5-11c) 与 d) 所示。求柔度系数 δ_{11} 时应注意，此时 $X_1 = 1$ 即杆 DE 的轴力为 1，计算 δ_{11} 时不应将杆 DE 遗漏。

$$\delta_{11} = \sum \frac{\overline{F}_{N1}^2}{EA}l = \frac{(3 + 2\sqrt{2})d}{EA}, \Delta_{1P} = \sum \frac{\overline{F}_{N1}F_P}{EA}l = -\frac{Fd}{EA}$$

代入力法方程中，解得

$$X_1 = -\frac{\Delta_{1P}}{\delta_{11}} = \frac{F}{3 + 2\sqrt{2}} = 0.172F（拉力）$$

最后，根据叠加原理

$$F_N = X_1 \overline{F}_{N1} + F_P$$

可求出原结构的各杆内力，如图 5-11e) 所示。

此例中也可将弦杆 DE 去掉，其基本结构就如图 5-11f) 所示。此时，基本结构在 X_1 与荷载共同作用下，D、E 两点沿杆轴方向的相对线位移不为 0，而应该等于杆 DE 的轴向缩短，所以力法方程应为

$$\delta_{11}X_1 + \Delta_{1P} = -\frac{X_1 \times 2d}{EA}$$

与上面切开 DE 杆不同的是，求 δ_{11} 时杆 DE 不存在了，而 Δ_{1P} 与前面相同。读者可自行验证，X_1 的求解结果与前面相同。所以，在力法求解超静定结构时，去掉链杆约束，我们一般是将链杆切开一个小口，而不是将整根链杆去掉。

【例 5-4】用力法求解图 5-12a) 所示加劲梁。已知，$E =$ 常数，横梁 $I = 10^{-4} \text{ m}^4$，链杆 $A = 10^{-3} \text{ m}^2$，并讨论改变链杆截面积 A 时内力的变化情况。

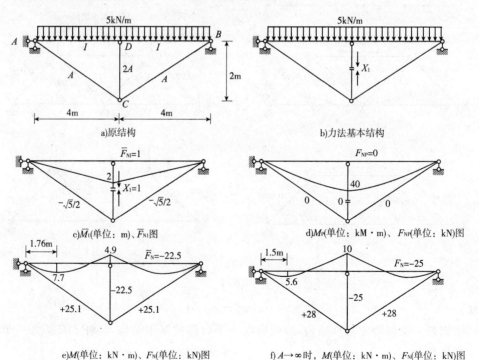

a) 原结构

b) 力法基本结构

c) $\overline{M}_1$(单位：m)、$\overline{F}_{N1}$图

d) M_P(单位：kM·m)、F_{NP}(单位：kN)图

e) M(单位：kN·m)、F_N(单位：kN)图

f) $A \to \infty$ 时，M(单位：kN·m)、F_N(单位：kN)图

图 5-12

解:

结构为一次超静定对称组合结构。可将链杆 CD 切开,代以多余约束力 X_1,得到力法基本结构,如图 5-12b)所示。

根据多余约束处的位移约束条件,即链杆 CD 切口处相对线位移为 0,列出力法方程为

$$\delta_{11}X_1 + \Delta_{1P} = 0$$

令 $X_1 = 1$ 与荷载分别单独作用在力法基本结构上,作出梁的弯矩图并求出链杆的轴力,分别如图 5-12c)和 d)所示。计算 δ_{11} 与 Δ_{1P} 时,对于梁可只计弯矩一项,对于链杆则应计轴力的影响。由位移计算公式可求得

$$\delta_{11} = \sum \int \frac{\overline{M}_1^2 \mathrm{d}s}{EI} + \sum \frac{\overline{F}_{N1}^2 l}{EA}$$

$$= \frac{1}{E \times 10^{-4}\,\mathrm{m}^4} \times 2 \times \frac{4\mathrm{m} \times 2\mathrm{m}}{2} \times \frac{2 \times 2\mathrm{m}}{3} + \frac{1}{E \times 10^{-3}\,\mathrm{m}^2} \times \left[\frac{1^2 \times 2\mathrm{m}}{2} + 2 \times (-\frac{\sqrt{5}}{2})^2 \times 2\sqrt{5}\mathrm{m} \right]$$

$$= \frac{1.189 \times 10^5\,\mathrm{m}^{-1}}{E}$$

$$\Delta_{1P} = \sum \int \frac{\overline{M}_1 M_P \mathrm{d}s}{EI} + \sum \frac{\overline{F}_{N1} F_{NP} l}{EA}$$

$$= \frac{1}{E \times 10^{-4}\,\mathrm{m}^4} \times 2 \times \frac{2 \times 4\mathrm{m} \times 40\mathrm{kN} \cdot \mathrm{m}}{3} \times \frac{5 \times 2\mathrm{m}}{8} + 0 = \frac{2.667 \times 10^6\,\mathrm{kN/m}}{E}$$

解得,$X_1 = -\dfrac{\Delta_{1P}}{\delta_{11}} = -22.5\mathrm{kN}$(压力)。

最后内力为

$$M = X_1 \overline{M}_1 + M_P, \quad F_N = X_1 \overline{F}_{N1} + F_{NP}$$

如图 5-12e)所示,显然,由于下部链杆的支承作用,梁的最大弯矩仅为 7.7kN·m,比没有链杆时的最大弯矩 40kN·m 减小了 80.7%。

如果改变链杆截面积 A 的大小,结构的内力分布也随之改变。①当 A 减小时,δ_{11} 增大,X_1 的绝对值将减小,于是梁的正弯矩将增大,而负弯矩将减小。当 $A \to 0$ 时,梁的弯矩图将成为简支梁的弯矩图,即图 5-12d)。②反之,当 A 增大时,梁的正弯矩将减小,而负弯矩将增大。若使 $A = 1.7 \times 10^{-3}\,\mathrm{m}^2$,梁的最大正负弯矩值将接近相等,这时对梁的受力较有利。当 $A \to \infty$ 时,梁在跨中相当于有一刚性支座,其弯矩图与两跨连续梁的弯矩图相同,如图 5-12f)所示。

5.1.5　支座移动时超静定结构的计算

对于静定结构,荷载是产生内力的唯一原因,荷载以外的其他因素均不产生内力。而对于超静定结构,由于多余约束的存在,温度变化、支座移动等均产生内力。下面先讨论支座移动时超静定结构的计算问题。

求解的基本思路与前面讨论的荷载作用的情况相类似。对于 n 次超静定结构,可以去掉 n 个多余约束,代之以 n 个多余约束力 X_1、X_2……X_n,得到力法的基本未知量与力法基本结构。力法基本结构在 n 个多余约束力与支座移动的共同作用下,应与原结构完全等效。原结构沿 n 个多余约束力方向的位移分别为 Δ_1、Δ_2……Δ_n(等于 0 或不等于 0),则此时力法典型方程为

$$\left.\begin{array}{l}\delta_{11}X_1 + \delta_{12}X_2 + \cdots + \delta_{1n}X_n + \Delta_{1\Delta} = \Delta_1 \\ \delta_{21}X_1 + \delta_{22}X_2 + \cdots + \delta_{2n}X_n + \Delta_{2\Delta} = \Delta_2 \\ \vdots \qquad \vdots \qquad \qquad \vdots \qquad \vdots \qquad \vdots \\ \delta_{n1}X_1 + \delta_{n2}X_2 + \cdots + \delta_{nn}X_n + \Delta_{n\Delta} = \Delta_n \end{array}\right\} \qquad (5\text{-}12)$$

柔度系数 δ_{ij} 的含义与前面相同。δ_{ij} 是结构的固有特性,与外界因素无关。$\Delta_{i\Delta}$ 是力法基本结构支座移动引起的沿第 i 个多余约束力方向产生的位移,其计算公式为

$$\Delta_{i\Delta} = -\sum \overline{F}_{Ri} \cdot c_i \qquad (5\text{-}13)$$

一旦求出多余约束力,即可由平衡条件确定出内力并做出原结构的内力图。

式中,$\overline{F}_{Ri}$ 为 $X_i = 1$ 单独作用在力法基本结构上产生的支座反力;c_i 为力法基本结构的支座位移。

【例 5-5】图 5-13a)所示两端固定梁,A 端发生转角 θ,试用力法求解并作出 M 图。

解:

取简支梁作为力法基本结构,如图 5-13b)所示。虽然是 3 次超静定,但已知 $X_3 = 0$,故基本未知量为 X_1 与 X_2。原结构沿 X_1 与 X_2 方向的位移分别为 θ 与 0,故可列出力法典型方程

$$\begin{cases} \delta_{11}X_1 + \delta_{12}X_2 + \Delta_{1\Delta} = \theta \\ \delta_{21}X_1 + \delta_{22}X_2 + \Delta_{2\Delta} = 0 \end{cases}$$

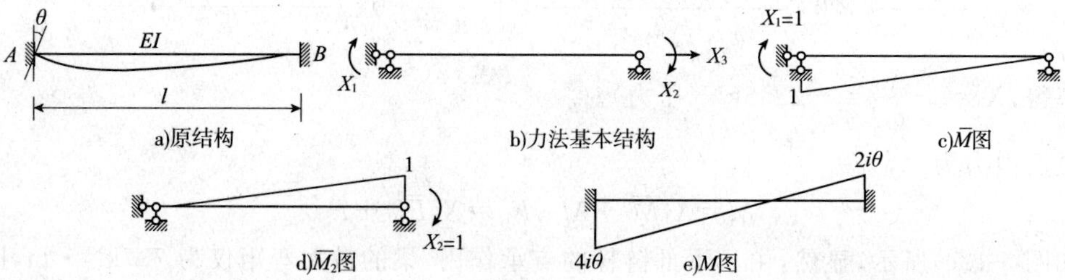

图 5-13

分别令 $X_1 = 1$ 与 $X_2 = 1$ 单独作用在基本结构上,作出 $\overline{M}_1$ 与 $\overline{M}_2$ 图。柔度系数与外界因素无关,由图乘法求得各柔度系数为

$$\delta_{11} = \frac{l}{3EI}, \delta_{22} = \frac{l}{3EI}, \delta_{12} = \delta_{21} = -\frac{l}{6EI}$$

自由项 $\Delta_{1\Delta}$ 与 $\Delta_{2\Delta}$ 是基本结构支座移动引起的沿 X_1 与 X_2 方向的位移。由于是取简支梁作为力法的基本结构,就基本结构而言铰支座没有发生线位移,而角位移对基本结构没有任何影响,故有

$$\Delta_{1\Delta} = 0, \Delta_{2\Delta} = 0$$

按计算公式 $\Delta_{i\Delta} = -\sum F_{Ri} \cdot c_i$,亦可得出同样的结果。

将系数代入力法方程中,解联立方程,求得

$$X_1 = \frac{4EI}{l}\theta, X_2 = \frac{2EI}{l}\theta$$

将单位长度上的抗弯刚度定义为线刚度,即 $i = EI/l$,则有,$X_1 = 4i\theta, X_2 = 2i\theta$。最后弯矩图如图 5-13e)所示。

【例 5-6】图 5-14a)所示刚架,支座 A 发生转角 θ,试用力法求解并作出 M 图,已知 $EI =$ 常数。

解:

结构为 1 次超静定,去掉支座 B,代之以反力 X_1,得到力法基本结构,如图 5-14b)所示。

原结构沿 X_1 方向的位移为 0,故力法方程为

$$\delta_{11}X_1 + \Delta_{1\Delta} = 0$$

绘出 $\overline{M}_1$ 图,并求出支座 A 处的反力,如图 5-14c)所示,有

$$\delta_{11} = \frac{1}{EI}(\frac{1}{2} \cdot l \cdot l \cdot \frac{2}{3}l + l \cdot \frac{2}{3}l \cdot l) = \frac{l^3}{EI}$$

$$\Delta_{1\Delta} = - \sum \overline{F}_{RC} = -(l \cdot \theta) = -l\theta$$

$$X_1 = -\frac{\Delta_{1\Delta}}{\delta_{11}} = \frac{EI}{l^2}\theta$$

令线刚度 $i = EI/l$,则原结构 M 图如图 5-14d)所示。由结果知,支座移动或温度变化引起的超静定结构的内力,与杆件刚度 EI 的绝对值有关,这一点与荷载作用的情况不同。

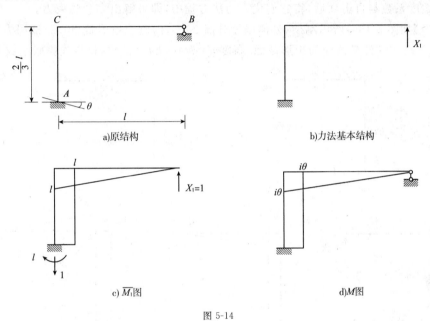

图 5-14

5.1.6 温度变化时超静定结构的计算

静定结构在温度变化时,会产生位移与变形,但不会产生内力,如图 5-15a)所示。而超静定结构在温度变化作用下,不但产生位移与变形,还会产生内力,如图 5-15b)所示。

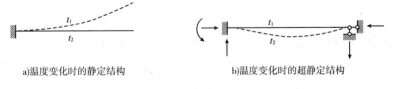

图 5-15

n 次超静定结构在温度变化时,求解的基本思路与前面类似。去掉 n 个多余约束,代之以多余约束力 X_1、$0X_2$……X_n,得到力法的基本未知量与基本结构。基本结构在多余约束力与温度变化共同作用下,应与原结构完全等效,而原结构沿 n 个多余约束方向的位移一般为 0,此时力法典型方程可写成

$$\begin{cases} \delta_{11}X_1 + \delta_{12}X_2 + \cdots + \delta_{1n}X_n + \Delta_{1t} = 0 \\ \delta_{21}X_1 + \delta_{22}X_2 + \cdots + \delta_{2n}X_n + \Delta_{2t} = 0 \\ \quad\vdots \qquad\quad \vdots \qquad\qquad \vdots \qquad\quad \vdots \\ \delta_{n1}X_1 + \delta_{n2}X_2 + \cdots + \delta_{nn}X_n + \Delta_{nt} = 0 \end{cases} \tag{5-14}$$

注意,柔度系数 δ_{ij} 是结构的固有参数,与外界因素无关,计算方法与前面相同。自由项 Δ_{it} 表示基本结构在温度变化的作用下沿 X_i 方向产生的位移,其计算公式为

$$\Delta_{it} = \sum \overline{F}_{Ni}\alpha t l + \sum \frac{\alpha \Delta t}{h}\int \overline{M}_i \mathrm{d}s \tag{5-15}$$

式中,$\overline{F}_{Ni}$ 与 $\overline{M}_i$ 为 $X_i = 1$ 单独作用在力法基本结构上产生的轴力与弯矩;α 为材料线膨胀系数;t 为杆轴线上的温度变化;$\Delta t = t_2 - t_1$。

求得柔度系数与自由项后,将它们代入力法方程中,即可解出多余约束力。

【例 5-7】如图 5-16a)所示刚架,外侧温度升高 20℃,内侧温度升高 30℃,试用力法求解并作出 M 图。已知杆件横截面为矩形截面,高度 $h = l/10$,EI＝常数,材料线膨胀系数为 α。

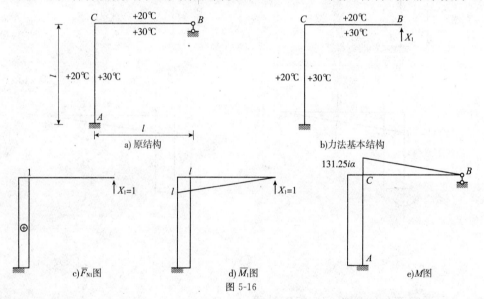

图 5-16

解:

结构为 1 次超静定,去掉支座 B,得到力法基本结构,如图 5-16b)所示。原结构支座 B 处竖向位移为 0,则力法基本结构在多余约束力 X_1 与温度变化共同作用下,沿 X_1 方向的位移应为 0,力法方程为

$$\delta_{11}X_1 + \Delta_{1t} = 0$$

令 $X_1 = 1$,作出 $\overline{F}_{N1}$ 与 $\overline{M}_1$ 图,如图 5-16c)和 d)所示。δ_{11} 为 $\overline{M}_1$ 图自乘。

$$\delta_{11} = \frac{1}{EI}\left(\frac{1}{2}l \cdot l \cdot \frac{2}{3}l + l \cdot l \cdot l\right) = \frac{4l^3}{3EI}$$

自由项 Δ_{1t} 为(取 $t_1 = +20℃, t_2 = +30℃$)

$$\Delta_{1t} = \sum \overline{F}_{N1}\alpha t l + \sum \frac{\alpha \Delta t}{h}\int \overline{M}_1 \mathrm{d}s = 1 \cdot \alpha \frac{20+30}{2}l + \frac{\alpha(30-20)}{l/10}\left(\frac{1}{2}\cdot l \cdot l + l \cdot l\right) = 175\alpha l$$

则由力法方程解得

$$X_1 = -\frac{\Delta_{1t}}{\delta_{11}} = -131.25\frac{\alpha EI}{l^2}$$

令杆件线刚度 $i = EI/l$，则原结构 M 图如图 5-16e)所示。

　　计算结果表明，超静定结构由温度变化引起的内力与杆件的 EI 成正比，这一点与荷载作用的情况不同。截面尺寸越大，温度变化引起的内力也就越大，这表明加大截面尺寸不是改善温度应力的有效途径。M 图在低温一侧，表明低温一侧受拉，高温一侧受压，故在钢筋混凝土结构中应注意防止低温一侧出现裂缝。

5.2　位　移　法

5.2.1　位移法基本概念

　　力法与位移法是求解超静定结构的两种基本方法。力法在 19 世纪末就已经应用于各种超静定结构的分析。随后由于钢筋混凝土结构的应用，出现了大量高次超静定结构，如果仍用力法求解将十分麻烦，于是在力法的基础上建立了位移法。

　　结构在外界因素作用下，其内力与位移之间恒具有一定的关系。在求解超静定结构时，先设法求出内力，然后便可计算相应的位移，这就是力法。但也可以反过来，先设法求解出结构的位移，再确定结构的内力，这便是位移法。力法是以多余约束力作为求解的基本未知量，位移法则以某些结点位移作为求解的基本未知量，这是二者的基本区别之一。

　　下面以图 5-17a)所示刚架为例说明位移法的基本概念。刚架在荷载 F 作用下，发生如图所示的变形，刚结点发生角位移 Z_1。设法先求出刚结点的角位移 Z_1（位移法的基本未知量），再求解结构的内力。为此，在刚结点 1 上施加刚臂约束，用符号"▽"表示，刚臂约束是转动方向的约束，对结点的线位移没有约束作用。如此，得到图 5-17b)所示的位移法基本体系（或基本结构）。位移法基本体系，相当于将原结构离散成图 5-17c)所示的两个单跨超静定梁。

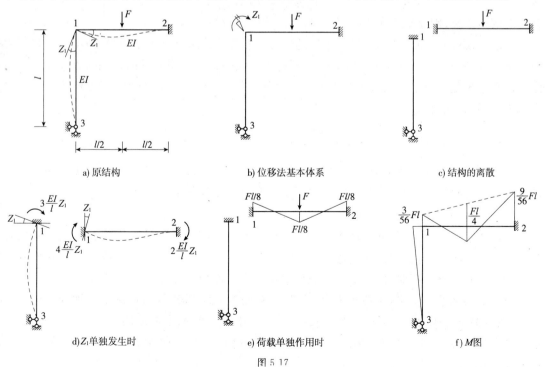

a) 原结构　　　　　　　　b) 位移法基本体系　　　　　　　c) 结构的离散

d) Z_1 单独发生时　　　　e) 荷载单独作用时　　　　　　f) M 图

图 5-17

那么如何让位移法基本体系与原结构等效呢？答案是让刚结点 1 发生转角 Z_1，则基本体系在 Z_1 与荷载共同作用下与原结构等效。而原结构在刚结点 1 处沿 Z_1 方向处于平衡状态，刚结点 1 的力矩平衡方程为

$$M_{12} + M_{13} = 0 \tag{5-16}$$

我们可事先用力法对图 5-17d)与 e)进行求解。杆 13 的杆端弯矩 M_{13} 是由杆端转角 Z_1 引起的，力法的求解结果是

$$M_{13} = 3\frac{EI}{l}Z_1 \tag{5-17}$$

注意，位移法中规定杆端弯矩绕杆端顺时针为正。另外，杆 12 的杆端弯矩 M_{12} 是由杆端转角 Z_1 与荷载 F 引起的，根据力法求解结果及叠加原理，有

$$M_{12} = 4\frac{EI}{l}Z_1 - \frac{Fl}{8}, M_{21} = 2\frac{EI}{l}Z_1 + \frac{Fl}{8} \tag{5-18}$$

将式(5-17)、式(5-18)代入式(5-16)中，有

$$7\frac{EI}{l}Z_1 - \frac{Fl}{8} = 0 \tag{5-19}$$

式(5-19)称为位移法典型方程，其物理意义是原超静定结构沿 Z_1 方向的平衡方程。据此可确定出角位移 Z_1

$$Z_1 = \frac{Fl^2}{56EI} \tag{5-20}$$

Z_1 即为已知，各杆端弯矩可计算如下：

$$M_{31} = 0, M_{13} = 3\frac{EI}{l}Z_1 = \frac{3}{56}Fl$$

$$M_{12} = 4\frac{EI}{l}Z_1 - \frac{Fl}{8} = -\frac{3}{56}Fl, M_{21} = 2\frac{EI}{l}Z_1 + \frac{Fl}{8} = \frac{9}{56}Fl$$

各杆端弯矩已知，则原结构 M 图如图 5-17f)所示。

由上面求解过程知，位移法是以未知的结点位移作为求解的基本未知量，由结点位移方向的平衡条件来建立位移法典型方程，求出未知的结点位移，再求出最后的杆端内力并作出内力图。核心思想是把原结构离散成若干根单跨超静定梁，需要用力法事先解算各种情况下的单跨超静定梁，制成表格以备位移法查用。

5.2.2 等截面直杆的转角位移方程

位移法是将原结构离散成若干根单跨超静定梁，其杆端内力、杆端位移及其上作用荷载之间的关系是位移法中最基本的关系，下面用力法来建立这种关系。

1)两端固定梁

在位移法中，对杆端位移与杆端内力的正负号有明确规定。杆端剪力，以绕隔离体顺时针为正，这与以前的规定相同。杆端弯矩，以绕杆端顺时针为正，而对于结点或支座来说则是逆时针为正。角位移以顺时针方向为正，线位移使整个杆件顺时针转动为正。

首先考察两端固定梁，A 端转角为 φ_A，B 端转角为 φ_B，A、B 两端垂直于杆轴线方向的相对线位移（简称为侧移）为 Δ_{AB}，如图 5-18a)所示。用力法求解，取简支梁为力法的基本结构，如图 5-18b)所示。多余约束力为 X_1、X_2、X_3，X_3 与梁的弯曲无关，故仅需求解 X_1、X_2。原结构沿 X_1、X_2 方向的位移（即 A、B 端的转角）分别为 φ_A、φ_B，故力法典型方程为

$$\left.\begin{array}{l} \delta_{11}X_1 + \delta_{12}X_2 + \Delta_{1\Delta} = \varphi_A \\ \delta_{12}X_1 + \delta_{22}X_2 + \Delta_{2\Delta} = \varphi_B \end{array}\right\} \qquad (5\text{-}21)$$

分别令 $X_1=1$、$X_2=1$ 单独作用在基本结构上,作出 $\overline{M}_1$ 与 $\overline{M}_2$ 图,如图 5-18c)和 d)所示。由图乘法计算各柔度系数:

$$\delta_{11} = \frac{l}{3EI}, \delta_{22} = \frac{l}{3EI}, \delta_{12} = \delta_{21} = -\frac{l}{6EI}$$

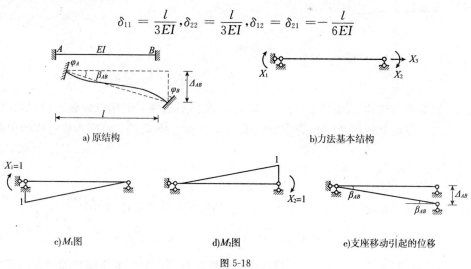

a) 原结构   b)力法基本结构

c) M_1图   d) M_2图   e)支座移动引起的位移

图 5-18

自由项 $\Delta_{1\Delta}$、$\Delta_{2\Delta}$ 表示当基本结构上支座发生位移 Δ_{AB} 时,沿 X_1、X_2 方向产生的位移(即杆端 A、B 的转角),为 β_{AB},如图 5-18e)所示,则

$$\Delta_{1\Delta} = \Delta_{2\Delta} = \beta_{AB} = \frac{\Delta_{AB}}{l}$$

联立求解力法方程,有

$$X_1 = \frac{4EI}{l}\varphi_A + \frac{2EI}{l}\varphi_B - \frac{6EI}{l^2}\Delta_{AB}, X_2 = \frac{4EI}{l}\varphi_B + \frac{2EI}{l}\varphi_A - \frac{6EI}{l^2}\Delta_{AB}$$

为方便起见,令

$$i = \frac{EI}{l}$$

i 称为杆件的线刚度。用 M_{AB} 代替 X_1,M_{BA} 代替 X_2,得到

$$\left.\begin{array}{l} M_{AB} = 4i\varphi_A + 2i\varphi_B - \dfrac{6i}{l}\Delta_{AB} \\ M_{BA} = 4i\varphi_B + 2i\varphi_A - \dfrac{6i}{l}\Delta_{AB} \end{array}\right\} \qquad (5\text{-}22)$$

已知杆端弯矩,则不难通过杆件 AB 的平衡条件,即 $\sum M_A = 0$ 与 $\sum M_B = 0$,求出杆端剪力

$$F_{SAB} = F_{SBA} = -\frac{M_{AB} + M_{BA}}{l} = -\frac{6i}{l}\left(\varphi_A + \varphi_B - 2\frac{\Delta_{AB}}{l}\right) \qquad (5\text{-}23)$$

若两端固定梁除了发生上述支座位移外,同时还有荷载、温度变化等外界因素作用,则荷载、温度变化等产生的杆端弯矩称为固端弯矩,记为 M_{AB}^F 与 M_{BA}^F。最后的杆端弯矩,应为支座移动引起的弯矩与固端弯矩的叠加,即

$$\left.\begin{array}{l} M_{AB} = 4i\varphi_A + 2i\varphi_B - \dfrac{6i}{l}\Delta_{AB} + M_{AB}^F \\ M_{BA} = 4i\varphi_B + 2i\varphi_A - \dfrac{6i}{l}\Delta_{AB} + M_{BA}^F \end{array}\right\} \qquad (5\text{-}24)$$

式(5-24)是两端固定等截面梁杆端弯矩的一般计算公式,通常称为转角位移方程。

2)一端固定一端铰支的梁

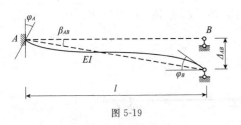

图 5-19

一端固定一端铰支的梁,如图 5-19 所示,显然 B 端弯矩为 0,由式(5-22)中的第二式,有

$$M_{BA} = 4i\varphi_B + 2i\varphi_A - \frac{6i}{l}\Delta_{AB} = 0$$

可解出

$$\varphi_B = -\frac{1}{2}(\varphi_A - 3\frac{\Delta_{AB}}{l}) \tag{5-25}$$

由此可知,铰支端的转角 φ_B 可用 φ_A 与 Δ_{AB} 来表示,因而不是独立的结点位移。所以,在位移法中,铰结点或铰支座处的转角不作为求解的基本未知量。将式(5-25)代入式(5-22)中的第一式,有

$$M_{AB} = 3i(\varphi_A - \frac{\Delta_{AB}}{l}) \tag{5-26}$$

同样,由杆件 AB 的平衡条件,$\sum M_A = 0$ 与 $\sum M_B = 0$,可求出杆端剪力

$$F_{SAB} = F_{SBA} = -\frac{M_{AB}}{l} = -\frac{3i}{l}(\varphi_A - \frac{\Delta_{AB}}{l}) \tag{5-27}$$

若考虑荷载、温度变化等产生的固端弯矩,则杆端最后弯矩应为支座移动产生的弯矩与固端弯矩的叠加,有

$$M_{AB} = 3i(\varphi_A - \frac{\Delta_{AB}}{l}) + M_{AB}^F \tag{5-28}$$

式(5-28)即为一端固定一端铰支梁的转角位移方程。

3)一端固定一端定向滑动的梁

一端固定一端定向滑动的梁如图 5-20 所示,显然 B 端剪力为 0,由式(5-23)知

$$F_{SAB} = F_{SBA} = -\frac{M_{AB} + M_{BA}}{l} = -\frac{6i}{l}(\varphi_A + \varphi_B - 2\frac{\Delta_{AB}}{l}) = 0$$

可解出

$$\Delta_{AB} = \frac{l}{2}(\varphi_A + \varphi_B) \tag{5-29}$$

由此可知,定向滑动端的线位移 Δ_{AB} 可用 φ_A、φ_B 来表示,因而不是独立的结点位移。所以,在位移法中,滑动端相对于固定端的侧移不作为位移法的基本未知量。将式(5-29)代入式(5-22)中,有

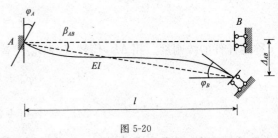

图 5-20

$$M_{AB} = i(\varphi_A - \varphi_B), M_{BA} = i(\varphi_B - \varphi_A) \tag{5-30}$$

若还考虑荷载、温度变化等产生的固端弯矩,则杆端最后弯矩应为支座移动产生的弯矩与固端弯矩的叠加,有

$$M_{AB} = i(\varphi_A - \varphi_B) + M_{AB}^F, M_{BA} = i(\varphi_B - \varphi_A) + M_{BA}^F \tag{5-31}$$

式(5-31)即为一端固定一端定向滑动梁的转角位移方程。

由三种单跨超静定梁的转角位移方程,可计算出单位杆端位移引起的杆端弯矩与剪力,具体结果列于表 5-1。另外,荷载作用下产生的固端弯矩与剪力见表 5-2,温度变化引起的杆端

弯矩与剪力见表 5-3。

单位杆端位移引起的等截面直杆的杆端弯矩与剪力 表 5-1

编号	梁的简图	弯矩		剪力	
		M_{AB}	M_{BA}	F_{SAB}	F_{SBA}
1		$4i$	$2i$	$-\dfrac{6i}{l}$	$-\dfrac{6i}{l}$
2		$-\dfrac{6i}{l}$	$-\dfrac{6i}{l}$	$\dfrac{12i}{l^2}$	$\dfrac{12i}{l^2}$
3		$3i$	0	$-\dfrac{3i}{l}$	$-\dfrac{3i}{l}$
4		$-\dfrac{3i}{l}$	0	$\dfrac{3i}{l^2}$	$\dfrac{3i}{l^2}$
5		i	$-i$	0	0

荷载作用下等截面直杆的杆端弯矩与剪力 表 5-2

编号	梁的简图	弯矩		剪力	
		M_{AB}	M_{BA}	F_{SAB}	F_{SBA}
1		$-\dfrac{Fab^2}{l^2}$	$\dfrac{Fa^2b}{l^2}$	$\dfrac{Fb^2(l+2a)}{l^3}$	$-\dfrac{Fa^2(l+2b)}{l^3}$
		$a=b=l/2$ 时, $-\dfrac{Fl}{8}$	$\dfrac{Fl}{8}$	$\dfrac{F}{2}$	$-\dfrac{F}{2}$
2		$-\dfrac{ql^2}{12}$	$\dfrac{ql^2}{12}$	$\dfrac{ql}{2}$	$-\dfrac{ql}{2}$
3		$-\dfrac{qa^2}{12l^2}\times$ $(6l^2-8la+3a^2)$	$\dfrac{qa^3}{12l^2}\times$ $(4l-3a)$	$\dfrac{qa}{12l^3}\times$ $(2l^3-2la^2+a^3)$	$-\dfrac{qa^3}{2l^3}\times$ $(2l-a)$
4		$-\dfrac{ql^2}{20}$	$\dfrac{ql^2}{30}$	$\dfrac{7ql}{20}$	$-\dfrac{3ql}{20}$

编号	梁的简图	弯矩		剪力	
		M_{AB}	M_{BA}	F_{SAB}	F_{SBA}
5		$M\dfrac{b(3a-l)}{l^2}$	$M\dfrac{a(3b-l)}{l^2}$	$-M\dfrac{6ab}{l^3}$	$-M\dfrac{6ab}{l^3}$
6		$-\dfrac{Fab(l+b)}{2l^2}$ $a=b=l/2$ 时， $-\dfrac{3Fl}{16}$	0 0	$\dfrac{Fb(3l^2-b^2)}{2l^3}$ $\dfrac{11F}{16}$	$-\dfrac{Fa^2(2l+b)}{2l^3}$ $-\dfrac{5F}{16}$
7		$-\dfrac{ql^2}{8}$	0	$\dfrac{5}{8}ql$	$-\dfrac{3}{8}ql$
8		$-\dfrac{qa^2}{24}\times$ $\left(4-\dfrac{3a}{l}+\dfrac{3a^2}{5l^2}\right)$ $a=l$ 时，$-\dfrac{ql^2}{15}$	0 0	$\dfrac{qa}{8}\times$ $\left(4-\dfrac{a^2}{l^2}+\dfrac{3a^3}{5l^3}\right)$ $\dfrac{4ql}{10}$	$-\dfrac{qa^3}{8l^2}\times$ $\left(1-\dfrac{a}{5l}\right)$ $-\dfrac{ql}{10}$
9		$-\dfrac{7ql^2}{120}$	0	$\dfrac{9ql}{40}$	$-\dfrac{11ql}{40}$
10		$M\dfrac{l^2-3b^2}{2l^2}$ $a=l$ 时，$\dfrac{M}{2}$	0 M	$-M\dfrac{3(l^2-b^2)}{2l^3}$ $-M\dfrac{3}{2l}$	$-M\dfrac{3(l^2-b^2)}{2l^3}$ $-M\dfrac{3}{2l}$
11		$-\dfrac{Fa}{2l}(2l-a)$ $a=l/2$ 时，$-\dfrac{3Fl}{8}$	$-\dfrac{Fa^2}{2l}$ $-\dfrac{Fl}{8}$	F F	0 0
12		$-\dfrac{Fl}{2}$	$-\dfrac{Fl}{2}$	F	F
13		$-\dfrac{ql^2}{3}$	$-\dfrac{ql^2}{6}$	ql	0

94

编号	梁的简图	弯矩		剪力	
		M_{AB}	M_{BA}	F_{SAB}	F_{SBA}
1	 $\Delta t = t_2 - t_1$	$-\dfrac{EI\alpha\Delta t}{h}$	$\dfrac{EI\alpha\Delta t}{h}$	0	0
2	$\Delta t = t_2 - t_1$	$-\dfrac{3EI\alpha\Delta t}{2h}$	0	$\dfrac{3EI\alpha\Delta t}{2hl}$	$\dfrac{3EI\alpha\Delta t}{2hl}$
3	$\Delta t = t_2 - t_1$	$-\dfrac{EI\alpha\Delta t}{h}$	$\dfrac{EI\alpha\Delta t}{h}$	0	0

5.2.3　位移法的基本未知量与基本体系

位移法中是以结构独立的未知的结点位移作为求解的基本未知量。注意,所有支座处与自由端点处的角位移与线位移(如果有的话),不作为位移法求解的未知量,仅考虑结构的内部结点即可。

前已指出,铰结点处的杆端角位移不是位移法的基本未知量。因此,在结构的内部结点中,刚结点的角位移是位移法的基本未知量。因为汇交于刚结点的各杆端具有相同的转角,因此每一个刚结点都只有一个独立的角位移。另外,结构内部结点中独立的线位移也是位移法的基本未知量,在确定线位移未知量时,一般不考虑杆件的轴向变形。在刚结点上附加刚臂约束(只限制转动,不限制刚结点的线位移),在结点线位移方向上施加链杆支座约束,就得到位移法的基本体系。位移法的基本体系,实际上是把原结构离散成若干根单跨超静定梁,然后根据原结构的边界约束条件与变形协调条件,再组装回原来的结构。

如图 5-21a)所示结构,有 A、B、C 三个内部结点,其中刚结点 A、C 的角位移 Z_1、Z_2 为位移法基本未知量。B 为铰结点,角位移不作为求解的未知量。另外,结点 A、B、C 无竖向线位移,但有水平线位移,在忽略杆件轴向变形的情况下,A、B、C 三点的水平线位移相等,因而只有一个独立的结点线位移 Z_3。位移法基本未知量与基本体系如图 5-21b)所示,它等价于图 5-21c)所示的离散体系。注意,位移法的基本未知量与基本体系具有唯一性,这一点与力法不同。

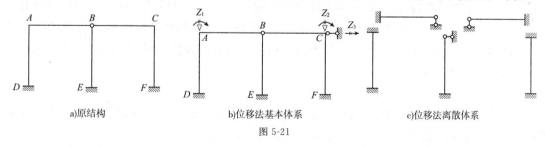

a)原结构　　　　　　　　b)位移法基本体系　　　　　　　c)位移法离散体系

图 5-21

如图 5-22a)所示结构,铰支座 A 处有角位移,定向滑动支座 E 处有竖向线位移,但都不是位移的未知量,只需考虑结构的内部结点。结构有两个刚结点 B、D,故位移法未知量包含这两个刚结点的角位移。不考虑杆件的轴向变形,则结点 B、D 无线位移,结点 C 无水平线位移,结点 C 有竖向线位移是求解的未知量,故位移法基本未知量与基本体系如图 5-22b)所示。

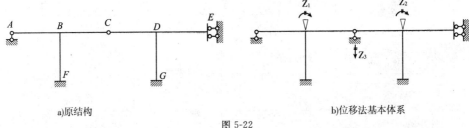

a)原结构　　　　　　　　　　　　　　　b)位移法基本体系

图 5-22

如图 5-23 所示结构,注意结点 E 为组合结点,杆 EF 与 EB 为刚结点联结,故位移法基本未知量包括 4 个刚结点的角位移与 2 个独立的结点线位移。又如图 5-24 所示两层刚架,因两横梁刚度为无穷大,故 4 个刚结点都无角位移,位移法的基本未知量只有两根横梁的线位移。

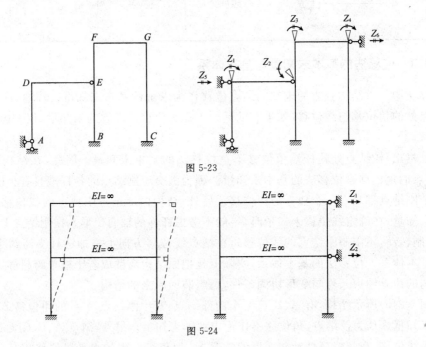

图 5-23

图 5-24

5.2.4　位移法典型方程与计算步骤

图 5-25a)所示结构,位移法基本未知量包括刚结点 1 的角位移 Z_1 与线位移 Z_2,基本体系如图 5-25b)所示。要使基本体系与原结构等效,需令基本体系发生角位移 Z_1 与线位移 Z_2。注意,附加刚臂约束与附加链杆支座约束原结构上是没有的,将附加约束去掉,附加约束上的反力应该为 0,即

$$R_1 = 0, R_2 = 0 \tag{5-32}$$

$R_1 = 0$ 说明刚结点 1 满足力矩平衡条件,$R_2 = 0$ 意味着铰结点 2 满足水平方向力的平衡条件。因此,式(5-32)等价于结点位移方向上力的平衡条件。

根据叠加原理,图 5-25b)等价于图 5-25c)～e)三种情况的叠加,有

$$R_1 = R_{11} + R_{12} + R_{1P} = 0$$
$$R_2 = R_{21} + R_{22} + R_{2P} = 0 \tag{5-33}$$

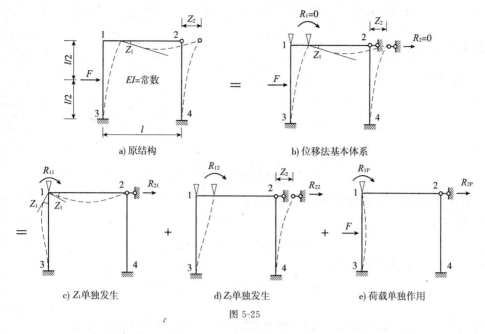

a) 原结构　　　　　　　　b) 位移法基本体系

c) Z_1单独发生　　　d) Z_2单独发生　　　e) 荷载单独作用

图 5-25

R_{ij} 表示 Z_j 引起的 Z_i 上附加约束的反力。引入刚度系数 r_{ij} 的概念，r_{ij} 的定义为 j 方向单位位移引起的 i 方向上附加结束的反力，有

$$R_{ij}=r_{ij}Z_j \tag{5-34}$$

因此，式(5-33)可写成

$$r_{11}Z_1+r_{12}Z_2+R_{1P}=0$$
$$r_{21}Z_1+r_{22}Z_2+R_{2P}=0 \tag{5-35}$$

式(5-35)称为位移法典型方程，其物理意义为基本体系在荷载与结点位移共同作用下，每一个附加约束上的反力为 0，此时基本体系与原结构完全等价。位移法典型方程实质上是结点沿结点位移方向的平衡方程。

对于具有 n 个独立结点位移的结构，需要相应地施加 n 个附加约束。根据每个附加约束上的附加反力或反力矩应为 0 的平衡条件，可建立位移法典型方程如下：

$$\left.\begin{array}{l}r_{11}Z_1+r_{12}Z_2+\cdots+r_{1n}Z_n+R_{1P}=0\\r_{21}Z_1+r_{22}Z_2+\cdots+r_{2n}Z_n+R_{2P}=0\\\quad\vdots\qquad\quad\vdots\qquad\qquad\vdots\\r_{n1}Z_1+r_{n2}Z_2+\cdots+r_{nn}Z_n+R_{nP}=0\end{array}\right\} \tag{5-36}$$

式中，r_{ii} 称为主系数，其他系数 r_{ij} 称为副系数，R_{iP} 称为自由项。刚度系数与自由项的符号规定是，与结点位移方向一致为正。故 $r_{ii}>0$，恒为正。根据反力互等定理有，$r_{ij}=r_{ji}$，可正，可负，可为 0。式(5-36)也称为结构的刚度方程，位移法也称为刚度法。

关于位移法方程中刚度系数与自由项的计算，由于它们均是附加约束上的反力或反力矩，可由相应的平衡条件求出。如图 5-25 所示结构，令 $Z_1=1$ 单独作用在基本体系上，即杆 12 与 13 在杆端 1 发生顺时针单位角位移，产生的弯矩图为 $\overline{M}_1$ 图，如图 5-26a)。令 $Z_2=1$ 单独作用在基本体系上，产生的弯矩图为 $\overline{M}_2$ 图，如图 5-26b)所示。荷载单独作用在基本体系上，作出 M_P 图，如图 5-26c)所示。附加刚臂上的约束反力矩，可由刚结点 1 的力矩平衡条件求出。附加链杆支座上的约束反力，可由杆件 12 水平方向力的平衡条件求出。刚度系数与自由项计算结果如下：

$$r_{11} = 7i, r_{22} = \frac{15i}{l^2}, r_{12} = r_{21} = -\frac{6i}{l}, R_{1P} = \frac{Fl}{8}, R_{2P} = -\frac{F}{2}$$

上述结果代入位移法方程(5-35)中,有

$$\begin{cases} 7iZ_1 - \frac{6i}{l}Z_2 + \frac{Fl}{8} = 0 \\ -\frac{6i}{l}Z_1 + \frac{15i}{l^2}Z_2 - \frac{F}{2} = 0 \end{cases}$$

解得

$$Z_1 = \frac{9}{552}\frac{Fl}{i}, Z_2 = \frac{22}{552}\frac{Fl^2}{i}$$

Z_1、Z_2 为正值,说明它们的实际方向与假设方向相同。

依据叠加原理

$$M = Z_1\overline{M}_1 + Z_2\overline{M}_2 + M_P$$

可计算出最后的杆端弯矩值,如

$$M_{31} = 2i \times \frac{9}{552}\frac{Fl}{i} - \frac{6i}{l}\frac{22}{552}\frac{Fl^2}{i} - \frac{Fl}{8} = -\frac{183}{552}Fl(左侧受拉)$$

其余杆端弯矩的计算依此类推。最后,绘出原结构的 M 图,如图 5-26d)所示。

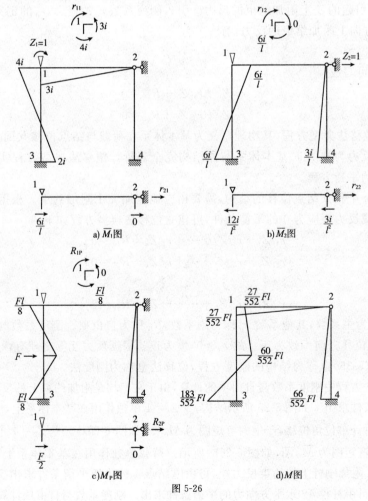

图 5-26

由上所述,位移法的解题步骤可归纳如下:

(1)确定位移法的基本未知量,即刚结点的角位移与独立的结点线位移,并添加相应的附加刚臂约束和附加链杆支座约束,得到位移法基本体系。

(2)基本体系在结点位移与荷载共同作用下,附加约束上的反力(或反力矩)应为 0,据此列出位移法典型方程。

(3)令 $Z_1 = 1$ 单独作用在基本体系上,作出 $\overline{M}_1$ 图。令 $Z_2 = 1$ 单独作用在基本体系上,作出 $\overline{M}_2$ 图,其余类推。令荷载单独作用在基本体系上,作出 M_P 图。

(4)根据相应的平衡条件求出各刚度系数与自由项。注意,主系数 $r_{ii} > 0$,恒为正。副系数满足反力互等定理,即 $r_{ij} = r_{ji}$。副系数 r_{ij} 与自由项 R_{iP} 可正、可负、可为 0。

(5)联立求解位移法典型方程,求出各结点位移。

(6)根据叠加原理,计算各杆端最后的杆端弯矩值,并绘出 M 图。

位移法的计算步骤与力法极为相似,但两者的原理不同,读者可自行一一对比,分析两者的区别与联系,以加深理解。

【例 5-8】试用位移法求解图 5-27a)所示变截面阶梯形梁,并绘出 M 图,$E =$ 常数。

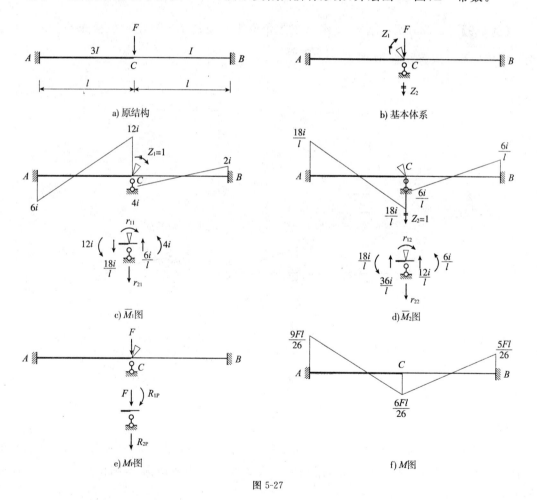

图 5-27

解:

刚结点 C 的转角与竖向线位移为位移法基本未知量,基本体系如图 5-27b)所示。位移法

典型方程为

$$\begin{cases} r_{11}Z_1 + r_{12}Z_2 + R_{1P} = 0 \\ r_{21}Z_1 + r_{22}Z_2 + R_{2P} = 0 \end{cases}$$

令 $Z_1 = 1$、$Z_2 = 1$ 及荷载分别单独作用在基本体系上,作出 $\overline{M}_1$、$\overline{M}_2$ 及 M_P 图,如图 5-27c)~e)所示。由结点 C 的平衡条件,可求出各刚度系数与自由项为

$$r_{11} = 16i, r_{22} = \frac{48i}{l^2}, r_{12} = r_{21} = -\frac{12i}{l}, R_{1P} = 0, R_{2P} = -F$$

代入典型方程中,有

$$16iZ_1 - \frac{12i}{l}Z_2 = 0, -\frac{12i}{l}Z_1 + \frac{48i}{l^2}Z_2 - F = 0$$

解得

$$Z_1 = \frac{Fl}{52i}, Z_2 = \frac{Fl^2}{39i}$$

由叠加原理 $M = Z_1\overline{M}_1 + Z_2\overline{M}_2 + M_P$ 可计算出各杆端最后的杆端弯矩,作出 M 图,如图 5-27f)所示。

【例 5-9】图 5-28a)所示刚架,支座 A 发生角位移 φ,支座 B 产生竖向位移 $\Delta = \frac{3}{4}l\varphi$,$E$=常数。试用位移法求解并绘 M 图。

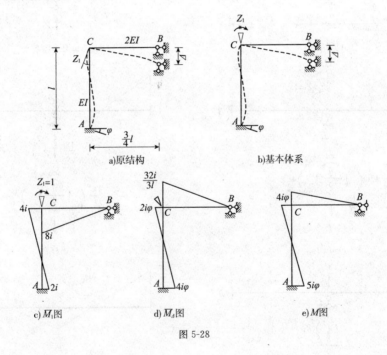

图 5-28

解:

位移法基本未知量只有刚结点 C 的角位移 Z_1,基本体系如图 5-28b)所示。基本体系在角位移 Z_1 与支座移动 Δ 共同作用下,附加刚臂上的约束反力矩应为 0,则位移法典型方程可写成

$$r_{11}Z_1 + R_{1\Delta} = 0$$

设 $i = EI/l$,则 $i_{AC} = i$,$i_{BC} = 8i/3$。令 $Z_1 = 1$ 单独作用在基本体系上,作出 $\overline{M}_1$ 图,如图 5-

28c)所示。由刚结点 C 的力矩平衡条件可求出

$$r_{11} = 8i + 4i = 12i$$

令支座位移 Δ 单独作用在基本体系上，作出 M_Δ 图，如图 5-28d)所示，由刚结点 C 的力矩平衡条件可求出

$$R_{1\Delta} = 2i\varphi - \frac{32i}{3l}\Delta = -6i\varphi$$

于是，由位移法方程解出

$$Z_1 = -\frac{R_{1\Delta}}{r_{11}} = \frac{\varphi}{2}$$

由 $M = Z_1\overline{M}_1 + M_\Delta$ 计算各杆端最后的杆端弯矩值，作出 M 图，如图 5-28e)所示。

5.3 对称性的利用

用力法和位移法求解超静定结构时，结构的未知量（超静定次数或者结点位移）愈多，计算工作量愈大。这两种方法求解超静定结构的共同特点就是需要组成和求解典型方程，即需要计算大量的系数、自由项，并求解线性代数方程组。若要简化计算，还须从简化典型方程入手。前两节中已经介绍过，力法和位移法方程的主系数恒为正且不会等于零，副系数和自由项可以是正的，也可以是负的，在某些情况下，则刚好等于零。因此，简化的主要目标是：**使力法和位移法方程中尽可能多的副系数和自由项为零**。要达到这一目的的途径很多，例如利用对称性、弹性中心法等，这些方法使副系数和自由项为零的关键在于选择合理的基本结构和设置适宜的基本未知量。

工程中很多结构是对称的，本节介绍利用对称性对结构进行简化计算。

5.3.1 选取对称的基本体系

图 5-29a)所示为一对称刚架，有一个对称轴。所谓结构对称，就是指：

(1)结构的几何形状和支承情况对称。

(2)杆件截面和材料性质也对称此轴。

任何荷载[图 5-29b)]都可以分解为两部分：一部分是对称荷载，即正对称荷载[图 5-30a)]，另一部分是反对称荷载[图 5-30b)]。所谓正对称荷载就是沿对称轴折叠后，左右两部分可以完全重合（作用点对应、数值相等、方向相同）；反对称荷载沿对称轴折叠后，左右两部分荷载方向正好相反（作用点对应、数值相等、方向相反）。

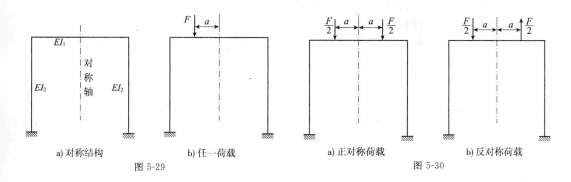

a) 对称结构　　　　　b) 任一荷载　　　　　a) 正对称荷载　　　　　b) 反对称荷载

图 5-29　　　　　　　　　　　　　　　　图 5-30

计算超静定对称结构时,应当选择对称的基本结构,并取正对称力或反对称力作为多余未知力。以图 5-29b)所示的刚架为例,可沿对称轴上的截面切开,得到一个对称的基本结构,如图 5-31a)所示。此时,多余未知力包括三对力:一对弯矩 X_1、一对轴力 X_2 和一对剪力 X_3。其中 X_1 和 X_2 是正对称力,X_3 是反对称力。于是得到力法的典型方程为

$$\left.\begin{array}{l} \delta_{11}X_1 + \delta_{12}X_2 + \delta_{13}X_3 + \Delta_{1P} = 0 \\ \delta_{21}X_1 + \delta_{22}X_2 + \delta_{23}X_3 + \Delta_{2P} = 0 \\ \delta_{31}X_1 + \delta_{32}X_2 + \delta_{33}X_3 + \Delta_{3P} = 0 \end{array}\right\}$$

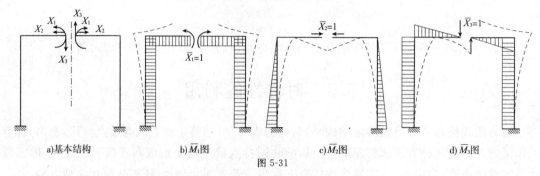

a)基本结构 b)$\overline{M}_1$图 c)$\overline{M}_2$图 d)$\overline{M}_3$图

图 5-31

图 5-31b)、c)、d)绘出基本结构的各单位弯矩图和变形图。可以看出,正对称未知力 X_1 和 X_2 所产生的弯矩图 $\overline{M}_1$、$\overline{M}_2$ 和变形图是正对称的,反对称未知力 X_3 产生的弯矩图 $\overline{M}_3$ 和变形图是反对称的。由于正反对称的两图相乘时恰好正负抵消使结果为零,因而可知副系数

$$\delta_{13} = \delta_{31} = 0, \delta_{23} = \delta_{32} = 0$$

于是,典型方程简化为

$$\left.\begin{array}{l} \delta_{11}X_1 + \delta_{12}X_2 + \Delta_{1P} = 0 \\ \delta_{21}X_1 + \delta_{22}X_2 + \Delta_{2P} = 0 \\ \delta_{33}X_3 + \Delta_{3P} = 0 \end{array}\right\}$$

可以看出,典型方程已分为两组,一组只包含正对称的多余未知力 X_1 和 X_2,另一组只包含反对称的多余未知力 X_3。

下面就正对称荷载和反对称荷载的两种情况作进一步的讨论。

(1)正对称荷载——以图 5-30a)所示荷载为例。这时基本结构的荷载弯矩图 M_P 是正对称的[图 5-32a)],于是自由项 $\Delta_{3P}=0$。由典型方程的第三式可知反对称的多余未知力 $X_3=0$。正对称未知力 X_1 和 X_2 则需要根据前两式进行计算。最后结构的弯矩图为 $M=\overline{M}_1X_1+\overline{M}_2X_2+M_P$,显然它是正对称的,其形状如图 5-32b)所示。由此可以推知,此时结构的所有反力、内力和位移都将是正对称的。但必须注意,剪力图是反对称的,这是由于剪力正负号的规定所致,而剪力的实际方向则是正对称的。

如上所述可得如下结论:对称结构在正对称荷载作用下,如果所取的基本结构是对称结构,则反对称未知力必等于零,只需要计算正对称未知力,最后结构的内力图和位移图都是正对称的。

(2)反对称荷载——以图 5-30b)所示荷载为例。这时基本结构的荷载弯矩图 M_P 是反对称的,如图 5-33a)所示,于是自由项 $\Delta_{1P}=0,\Delta_{2P}=0$。由典型方程的第一、二式可知正对称的多余未知力 $X_1=X_2=0$。反对称未知力 X_3 需要根据第三式进行计算。最后结构的弯矩图为 $M=\overline{M}_3X_3+M_P$,显然它是反对称的,其形状如图 5-33b)所示。由此可以推知,此时结构的所

有反力、内力和位移都将是反对称的,但必须注意,此时剪力图是正对称的,而剪力的实际方向则是反对称的。

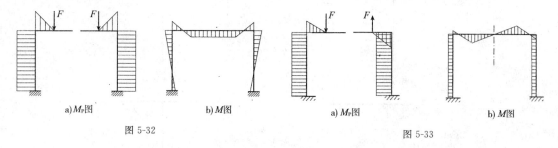

a) M_P图   b) M图   a) M_P图   b) M图

图 5-32   图 5-33

如上所述可得如下结论:对称结构在反对称荷载作用下,如果所取的基本结构是对称结构,则正对称未知力必等于零,只需要计算反对称未知力,最后结构的内力图和位移图都是反对称的。

5.3.2 未知力和荷载分组

在很多情况下,对于对称的静定结构,虽然选取了对称的基本结构,但多余未知力对结构的对称轴来说却不是正对称或者反对称的。相应的单位内力图也就既非正对称也非反对称,因此有关的副系数或自由项仍然不等于零,例如图 5-34 所示的刚架就是这样的例子。

对于这种情况,为了使副系数等于零,可以采取未知力分组的方法。即将原有在对称位置上的两个多余未知力 X_1 和 X_2 分解为新的两组未知力:一组为两个正对称的未知力 Y_1,另一组为两个反对称的未知力 Y_2,如图 5-35a)所示。Y_1 和 Y_2 与 X_1 和 X_2 之间具有如下关系:

$$X_1 = Y_1 + Y_2, X_2 = Y_1 - Y_2$$

或

$$Y_1 = \frac{X_1 + X_2}{2}, Y_2 = \frac{X_1 - X_2}{2}$$

经过上述未知力分组后,求解原有两个多余未知力的问题就转变为求解新的两对多余未知力组。此时,Y_1 是广义力,它代表着一对正对称的力,作 $\overline{M}_1$ 图时要把这两个正对称的单位力同时加上去,这样所得的 $\overline{M}_1$ 图便是正对称的,如图 5-35b)所示。同理,可做出 $\overline{M}_2$ 图,如图 5-35c)所示。由于 $\overline{M}_1$、$\overline{M}_2$ 分别为正、反对称,故副系数 $\delta_{12} = \delta_{21} = 0$。典型方程简化为

$$\begin{cases} \delta_{11} Y_1 + \Delta_{1P} = 0 \\ \delta_{22} Y_2 + \Delta_{2P} = 0 \end{cases}$$

因为 Y_1 和 Y_2 都是广义力,故以上方程的物理意义也转变为相应的广义位移条件。第一式代表基本结构上与广义力 Y_1 相应的广义位移为零,即 A、B 两点同方向的竖向位移之和为零。因为原结构在 A、B 两点均无竖向位移,故其和亦等于零。同理,第二式则代表 A、B 两点反方向的竖向位移之和等于零。

当对称结构承受一般非对称荷载时,将荷载分解为正、反对称的两组,将它们分别作用于结构上求解,然后将计算结果叠加(图 5-36)。若取对称的基本结构计算,则在正对称荷载作用下将只有正对称的多余未知力,反对称荷载作用下只有反对称的多余未知力。

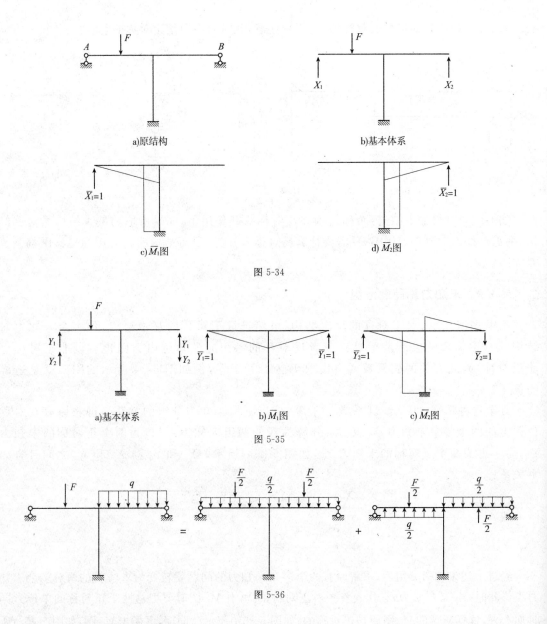

a)原结构

b)基本体系

c)$\overline{M}_1$图

d)$\overline{M}_2$图

图 5-34

a)基本体系

b)$\overline{M}_1$图

c)$\overline{M}_2$图

图 5-35

图 5-36

5.3.3 取一半结构计算

综上所述,对称结构承受正对称荷载和反对称荷载时,结构的弯矩图和变形图是正对称或反对称。既然是正对称或反对称的,就可以截取半边结构来进行计算。取半边结构的原则是:所取的半边结构与原结构受力、变形完全相同。下面分别就奇数跨和偶数跨两种对称刚架加以说明。

(1)奇数跨对称刚架。如图 5-37a)所示刚架,在正对称荷载作用下,只产生正对称的内力和位移,故可知在对称轴上的截面 C 处不可能发生转角和水平线位移,但可有竖向线位移。同时对称结构在正对称荷载作用下 C 截面上有正对称的未知力弯矩和轴力,无反对称的未知力剪力。因此,在截取刚架的一半时,在该处应用一滑动支座(也称定向支座)来代替原有的联系,从而得到图 5-37c)所示的计算简图。

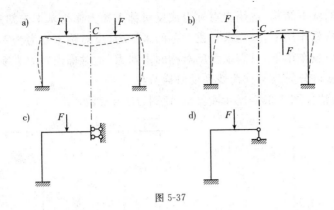

图 5-37

在反对称荷载作用下,如图 5-37b)所示,由于只产生反对称的弯矩和位移,可知在对称轴的 C 截面处不可能发生竖向位移,但可以有水平位移和转角。同时对称结构在反对称荷载作用下,C 截面只有反对称的未知力剪力,正对称的未知力弯矩和轴力为零。因此,截取一半时,该处用一竖向支承链杆来代替原有联系,从而得到图 5-37d)所示的计算简图。

(2)偶数跨对称刚架。如图 5-38a)所示刚架,在正对称荷载作用下,若忽略杆件的轴向变形,则在对称轴的 C 点不可能产生任何形式的位移。在该处横梁的杆端有弯矩、轴力、剪力存在,CD 杆只可能有轴力,而没有弯矩和剪力。因此,截取一半时,C 点用固定支座代替,从而得到图 5-38d)所示的计算简图。

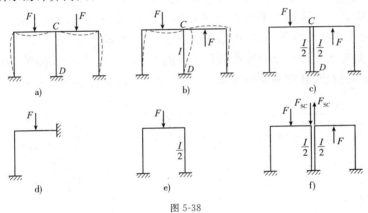

图 5-38

在反对称荷载作用下,如图 5-38b)所示,可将中间柱 CD 设想为由两根刚度各为 $I/2$ 的柱组成,在顶端分别与横梁刚结,如图 5-38c)所示,显然这与原结构是等效的。可将图 5-38c)结构看成三跨,也就是奇数跨刚架,只是中间跨非常小。按奇数跨反对称情况处理,从两柱中间的横梁切开,切口上只有反对称的未知力 F_{SC}[图 5-38f)]。因为不考虑杆件的轴向变形,这对剪力只对两柱分别产生等值反号的轴力,而不使其他杆件产生内力。而原结构 CD 杆的内力等于两柱内力之和,故剪力 F_{SC} 实际上对原结构的内力和变形均无影响。因此,可将其去掉不计,而取一半刚架的计算简图,如图 5-38e)所示。

上述是以力法为主介绍了利用对称性简化结构计算。如果以位移法为主利用结构对称性进行简化计算,上述结论完全可以利用,例如半边结构的取法、非对称荷载的处理、未知力的分组。利用力法得到的结论取半边结构,利用位移法来求解就可以了。

归纳起来,利用对称性简化计算的要点如下:

（1）选用对称的基本结构,选用正对称力或反对称未知力作为基本未知量；

（2）在正对称荷载作用下,只需求解正对称的未知力（反对称未知力为零）；

（3）在反对称荷载作用下,只需求解反对称的未知力（正对称未知力为零）；

（4）非对称荷载可分解为对称荷载和反对称荷载。

【例 5-10】用力法作图 5-39a)所示刚架的 M 图, $EI=$ 常数。

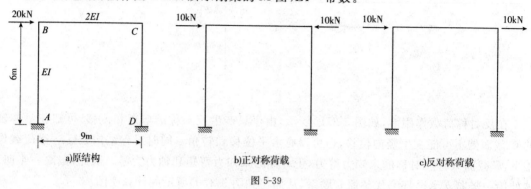

图 5-39

解：

这是一个对称结构,但是荷载不对称,可对荷载进行分组,分成一组正对称荷载和一组反对称荷载,如图 5-39b)和 c)所示。

在正对称荷载作用下,若不考虑杆件的轴向变形,由图 5-39b)可知 B、C 两点没有任何形式的结点位移,因此可判断该刚架在正对称荷载作用下 M 图为零。这个结论可推广使用,即对称结构在正对称结点荷载作用下,该结构的 M 图一定为零。

因此,只需要考虑刚架在反对称荷载作用下的 M 图。取半边结构如图 5-40a)所示。这是一个一次超静定结构,取悬臂刚架作为基本结构,其基本体系如图 5-40b)所示。

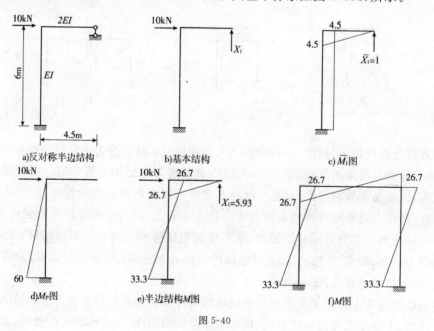

图 5-40

典型方程为

$$\delta_{11}X_1 + \Delta_{1P} = 0$$

做出基本结构的 $\overline{M}_1$ 图和 M_P 图,如图 5-40c)和 d)所示。

由图乘法可求得系数和自由项为

$$\delta_{11} = \frac{1}{2EI}(\frac{1}{2} \times 4.5 \times 4.5 \times 4.5 \times \frac{2}{3}) + \frac{1}{EI}(4.5 \times 6 \times 4.5) = \frac{136.7}{EI}$$

$$\Delta_{1P} = -\frac{1}{EI}(\frac{1}{2} \times 60 \times 6 \times 4.5) = -\frac{810}{EI}$$

代入典型方程得到:$X_1 = 5.93$kN。

根据 $M = \overline{M}_1 X_1 + M_P$,得到反对称荷载作用下的 M 图[图 5-40e)],反对称后得到原结构的 M 图[图 5-40f)]。

【例 5-11】试计算图 5-41a)所示连续梁,梁的 $EI =$ 常数。

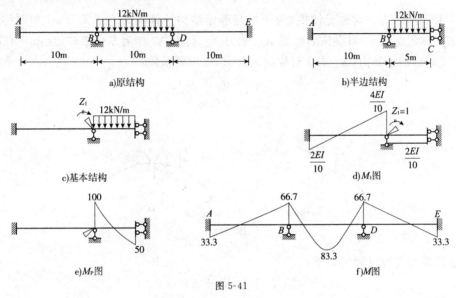

图 5-41

解:

这是一个对称结构,承受正对称荷载,取一半结构,如图 5-41b)所示,C 处为滑动支座。用位移法求解时,基本未知量为结点 B 的转角 Z_1 一个未知量,基本结构如图 5-41c)所示,典型方程为

$$r_{11}Z_1 + R_{1P} = 0$$

绘出基本结构的 $\overline{M}_1$、M_P 图[图 5-41d、e)],可求得

$$r_{11} = \frac{6EI}{10\mathrm{m}}, R_{1P} = -100\mathrm{kN} \cdot \mathrm{m}$$

代入典型方程可解得

$$Z_1 = \frac{166.7\mathrm{kN} \cdot \mathrm{m}^2}{EI}$$

由叠加法 $M = \overline{M}_1 X_1 + M_P$ 可绘出最后弯矩图,如图 5-41f)所示。

5.4 弹性中心法

弹性中心法是力法的一种简化计算方法,适用于无铰拱和封闭环形结构。拱是一种曲轴线推力结构,除三铰拱外,其他都是超静定结构,常用的有无铰拱和两铰拱[图 5-42a、b)]。一般来说,无铰拱弯矩分布比较均匀,且构造简单,工程中应用较多。例如钢筋混凝土拱桥和石拱桥,隧道的混凝土拱圈,房屋的拱形屋架及门窗拱圈等。本节以对称的无铰拱的情形来说明弹性中心法。

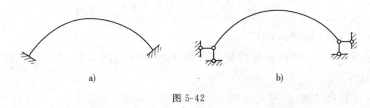

图 5-42

图 5-43a)所示为一对称无铰拱,为三次超静定结构。计算时为了简化,应取对称的基本结构。在拱顶截面切开,取拱顶的弯矩 X_1、轴力 X_2、剪力 X_3 作为多余未知力[图 5-43b)],X_1 和 X_2 是正对称的未知力,X_3 是反对称的未知力,故知副系数:

$$\begin{cases} \delta_{13} = \delta_{31} = 0 \\ \delta_{23} = \delta_{32} = 0 \end{cases}$$

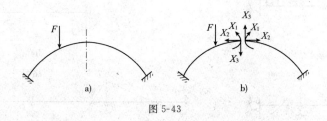

图 5-43

力法的典型方程可简化如下:

$$\begin{cases} \delta_{11} X_1 + \delta_{12} X_2 + \Delta_{1P} = 0 \\ \delta_{21} X_1 + \delta_{22} X_2 + \Delta_{2P} = 0 \\ \delta_{33} X_3 + \Delta_{3P} = 0 \end{cases}$$

但仍有 $\delta_{12} = \delta_{21} \neq 0$。

如果能使 $\delta_{12} = \delta_{21}$ 也等于零,则典型方程中的全部副系数都为零,从而使力法方程简化为三个独立的一元一次方程:

$$\begin{cases} \delta_{11} X_1 + \Delta_{1P} = 0 \\ \delta_{22} X_2 + \Delta_{2P} = 0 \\ \delta_{33} X_3 + \Delta_{3P} = 0 \end{cases}$$

可通过引用"刚臂"的办法来达到目的。

首先,把原来的无铰拱换成图 5-44a)所示的拱:即先在拱顶把无铰拱切开,在切口两边沿对称轴方向引出两个刚度无穷大的伸臂——刚臂,然后在两刚臂下端将其刚结。由于刚臂本身不变形,因而切口两边的截面也就没有任何相对位移,这就保证了此结构与原无铰拱的变形情况完全一致,所以在计算中可以用它来代替原无铰拱。将此结构从刚臂下端的刚结处切开,并代以多余未知力 X_1、X_2 和 X_3,便得到基本体系,如图 5-44b)所示,它是两个带刚臂的悬臂曲梁。利用对称性,并适当选择悬臂长度,便可使典型方程中全部副系数为零。

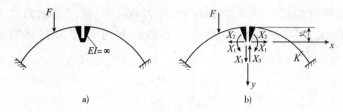

a)   b)

图 5-44

为此,须先将各单位多余未知力作用下基本结构的内力表达式写出来。现以刚臂端点 O 为坐标原点,并规定 x 轴向右为正,y 轴向下为正,弯矩以使拱内侧受拉为正,剪力以绕隔离体顺时针方向为正,轴力以压力为正,则当 $\overline{X}_1=1$、$\overline{X}_2=1$、$\overline{X}_3=1$ 分别作用时[图 5-45a)~c)],所引起的内力为

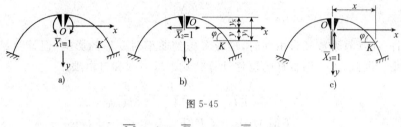

a)   b)   c)

图 5-45

$$\overline{M}_1=1, \quad \overline{F}_{S1}=0, \quad \overline{F}_{N1}=0$$
$$\overline{M}_2=y, \quad \overline{F}_{S2}=\sin\varphi, \quad \overline{F}_{N2}=\cos\varphi$$
$$\overline{M}_3=x, \quad \overline{F}_{S3}=\cos\varphi, \quad \overline{F}_{N3}=-\sin\varphi$$

式中,φ 为拱轴各点切线与 x 轴的夹角,由于 x 轴向右为正,y 轴向下为正,故 φ 在右半拱取正,左半拱取负。

由于多余未知力 X_1 和 X_2 是正对称的,X_3 是反对称的,故有

$$\delta_{13} = \delta_{31} = 0$$
$$\delta_{23} = \delta_{32} = 0$$

而 $\delta_{12} = \delta_{21} = \int \dfrac{\overline{M}_1\overline{M}_2\,\mathrm{d}s}{EI} + \int \dfrac{\overline{F}_{N1}\overline{F}_{N2}\,\mathrm{d}s}{EA} + \int k\dfrac{\overline{F}_{S1}\overline{F}_{S2}\,\mathrm{d}s}{GA}$

$\qquad\qquad = \int \dfrac{\overline{M}_1\overline{M}_2\,\mathrm{d}s}{EI} + 0 + 0$

$\qquad\qquad = \int y\dfrac{\mathrm{d}s}{EI} = \int (y_1 - y_s)\dfrac{\mathrm{d}s}{EI} = \int y_1\dfrac{\mathrm{d}s}{EI} - \int y_s\dfrac{\mathrm{d}s}{EI}$

令 $\delta_{12}=\delta_{21}=0$,便可得到刚臂长度 y_s 为

$$y_s = \frac{\displaystyle\int y_1\frac{\mathrm{d}s}{EI}}{\displaystyle\int \frac{\mathrm{d}s}{EI}} \tag{5-37}$$

设想沿拱轴线作宽度等于 $\dfrac{1}{EI}$ 的图形(图 5-46),则 $\dfrac{\mathrm{d}s}{EI}$ 就代表此图中的微面积,而式(5-37)就是计算这个图形面积的形心坐标公式。由于此图形的面积与结构的弹性性质 EI 有关,故称它为弹性面积图,它的形心则称为弹性中心。由于 y 轴是对称轴,故知 x、y 是弹性面积的一对形心主

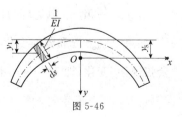

图 5-46

轴。由此可知,把刚臂端点引到弹性中心上,且将 X_2、X_3 置于主轴方向上,就可以使全部副系数都等于零。这一方法就称为弹性中心法。此时典型方程将简化为三个独立方程式

$$\begin{cases} \delta_{11} X_1 + \Delta_{1P} = 0 \\ \delta_{22} X_2 + \Delta_{2P} = 0 \\ \delta_{33} X_3 + \Delta_{3P} = 0 \end{cases}$$

于是,多余未知力可按式(5-38)求得

$$\left. \begin{aligned} X_1 &= -\frac{\Delta_{1P}}{\delta_{11}} \\ X_2 &= -\frac{\Delta_{2P}}{\delta_{22}} \\ X_3 &= -\frac{\Delta_{3P}}{\delta_{33}} \end{aligned} \right\} \tag{5-38}$$

拱是曲杆,在计算系数和自由项时,理应考虑到曲率对变形的影响,但计算结果表明这种影响一般很小。因此,可仍用直杆的位移计算公式来求系数和自由项:

$$\delta_{ii} = \int \frac{\overline{M}_i^2 \mathrm{d}s}{EI} + \int \frac{\overline{F}_{Ni}^2 \mathrm{d}s}{EA} + \int k \frac{\overline{F}_{Si}^2 \mathrm{d}s}{GA}$$

$$\Delta_{iP} = \int \frac{\overline{M}_i M_P \mathrm{d}s}{EI} + \int \frac{\overline{F}_{Ni} F_{NP} \mathrm{d}s}{EA} + \int k \frac{\overline{F}_{Si} F_{SP} \mathrm{d}s}{GA}$$

对于多数情况,通常可忽略轴向变形和剪切变形的影响,但在少数情况下这两项影响也必须加以考虑。

对于一般拱桥,常有拱顶截面高度 $h_C < \frac{l}{10}$,故仅当拱高 $f < \frac{l}{5}$,才须考虑轴力对 δ_{22} 的影响,于是可将系数和自由项的计算公式写为

$$\left. \begin{aligned} E\delta_{11} &= \int \overline{M}_1^2 \frac{\mathrm{d}s}{I} = \int \frac{\mathrm{d}s}{I} \\ E\delta_{22} &= \int \overline{M}_2^2 \frac{\mathrm{d}s}{I} + \int \overline{F}_{N2}^2 \frac{\mathrm{d}s}{A} = \int y^2 \frac{\mathrm{d}s}{I} + \int \cos^2\varphi \frac{\mathrm{d}s}{A} \\ E\delta_{33} &= \int \overline{M}_3^2 \frac{\mathrm{d}s}{I} = \int x^2 \frac{\mathrm{d}s}{I} \\ E\Delta_{1P} &= \int \overline{M}_1 M_P \frac{\mathrm{d}s}{I} = \int M_P \frac{\mathrm{d}s}{I} \\ E\Delta_{2P} &= \int \overline{M}_2 M_P \frac{\mathrm{d}s}{I} = \int y M_P \frac{\mathrm{d}s}{I} \\ E\Delta_{3P} &= \int \overline{M}_3 M_P \frac{\mathrm{d}s}{I} = \int x M_P \frac{\mathrm{d}s}{I} \end{aligned} \right\} \tag{5-39}$$

若 $f > \frac{l}{5}$,则 δ_{22} 中的轴力影响项也可略去。

如果拱轴方程和截面变化规律已知,则式(5-39)中各项可用积分法进行计算。当截面按"余弦规律"变化,即 $I = \frac{I_C}{\cos\varphi}$,并取 $A = \frac{A_C}{\cos\varphi}$ 时,则有

$$\frac{\mathrm{d}s}{I} = \frac{\mathrm{d}s\cos\varphi}{I_C} = \frac{\mathrm{d}s}{I_C} \ \text{及} \ \frac{\mathrm{d}s}{A} = \frac{\mathrm{d}x}{A_C}$$

这时式(5-39)可写成

$$
\left.
\begin{aligned}
EI_C\delta_{11} &= \int ds = l \\
EI_C\delta_{22} &= \int y^2\,dx + \frac{I_C}{A_C}\int \cos^2\varphi\,dx \\
EI_C\delta_{33} &= \int x^2\,dx \\
EI_C\Delta_{1P} &= \int M_P\,dx \\
EI_C\Delta_{2P} &= \int yM_P\,dx \\
EI_C\Delta_{3P} &= \int xM_P\,dx
\end{aligned}
\right\}
\tag{5-40}
$$

但当拱轴方程及截面变化规律比较复杂时,式(5-39)或式(5-40)用积分法计算将很困难,甚至是不可能的。因此,工程上常采用数值积分法,即总和法来进行近似计算。这就是把拱沿轴线或跨度等分为若干段,把各段的近似计算结果总加起来,作为上述积分式的近似值。通常,可采用梯形法或辛普森法(即抛物线法)进行计算,具体计算方法参见有关数值分析教材。

用总和法或积分法算出各系数和自由项后,代入典型方程(5-38)中即可求得三个多余未知力的数值。然后即可将无铰拱看作是在荷载和多余未知力共同作用下的两根悬臂曲梁[图5-44b)],其任一截面的内力可按叠加法求得

$$
M = X_1 + X_2 y + X_3 x + M_P
$$
$$
F_S = X_2 \sin\varphi + X_3 \cos\varphi + F_{SP}
$$
$$
F_N = X_2 \cos\varphi - X_3 \sin\varphi + F_{NP}
$$

式中,M_P、F_{SP}和F_{NP}分别为基本结构在荷载作用下该截面的弯矩、剪力和轴力。

5.5　力矩分配法

前面介绍了力法和位移法,它们是分析超静定结构的两种基本方法。两种方法的共同特点是需要联立求解典型方程。求解联立方程时,可采用直接求解法,当未知量较多时,解算联立方程的工作量非常大。也可采用渐进法,开始只是得出近似解,然后逐步加以修正,最后收敛于精确解。即首先在力学上建立方程组,然后对方程组采取渐进解法。结构力学中的渐进法除了采用这种方式之外,另一种方式就是不建立方程组,而是直接考虑结构的受力状态,从开始时的近似状态,逐步调整,最后收敛于真实状态,其计算精度随计算轮次的增加而提高。在结构力学中,通常采用后一种渐进方式,因为它有一个突出的优点:计算过程中的每个步骤都有明确的物理意义,每轮的计算又是按同一步骤重复进行,因而易于掌握,适合手算。

力法和位移法都可采用渐进法,但位移法的收敛性较好,因而被广泛采用。本节重点介绍渐进法中的力矩分配法,力矩分配法主要适用于连续梁和无侧移刚架。

5.5.1　名词解释

1)劲度系数(转动刚度)

当杆件 AB(图5-47)的 A 端转动单位转角时,A 端(近端)的杆端弯矩 M_{AB} 称为该杆端的

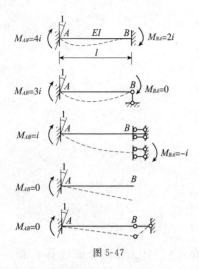

图 5-47

劲度系数,用 S_{AB} 来表示。它标志着该杆端抵抗转动的能力,故又称为转动刚度,其值不仅与杆件的线刚度 $i = \dfrac{EI}{l}$ 有关,而且与杆件另一端(又称远端)的支承情况有关。

2)传递系数

当杆件 AB 杆 A 端转动单位转角时,B 端也产生一定的弯矩,这好比是近端的弯矩按照一定的比例传递到了远端一样,故将 B 端弯矩与 A 端弯矩的比值称为由 A 端向 B 端的传递系数,用 C_{AB} 表示,即 $C_{AB} = \dfrac{M_{BA}}{M_{AB}}$ 或 $M_{BA} = C_{AB}M_{AB}$。

等截面直杆的劲度系数和传递系数如表 5-4 所示。当 B 端为自由或为一根轴向支承链杆时,显然 A 端转动时,杆件将自由变形,A 端不产生弯矩,故其劲度系数为零。

等截面直杆的劲度系数和传递系数 表 5-4

远端支承情况	劲度系数 S	传递系数 C
固　定	$4i$	0.5
铰　支	$3i$	0
滑　动	i	-1
自由或轴向支承链杆	0	

5.5.2　力矩分配法的基本原理

力矩分配法是位移法演变而来的一种结构计算方法,故其结点角位移、杆端力的符号规定均与位移法相同。

下面以图 5-48a)为例说明力矩分配法的基本原理。既然力矩分配法是位移法的变体,那么我们先用位移法求解图 5-48a),然后从中总结规律,得到力矩分配法的基本原理。

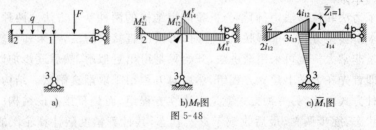

图 5-48

图 5-48a)用位移法计算时,只有一个基本未知量,即结点角位移 Z_1,其典型方程为

$$r_{11}Z_1 + R_{1P} = 0$$

绘出 M_P、$\overline{M}_1$ 图[图 5-48b)、c)],可求得主系数和自由项为:

$$r_{11} = 4i_{12} + 3i_{13} + i_{14} = S_{12} + S_{13} + S_{14} = \sum S_{1j} \tag{5-41}$$

式中,$\sum S_{1j}$ 代表汇交于结点 1 的各杆端劲度系数的总和。

$$R_{1P} = M_{12}^F + M_{13}^F + M_{14}^F = \sum M_{1j}^F \tag{5-42}$$

式中,R_{1P} 是结点固定时附加刚臂上的反力偶,可称为刚臂反力偶,它等于汇交于结点 1 的各杆端固端弯矩的代数和 $\sum M_{1j}^{\mathrm{F}}$,亦即各固端弯矩所不能平衡的差额,故又称为结点上的不平衡力矩。

解典型方程得

$$Z_1 = -\frac{R_{1\mathrm{P}}}{r_{11}} = -\frac{\sum M_{1j}^{\mathrm{F}}}{\sum S_{1j}}$$

然后即可按叠加法 $M = M_{\mathrm{P}} + \overline{M}_1 Z_1$ 计算各杆端的最后弯矩。各杆汇交于结点 1 的一端为近端,另一端为远端。各近端的杆端弯矩为

$$\left. \begin{aligned} M_{12} &= M_{12}^{\mathrm{F}} + \frac{S_{12}}{\sum S_{1j}}(-\sum M_{1j}^{\mathrm{F}}) = M_{12}^{\mathrm{F}} + \mu_{12}(-\sum M_{1j}^{\mathrm{F}}) \\ M_{13} &= M_{13}^{\mathrm{F}} + \frac{S_{13}}{\sum S_{1j}}(-\sum M_{1j}^{\mathrm{F}}) = M_{13}^{\mathrm{F}} + \mu_{13}(-\sum M_{1j}^{\mathrm{F}}) \\ M_{14} &= M_{14}^{\mathrm{F}} + \frac{S_{14}}{\sum S_{1j}}(-\sum M_{1j}^{\mathrm{F}}) = M_{14}^{\mathrm{F}} + \mu_{14}(-\sum M_{1j}^{\mathrm{F}}) \end{aligned} \right\} \tag{5-43}$$

式(5-43)右边第一项为荷载在基本结构上产生的杆端弯矩,即固端弯矩。第二项为结点转动 Z_1 角所产生的弯矩,这相当于把不平衡力矩反号后按劲度系数大小的比例分给各近端,因此称为**分配弯矩**,而 μ_{12}、μ_{13}、μ_{14} 等称为**分配系数**,其计算公式为

$$\mu_{1j} = \frac{S_{1j}}{\sum S_{1j}} \tag{5-44}$$

显然,同一结点各杆端的分配系数之和应等于 1,即 $\sum \mu_{1j} = 1$。

各远端弯矩为

$$\left. \begin{aligned} M_{21} &= M_{21}^{\mathrm{F}} + \frac{C_{12}S_{12}}{\sum S_{1j}}(-\sum M_{1j}^{\mathrm{F}}) = M_{21}^{\mathrm{F}} + C_{12}\left[\mu_{12}(-\sum M_{1j}^{\mathrm{F}})\right] \\ M_{31} &= M_{31}^{\mathrm{F}} + \frac{C_{13}S_{13}}{\sum S_{1j}}(-\sum M_{1j}^{\mathrm{F}}) = M_{31}^{\mathrm{F}} + C_{13}\left[\mu_{13}(-\sum M_{1j}^{\mathrm{F}})\right] \\ M_{41} &= M_{41}^{\mathrm{F}} + \frac{C_{14}S_{14}}{\sum S_{1j}}(-\sum M_{1j}^{\mathrm{F}}) = M_{41}^{\mathrm{F}} + C_{14}\left[\mu_{14}(-\sum M_{1j}^{\mathrm{F}})\right] \end{aligned} \right\} \tag{5-45}$$

各式右边第一项仍是固端弯矩。第二项是由结点转动 Z_1 角所产生的弯矩,它好比是将各近端的分配弯矩以传递系数的比例传到远端,故称为**传递弯矩**。

由上述例子可得到如下规律:近端的杆端弯矩等于近端固端弯矩和分配弯矩的代数和;远端的杆端弯矩等于远端的固端弯矩和传递弯矩的代数和。

得出上述规律后,便可不必再绘 M_{P}、$\overline{M}_1$ 图,也不必列出和求解典型方程,而直接按以上结论计算各杆端弯矩。其过程可形象的归结为两步:

(1)固定结点。加入刚臂,各杆端有固端弯矩,而结点上有不平衡力矩,它暂时由刚臂承担。

(2)放松结点。取消刚臂,让结点转动。这相当于在结点上又加一个反号的不平衡力矩,于是不平衡力矩被消除而结点获得平衡。此反号的不平衡力矩将按劲度系数大小的比例分配给各近端,于是各近端得到分配弯矩,同时各自向其远端进行传递,各远端得到传递弯矩。

最后,各近端弯矩等于固端弯矩加分配弯矩,各远端弯矩等于固端弯矩加传递弯矩。

【例 5-12】试作图 5-49a)所示刚架的弯矩图。

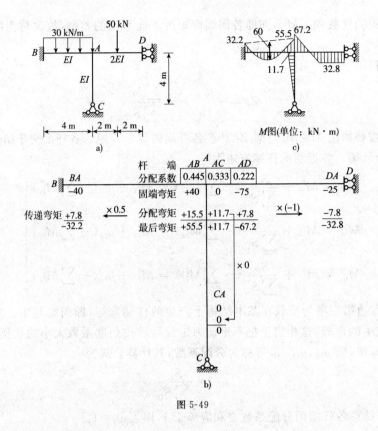

图 5-49

解:

(1)计算各杆端的分配系数

为了方便计算,可令 $i_{AB}=i_{AC}=\dfrac{EI}{4}=1$,则 $i_{AD}=2$,由式(5-44)得

$$\mu_{AB}=\frac{4\times1}{4\times1+3\times1+2}=\frac{4}{4+3+2}=\frac{4}{9}=0.445$$

$$\mu_{AC}=\frac{3}{9}=0.333$$

$$\mu_{AD}=\frac{2}{9}=0.222$$

(2)计算固端弯矩

根据表 5-2 有

$$M_{BA}^{F}=-\frac{ql^2}{12}=-\frac{30\times4^2}{12}=-40(\text{kN}\cdot\text{m})$$

$$M_{AB}^{F}=+\frac{ql^2}{12}=+\frac{30\times4^2}{12}=+40(\text{kN}\cdot\text{m})$$

$$M_{AD}^{F}=-\frac{3Fl}{8}=-\frac{3\times50\times4}{8}=-75(\text{kN}\cdot\text{m})$$

$$M_{DA}^{F}=-\frac{Fl}{8}=-\frac{50\times4}{8}=-25(\text{kN}\cdot\text{m})$$

(3)进行力矩的分配和传递

结点 A 的不平衡力矩为 $\sum M_{Aj}^{F}=(40-75)\text{kN}\cdot\text{m}=-35\text{kN}\cdot\text{m}$,将其反号并乘以分配系

数即得到各近端的分配弯矩,再乘以传递系数,即得到各远端的传递弯矩。在力矩分配法中,为了使计算过程的表达更加紧凑、直观,避免罗列大量算式,整个计算可直接在图上书写,如图5-49b)所示。

(4)计算杆端最后弯矩

将固端弯矩和分配弯矩、传递弯矩叠加,便得到各杆端的最后弯矩。据此即可绘出刚架的弯矩图,如图5-49c)所示。

5.5.3 多结点力矩分配法

上面以只有一个结点转角的结构说明了力矩分配法的基本原理。对于具有多个结点转角但无结点线位移(简称无侧移)的结构,只需依次对各结点使用上节所述方法便可求解。作法是:先将所有结点固定,计算各杆固端弯矩,然后将各结点轮流放松,即每次只放松一个结点,其他结点仍暂时固定,这样把各结点的不平衡力矩轮流地进行分配、传递,直到传递弯矩小到可略去时为止,以这样的逐次渐近方法来计算杆端弯矩。下面结合具体例子来说明。

图5-50所示连续梁,有两个结点转角而无结点线位移。现将两个刚结点1、2都固定起来,可算得各杆的固端弯矩为

$$M_{01}^F = -\frac{ql^2}{12} = -\frac{50 \times 6^2}{12} = -150(\text{kN} \cdot \text{m})$$

$$M_{10}^F = +\frac{ql^2}{12} = +\frac{50 \times 6^2}{12} = +150(\text{kN} \cdot \text{m})$$

$$M_{12}^F = -\frac{Fl}{8} = -\frac{400 \times 6}{8} = -300(\text{kN} \cdot \text{m})$$

$$M_{21}^F = +\frac{Fl}{8} = +\frac{400 \times 6}{8} = +300(\text{kN} \cdot \text{m})$$

$$M_{23}^F = M_{32}^F = 0$$

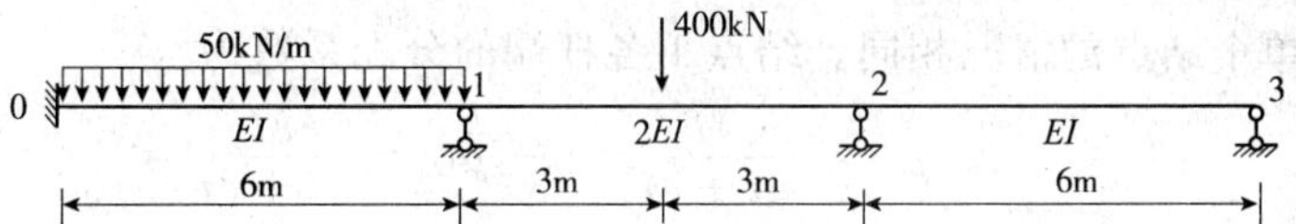

分配系数μ		$\frac{1}{3}$	$\frac{2}{3}$		$\frac{8}{11}$	$\frac{3}{11}$	
固端弯矩M^F	−150	+150	−300	+300	0		0
结点2分配传递			−109 ←	−218	−82 →		0
结点1分配传递	+43 ←	+86	+173 →	+88			
结点2分配传递			−32 ←	−64	−24		
结点1分配传递	+6 ←	+11	+21 →	+11			
结点2分配传递			−4 ←	−8	−3		
结点1分配传递		+1	+3				
最后弯矩M	−101	+248	−248	+109	−109		0

图 5-50

将上述各值填入图5-50的固端弯矩 M^F 一栏中。此时结点1、2上各有不平衡力矩为

$$\sum M_{1j}^F = (150 - 300)\text{kN} \cdot \text{m} = -150\text{kN} \cdot \text{m}$$

$$\sum M_{2j}^F = (300 - 0)\text{kN} \cdot \text{m} = 300\text{kN} \cdot \text{m}$$

为了消除这两个不平衡力矩,在位移法中,令结点 1、2 同时产生与原结构相同的转角,也就是同时放松两个结点,让它们一次转动到实际的平衡位置。如前所述,这需要建立联立方程并解算它们。在力矩分配法中则不是这样,而是逐次地将各结点轮流放松来达到同样的目的。

首先,放松结点 2,此时结点 1 仍固定,故与上节放松单个结点的情况完全相同,因而可按前述力矩分配和传递的方法来消除结点 2 的不平衡力矩。为此,需先求出结点 2 处各杆端的分配系数,根据各跨 EI 不同,故线刚度也不同,由式(5-44)有

$$\mu_{21} = \frac{8i}{8i+3i} = \frac{8}{11}, \mu_{23} = \frac{3i}{8i+3i} = \frac{3}{11}$$

将其填入图 5-50 分配系数 μ 一栏中。把结点 2 的不平衡力矩 $+300\text{kN}\cdot\text{m}$ 反号后进行力矩的分配,可得分配弯矩为

$$M_{21} = \frac{8}{11} \times (-300) = -218(\text{kN}\cdot\text{m})$$

$$M_{23} = \frac{3}{11} \times (-300) = -82(\text{kN}\cdot\text{m})$$

把它们填入图中。这样,结点 2 便暂时获得了平衡,在分配弯矩下面画一条横线来表示平衡。此时,结点 2 也就随之转动一个角度(但还没有转到最后位置)。同时,分配弯矩应向各自的远端进行传递,传递弯矩为

$$M_{12} = \frac{1}{2} \times (-218) = -109(\text{kN}\cdot\text{m})$$

$$M_{32} = 0$$

在图中用箭头把它们分别送到各远端。

其次,结点 1 原有不平衡力矩为 $-150\text{kN}\cdot\text{m}$,加上结点 2 传来的传递弯矩 $-109\text{kN}\cdot\text{m}$,故共有不平衡力矩 $-150\text{kN}\cdot\text{m}-109\text{kN}\cdot\text{m}=-259\text{kN}\cdot\text{m}$。

现在把结点 2 在刚才转动后的位置上重新设置刚臂加以固定,然后放松结点 1,于是又与上节放松单个结点的情况相同。结点 1 各杆端的分配系数为

$$\mu_{10} = \frac{4i}{4i+8i} = \frac{1}{3}, \mu_{12} = \frac{8i}{4i+8i} = \frac{2}{3}$$

将不平衡力矩 $-259\text{kN}\cdot\text{m}$ 反号并进行分配:

$$M_{10} = \frac{1}{3} \times (+259) = +86(\text{kN}\cdot\text{m})$$

$$M_{12} = \frac{2}{3} \times (+259) = +173(\text{kN}\cdot\text{m})$$

同时向各远端进行传递:

$$M_{01} = \frac{1}{2} \times (+86) = +43(\text{kN}\cdot\text{m})$$

$$M_{21} = \frac{1}{2} \times (+173) = +88(\text{kN}\cdot\text{m})$$

于是结点 1 亦暂告平衡,同时也转动了一个角度(也未转到最后位置),然后将它也在转动后的位置上重新固定起来。再次,结点 2,它又有了新的不平衡力矩 $88\text{kN}\cdot\text{m}$,于是又将结点 2 放松,按同样方法进行分配和传递。如此反复地将各结点轮流地固定、放松,不断地进行力矩的分配和传递,则不平衡力矩的数值将愈来愈小(因为分配系数和传递系数均小于 1),直到传递弯矩的数值小到按计算精度的要求可以略去时,便可停止计算。这时,各结点经过逐次转

动,也就逐渐逼近了其最后的平衡位置。

最后,将各杆端的固端弯矩和屡次所得到的分配弯矩和传递弯矩总加起来,便得到各杆端的最后弯矩。

【例5-13】试用力矩分配法计算图5-51所示连续梁,并绘制弯矩图。

解:

(1)右边悬臂部分 EF 的内力是静定的,若将其切去,而以相应的弯矩和剪力作为外力施加于结点 E 处,则结点 E 便间化为铰支端来处理,如图5-51b)所示。

(2)计算分配系数。若设 BC、CD 两杆的线刚度为 $\dfrac{2EI}{8\text{m}}=i$,则 AB、DE 两杆的线刚度折算为 $\dfrac{EI}{5\text{m}}=0.8i$,如图5-51b)所示。对于结点 D,分配系数为

$$\mu_{DC}=\frac{4i}{4i+3\times0.8i}=\frac{4}{4+2.4}=0.625$$

$$\mu_{DE}=\frac{2.4}{4+2.4}=0.375$$

其余各结点的分配系数可同样算出,如图5-51所示。

(3)计算固端弯矩。DE 杆相当于一端固定一端铰支的梁,在铰支端处承受一集中力及一力偶的荷载。其中集中力4kN将为支座 E 直接承受而不使梁产生弯矩,故可不考虑,而力偶 $4\text{kN}\cdot\text{m}$ 所产生的固端弯矩由表5-2可算得

$$M_{DE}^{F}=\frac{1}{2}\times4=+2(\text{kN}\cdot\text{m})$$

$$M_{ED}^{F}=+4(\text{kN}\cdot\text{m})$$

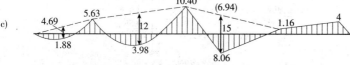

μ		0.375	0.625		0.5	0.5		0.625	0.375	
M^F	0	+4.69	−8		+8	−9.38		+5.62	+2	+4
分配及传递	0 ←	+1.24	+2.07 →		+1.03	−2.38 ←		−4.76	−2.86 → 0	
			+0.68 ←		+1.37	+1.36 →		+0.68		
		−0.25	−0.43		−0.21	−0.21 ←		−0.43	−0.25	
			+0.11		+0.21	+0.21 →		+0.11		
		−0.04	−0.07		−0.03	−0.03		−0.07	−0.04	
			+0.02		+0.03	+0.03		+0.02		
		−0.01	−0.01					−0.01	−0.01	
M	0	+5.63	−5.63		+10.40	−10.40		+1.16	−1.16	+4

注:表中弯矩的单位为kN·m。

图5-51　M 图(单位:kN·m)

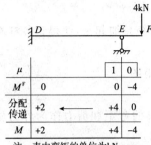

图 5-52

			1	0
μ			1	0
M^F	0		0	−4
分配传递	+2	←	+4	0
M	+2		+4	−4

注：表中弯矩的单位为kN·m。

此外，上述 DE 杆的固端弯矩也可以利用力矩分配法来求得。如图 5-52 所示，先不必去掉悬臂，而是将结点 E 也暂时固定，于是可写出各固端弯矩，如图 5-52 所示。然后，放松结点 E，由于 EF 为一悬臂，其 E 端的劲度系数为零，故知其分配系数 $\mu_{EF}=0$，而有 $\mu_{ED}=1$。于是，结点 E 的不平衡力矩反号后将全部分配给 DE 梁的 E 端，并传一半至 D 端。计算如图 5-52 所示，结果与前面相同。而结点 E 此次放松后便不再重新固定，在以后的计算中则作为铰支端处理。

其余各固端弯矩均可按表 5-2 求得。

（4）轮流放松各结点进行力矩分配和传递。为了加快计算时收敛速度，分配宜从不平衡力矩数值较大的结点开始，本例先放松结点 D。此外，由于放松结点 D 时，结点 C 是固定的，故可同时放松结点 B。由此可知，凡不相邻的各结点均可同时放松，这样便可加快收敛的速度。整个计算详见图 5-51b）。

（5）计算杆端最后弯矩，并绘 M 图，如图 5-51c）所示。

【例 5-14】试用力矩分配法计算图 5-53a）所示刚架。

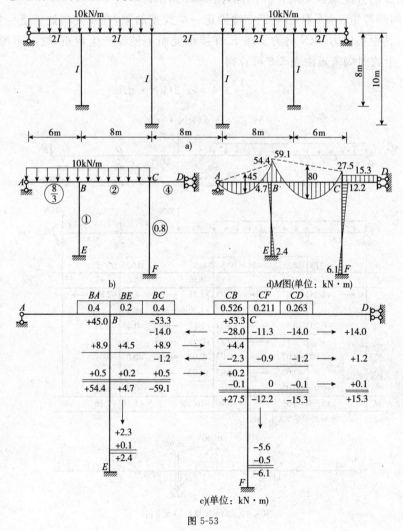

图 5-53

解：

这是一个对称结构,承受正对称荷载,可取一半结构如图 5-53b)所示,有两个结点转角而无结点线位移(无侧移)。为了方便可设了 $\dfrac{EI}{8\mathrm{m}}=1$,算得各杆线刚度如图 5-53 上小圆圈中所注。其余计算均见图 5-53c),毋须详述。计算完毕后,可校核各结点处的杆端弯矩是否满足平衡条件。对于结点 B 有

$$\sum M_{Bj} = +54.5 + 4.7 - 59.1 = 0$$

结点 C 有

$$\sum M_{Cj} = +27.5 - 12.2 - 15.3 = 0$$

故计算无误,最后弯矩图如图 5-53d)所示。

5.6 超静定结构的位移计算和最后内力图的校核

5.6.1 超静定结构的位移计算

在第 4 章介绍了静定结构位移计算的原理和公式,有公式法(积分法)和图乘法。在推导公式的过程中对结构是静定还是超静定没有限制,因此公式法(积分法)和图乘法不仅对于静定结构适用,对于超静定结构同样适用。所以超静定结构的位移计算的原理和公式与静定结构完全相同。下面以前面图 5-8 的超静定刚架为例说明超静定结构的位移计算。

图 5-8 刚架的 M 图在前面已经绘出[图 5-9d)],现将其重绘为图 5-54a)。设现在要求 CB 杆中点 K 的竖向位移 Δ_{Ky}。根据图乘法的原理,由超静定结构的实际位移状态[图 5-54a)],即得到结构在荷载作用下的 M 图,需要在 K 点所求位移的方向上加上单位力作为虚设的力状态并作出 $\overline{M}_K$ 图[图 5-54b)],然后将 $\overline{M}_K$ 与 M 图相乘即可求得 Δ_{Ky}。但为了作出 $\overline{M}_K$ 图,需要求解超静定结构,显然这样是比较麻烦的。

力法求解超静定结构的思路是取静定结构作为基本结构,根据基本结构在荷载和多余未知力共同作用下其位移与原结构相应的位移相同建立典型方程来求解。现在求解超静定结构的位移,仍可采用同一思路,利用基本体系来求原结构的位移。

由前面的分析知道基本体系与原结构唯一区别是把多余未知力由原来的被动力(约束反力)换成主动力。只要多余未知力满足力法方程,则基本体系的受力状态和变形状态与原结构完全相同,因而求原结构位移的问题就归结为求基本体系这个静定结构的位移。于是,虚拟状态的单位力就可以加在基本结构上,由于基本结构是静定的,故此时的内力图仅由平衡条件便可求得,这样就大大简化了计算工作。此外,由于超静定结构的最后内力图并不因所取基本结构的不同而异,也就是说,其实际内力可以看作是选取任何一种基本结构求得的。因此,在求位移时,也可以任选一种基本结构来求虚拟状态的内力,通常选择虚拟内力图较简单或者图乘比较方便的基本结构,以便进一步简化计算。

例如求上述刚架的位移 Δ_{Ky} 时,若取图 5-54c)中的基本结构,加上单位力绘出虚拟状态的 $\overline{M}_K$,将其与 M 图[图 5-54a)]图乘可得到:

$$\Delta_{Ky} = \frac{1}{EI} \times \frac{1}{2} \times \frac{a}{2} \times \frac{a}{2} \times \frac{5}{6} \times \frac{3}{88}Fa + \frac{1}{2EI}\left[\frac{1}{2}\left(\frac{3}{88}Fa + \frac{15}{88}Fa\right) \times a \times \frac{a}{2} - \right.$$

$$\left(\frac{1}{2} \times \frac{Fa}{4} \times a\right) \times \frac{a}{2}\right] = -\frac{3Fa^3}{1408EI}$$

若取图 5-54d)中的基本结构,加上单位力绘出虚拟状态的 $\overline{M}_K$,将其与 M 图[图 5-54a)]图乘可得到

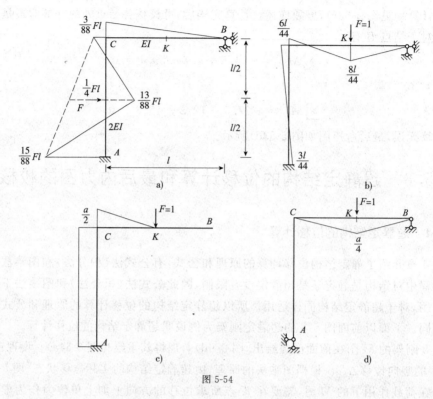

图 5-54

$$\Delta_{Ky} = -\frac{1}{EI}\left(\frac{1}{2} \times \frac{a}{4} \times a\right) \times \frac{1}{2} \times \frac{3}{88}Fa = -\frac{3Fa^3}{1408EI}$$

二者结果相同,但显然后者较简便。

在本章前面讲述了超静定结构在荷载、支座移动和温度变化等因素作用下的内力计算。下面给出超静定结构在这些因素作用下的位移计算公式。

1)荷载作用

对于受弯构件,若不考虑轴向变形和剪切变形的影响,超静定结构位移计算公式为

$$\Delta = \sum \int \frac{\overline{M}_K M}{EI} \mathrm{d}s$$

这个公式与静定结构的公式在形式上完全相同,但需注意,这里 $\overline{M}_K$ 可以是任一基本结构在单位力作用下的弯矩图。

2)支座位移

设支座移动时超静定结构的内力为 M,在求位移时,除了考虑由于内力而产生的弹性变形所引起的位移外,还要加上由于支座移动所引起的位移。对于刚架或梁,位移计算的公式一般可写为

$$\Delta = \sum \int \frac{\overline{M}_K M}{EI} \mathrm{d}s + \Delta_{K\Delta} = \sum \int \frac{\overline{M}_K M}{EI} \mathrm{d}s - \sum \overline{F}_{RK}c$$

【例 5-15】将本章例 5-5 图 5-13a)重绘于图 5-55a),求单跨超静定梁中点 K 点的竖向位

移 Δ_{Ky}。

解：

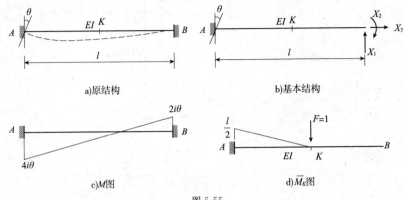

图 5-55

如上所述超静定结构的位移可用任一基本结构的位移代替,若取基本结构如图 5-55b)所示,此静定结构的位移与原超静定结构的位移相等。显然,基本结构的位移由两部分组成:一部分是由于多余未知力的作用引起的 K 点的竖向位移,这一部分位移的计算和在上述荷载作用下位移计算相同,例题 5-5 已经得到的超静定结构的弯矩图即 M 图[图 5-55c)],现在基本结构加上单位力,得到 $\overline{M}_K$ 图[图 5-55d)],两者相乘得到由于内力而产生的弹性变形引起的位移;另一部分是由于 A 点的转角 θ 所引起的基本结构 K 点的竖向位移。即原超静定结构的位移由这两部分叠加而成,如图 5-56 所示。

图 5-56

因此,原结构 K 点的竖向位移为

$$\Delta_{Ky} = \sum\int\frac{\overline{M}_K M}{EI}\mathrm{d}s + \Delta_{K\Delta} = -\frac{1}{EI}\times\frac{1}{2}\times\frac{l}{2}\times\frac{l}{2}\times 3i\theta + \theta\times\frac{l}{2} = \frac{1}{8}l\theta(\downarrow)$$

3)温度变化

与有支座位移时超静定结构位移计算相同,设温度变化时超静定结构的内力为 M,在求位移时,除了考虑由于内力而产生的弹性变形所引起的位移外,还要加上由于温度变化所引起的位移。对于刚架或梁,位移计算的公式一般可写为

$$\Delta = \sum\int\frac{\overline{M}_K M}{EI}\mathrm{d}s + \Delta_{Kt} = \sum\int\frac{\overline{M}_K M}{EI}\mathrm{d}s + \sum\overline{F}_{NK}\alpha tl + \sum\frac{\alpha\Delta t}{h}\int\overline{M}_K\mathrm{d}s$$

【例 5-16】本章例 5-7[图 5-57a)],已求得刚架 M 图,如图 5-57b)所示,计算刚架 CB 杆中点 K 点的竖向位移 Δ_{Ky}。

解：

任取一基本结构,如图 5-57c)所示,在 K 点加单位力,计算 $\overline{F}_{N1}$,并绘出 $\overline{M}_K$ 图,如图 5-57d)所示。因此得到

$$\Delta = \sum\int\frac{\overline{M}_K M}{EI}\mathrm{d}s + \Delta_{Kt} = \sum\int\frac{\overline{M}_K M}{EI}\mathrm{d}s + \sum\overline{F}_{NK}\alpha tl + \sum\frac{\alpha\Delta t}{h}\int\overline{M}_K\mathrm{d}s$$

$$= \frac{1}{EI}(\frac{1}{2}\times\frac{1}{2}\times\frac{1}{2}\times\frac{5}{6}\times 131.25i\alpha + \frac{l}{2}\times l\times 131.25i\alpha) + (-1)\times\alpha\times 25\times l + \frac{\alpha\times 10}{h}(-\frac{3}{8}l^2)$$

$$=16.77\alpha l(\downarrow)$$

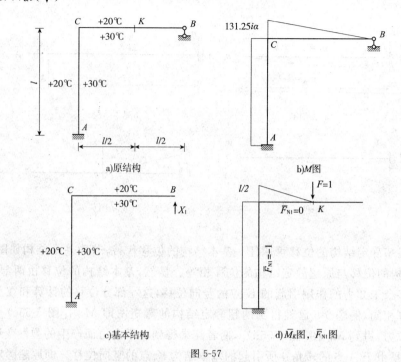

a)原结构 b)M图

c)基本结构 d)$\bar{M}_K$图，$\bar{F}_{N1}$图

图 5-57

5.6.2 最后内力图的校核

用力法计算超静定结构，步骤多、易出错，因此应注意步步检查。对于作为计算成果的最后内力图，是结构设计的依据，必须保证其正确性，故应加以校核。正确的内力图必须同时满足平衡条件和位移条件，因而校核亦应从这两方面进行。

1)平衡条件校核

平衡条件校核的方式与静定结构校核的方式完全相同，可以取结构的整体或任何部分为隔离体，判断其受力是否满足平衡条件，如不满足，则表明内力图有错误。

对于刚架的弯矩图，通常应检查刚结点处所受弯矩是否满足 $\sum M=0$ 的平衡条件。例如图 5-58 所示刚架，取结点 E 为隔离体[图 5-58b)]，应有

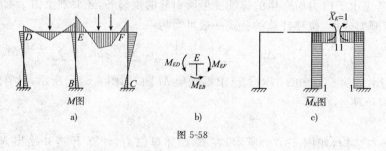

a) b) c)

图 5-58

$$\sum M_E=M_{ED}+M_{EB}+M_{EF}=0$$

至于剪力图和轴力图的校核，可取结点、杆件或结构的某一部分为隔离体，检查是否满足 $\sum F_x=0$ 和 $\sum F_y=0$ 的平衡条件，毋须详述。但是，仅满足了平衡条件，还不能说明最后内力图就是正确的。这是因为最后内力图是在求出了多余未知力之后按平衡条件或叠加法作出

的,而多余未知力的数值正确与否,平衡条件是检查不出来的,还必须看是否满足位移条件。因此,更重要的是要进行位移条件的校核。

2)位移条件校核

校核位移条件,就是检查各多余联系处的位移是否与已知的实际位移相符。根据上面计算超静定结构位移的方法,对于刚架,可取基本结构的单位弯矩图与原结构的最后弯矩图相乘,看所得位移是否与原结构的已知位移相符。例如图 5-59 为刚架的最后弯矩 M 图。为了检查支座 A 处的水平位移 Δ_1 是否为零,可取图 5-59b)所示基本结构,并作其 $\overline{M}_1$,将它与 M 图图乘得

$$\Delta_1 = \frac{1}{EI}\frac{a^2}{2}\times\frac{2}{3}\times\frac{3Fa}{88} + \frac{1}{2EI}\left[\frac{a^2}{2}\times(\frac{2}{3}\frac{3Fa}{88}+\frac{1}{3}\times\frac{15Fa}{88}) - \frac{1}{2}\frac{Fa}{4}\times\frac{a}{2}\right] = 0$$

可见,这一位移条件是满足的。

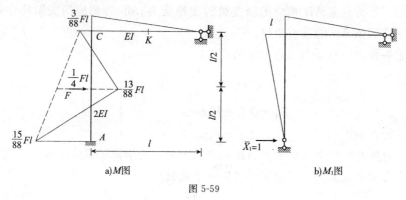

图 5-59

从理论上讲,一个 n 次超静定结构需要 n 个位移条件才能求出全部多余未知力,故位移条件的校核也应进行 n 次。不过,通常只需抽查少数的位移条件即可,而且也不限于在原来解算时所用的基本结构上进行。

对于具有封闭无铰框格的刚架,利用框格上任一截面处的相对角位移为零的条件来校核弯矩图是很方便的。例如校核图 5-58a)的 M 图时,可取图 5-58c)中所示基本结构的单位弯矩图 $\overline{M}_K$ 与 M 图相乘,以检查相对转角 Δ_K 是否为零。由于 $\overline{M}_K$ 只在这一封闭框格上不为零,且其竖标处处为 1,故对于该封闭框格应有

$$\Delta_K = \sum\int\frac{\overline{M}_K M}{EI}\mathrm{d}s = \sum\int\frac{M}{EI}\mathrm{d}s = \sum\frac{\int M}{EI}\mathrm{d}s$$

这表明在任一封闭无铰的框格上,弯矩图的面积除以相应的刚度的代数和应等于零。

5.7* 悬索结构索的计算

在悬索结构中单根承重悬索受到集中荷载作用时,集中荷载的数值往往远比悬索的自重要大得多,以至于我们可以忽略索段的自重对索段线性的影响。这个时候可以认为相邻两个集中荷载作用点之间以及集中力作用点和索端点之间的索段为直线。这样简化以后,可以对各索段中的张力使用静力平衡方程进行计算。

设悬索 AB 受到竖向集中荷载 F_1、F_2……F_n 的作用,在这些竖向集中荷载作用下的计算简图如图 5-60a)所示,图 5-60b)为其相应的简支梁。

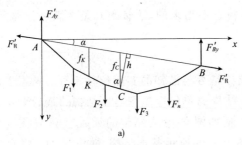
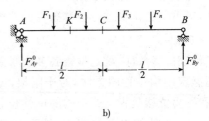

图 .5-60

由图 5-60a)可得，将索端张力沿竖向及弦 AB 方向分解可得：

$$F'_{Ay} = F^0_{Ay}, \qquad F'_{By} = F^0_{By}, \qquad F'_R = \frac{M^0_C}{h}$$

式中，F^0_{Ay}、F^0_{By} 为悬索 AB 相应的简支梁的支座反力；M^0_C 为相应简支梁跨中截面弯矩；h 为悬索跨度中点到弦 AB 的垂直距离。

可求得索端张力的水平与竖向分量为：

$$\left. \begin{array}{l} F_x = F'_R \cos\alpha = \dfrac{M^0_C}{f_C} = \dfrac{M^0_C}{h} \cos\alpha \\[2mm] F_{Ay} = F^0_{Ay} + F_x \tan\alpha \\[2mm] F_{By} = F^0_{By} - F_x \tan\alpha \end{array} \right\} \tag{5-46}$$

式中，f_C 为悬索跨度中点 C 到弦 AB 的竖直距离。若给定了悬索中任意一点 K 到弦 AB 的竖直距离 f_K，索中张力的水平分量即可以由下式确定：

$$F_x = \frac{M^0_K}{f_K} \tag{5-47}$$

式中，M^0_K 为相应简支梁 K 截面的弯矩。

F_x 在各索段中为一个常数，各索段的张力即可由各集中力作用点的平衡力方程求得，并可以确定各索段的几何位置。

【例 5-17】求图 5-61a)所示悬索在集中荷载作用下各索段张力及几何位置。

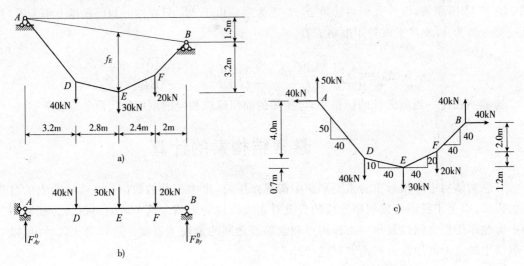

图 5-61

124

解:

图 5-61a)给出了悬索 E 点到弦 AB 的竖直距离：

$$f_E = 3.2\text{m} + \frac{1.5\text{m}}{10.4\text{m}} \times 4.4\text{m} = 3.834\text{m}$$

作相应的简支梁，如图 5-61b)，由 $\sum M_A = 0$ 得

$$F_{By}^0 = \frac{40\text{kN} \times 3.2\text{m} + 30\text{kN} \times 6\text{m} + 20\text{kN} \times 8.4\text{m}}{10.4\text{m}} = 45.77\text{kN}$$

$$M_E^0 = 45.77\text{kN} \times 4.4\text{m} - 20\text{kN} \times 2.4\text{m} = 153.38\text{kN} \cdot \text{m}$$

由式(5-47)得

$$F_x = \frac{M_E^0}{f_E} = \frac{153.38\text{kN} \cdot \text{m}}{3.834\text{m}} = 40\text{kN}$$

由式(5-46)得

$$F_{Ay}^0 = 40\text{kN} + 30\text{kN} + 20\text{kN} - 45.77\text{kN} = 44.23\text{kN}$$

$$F_{Ay} = F_{Ay}^0 + F_x \tan\alpha = 44.23\text{kN} + 40 \times \frac{1.5\text{m}}{10.4\text{m}} = 50\text{kN}$$

$$F_{By} = F_{By}^0 - F_x \tan\alpha = 45.77\text{kN} - 40 \times \frac{1.5\text{m}}{10.4\text{m}} = 40\text{kN}$$

然后由端点(A 或 B)开始，依次考虑各结点处的平衡条件，就可以求出以各分量表示的各索段张力及几何位置，如图 5-61c)所示。

以上是集中荷载作用下的单根悬索计算，下面我们来讨论分布荷载作用下单根悬索的计算。

1)平衡微分方程

悬索在分布荷载作用下的几何形状是曲线。

如图 5-62a)所示为竖向分布荷载 $q(x)$ 作用下的单根悬索，索曲线用函数 $y = y(x)$ 表示。索两端及索中任一点张力的水平分量 F_x 为常量。取任一微段索 $\text{d}x$ 为隔离体，其受力如图 5-62b)所示。

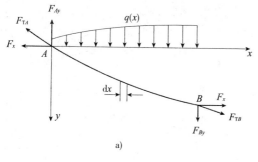 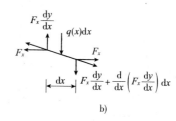

图 5-62

由 $\sum F_y = 0$ 可得

$$-F_x \frac{\text{d}y}{\text{d}x} + F_x \frac{\text{d}y}{\text{d}x} + \frac{\text{d}}{\text{d}x}\left(F_x \frac{\text{d}y}{\text{d}x}\right)\text{d}x + q(x)\text{d}x = 0$$

得

$$F_x \frac{\text{d}^2 y}{\text{d}x^2} + q(x) = 0 \tag{5-48}$$

公式(5-48)是单根悬索的基本平衡微分方程。

125

2）常见分布荷载作用下平衡微分方程的解

（1）沿跨度方向均布荷载 q 作用，如图 5-63 所示，由公式（5-48）可得

$$\frac{d^2 y}{dx^2} = -\frac{q}{F_x}$$

积分两次并根据边界条件可得

$$y = \frac{q}{2F_x}x(l-x) + \frac{c}{l}x \qquad (5\text{-}49)$$

给定悬索跨中垂度 f 作为控制值，即令

$$x = \frac{l}{2}, y = \frac{c}{2} + f$$

则由公式（5-49）可得索中张力水平分量为

$$F_x = \frac{ql^2}{8f} \qquad (5\text{-}50)$$

代入公式（5-49）可得一个确定的二次抛物线方程

$$y = \frac{c}{l}x + \frac{4fx(l-x)}{l^2} \qquad (5\text{-}51)$$

其中式中右端第一项代表弦 AB 的直线方程，而第二项则代表以弦 AB 为基线的悬索曲线方程。当 AB 为一水平线时，$c=0$，所以有

$$y = \frac{4fx(l-x)}{l^2} \qquad (5\text{-}52)$$

当索曲线方程确定后，索中各点的张力为

$$F_T = F_x \sqrt{1 + \left(\frac{dy}{dx}\right)^2} \qquad (5\text{-}53)$$

当索比较平坦时，例如 $f/l \leqslant 0.1$ 时，可以近似得到

$$F_T = F_x \qquad (5\text{-}54)$$

（2）沿索长度均布荷载 q 作用，如图 5-64 所示。

将 q 转化成沿跨度方向的等效均布荷载 q_y，由图得

$$q_y = q\frac{ds}{dx} = q\sqrt{1 + \left(\frac{dy}{dx}\right)^2}$$

代入公式（5-48）可得

$$\frac{d^2 y}{dx^2} = -\frac{q}{F_x}\sqrt{1 + \left(\frac{dy}{dx}\right)^2} \qquad (5\text{-}55)$$

积分并且根据边界条件可得

$$y = \frac{F_x}{q}\left[\cosh\alpha - \cosh\left(\frac{2\beta}{l}x - \alpha\right)\right] \qquad (5\text{-}56)$$

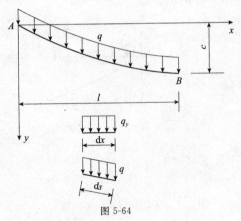

图 5-64

式中，$\alpha = \sinh^{-1}\dfrac{\beta\frac{c}{l}}{\sinh\beta} + \beta, \beta = \dfrac{ql}{2F_x}$。

当 AB 位于水平方向时，$c=0$，有 $\alpha = \beta = \dfrac{ql}{2F_x}$，可得

$$y = \frac{F_x}{q} \left[\cosh\alpha - \cosh\left(\frac{q}{F_x} x - \alpha \right) \right] \tag{5-57}$$

如给定跨中垂度 f,则可得

$$f = \frac{F_x}{q} (\cosh\alpha - 1) \tag{5-58}$$

可以据此算出 F_x 后,即可确定悬索曲线的形状。公式(5-56)和公式(5-57)代表的曲线为悬链线。

当曲线比较平坦时,可以用简单的抛物线代替悬链线,把沿索长度的均布荷载折算成沿跨度的均布荷载进行计算。

3)任意分布荷载作用下平衡微分方程的解——梁比拟法

悬索微分方程式(5-48)与梁的平衡微分方程 $\dfrac{\mathrm{d}^2 M}{\mathrm{d}x^2} + q(x) = 0$ 的形式完全相同,若两者具有相同的边界条件,则可建立如下的关系式:

$$F_x y(x) = M(x)$$

可得

$$y(x) = \frac{M(x)}{F_x} \tag{5-59}$$

对于两端支座位于同一水平线的悬索,其两端边界条件与相应简支梁弯矩相同,如图 5-65a)、b)所示。

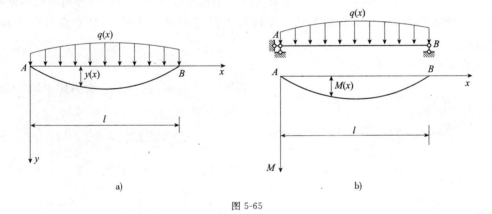

图 5-65

悬索 AB:

$x = 0$ 时,$y = 0$;$x = 1$ 时,$y = 0$。

相应简支梁 AB:

$x = 0$ 时,$M = 0$;$x = 1$ 时,$M = 0$。

如图 5-66 所示为两端支座高差为 c 的悬索,若在相应简支梁的一端加上集中力偶 $F_x c$,y 与 M 得到相同的边界条件,即

悬索 AB:

$x = 0$ 时,$y = 0$;$x = 1$ 时,$y = c$。

相应简支梁 AB:

$x = 0$ 时,$M = 0$;$x = 1$ 时,$M = F_x c$。

任意分布荷载作用下悬索曲线的形状和相应简支梁弯矩图的形状完全相似。对于两端等

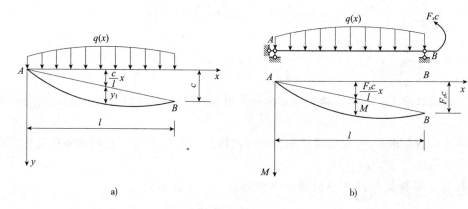

图 5-66

高的悬索曲线，可以由公式(5-59)直接计算。两端制作高差为 c 的悬索，计算式为：

$$y(x) = \frac{M(x)}{F_x} + \frac{c}{l}x \qquad (5\text{-}60)$$

公式(5-60)的第二项代表悬索支座连线 AB 的竖标，第一项为弦 AB 为基线的悬索曲线竖标 $y_1(x)$，即

$$y_1(x) = \frac{M(x)}{F_x} \qquad (5\text{-}61)$$

由公式(5-59)和公式(5-61)可知，如果用两个支座连线作为悬索曲线竖向坐标的基线，不论两个支座等高与否，悬索桥的形状与相应简支梁弯矩图形状相似，任意点竖标之比为常数 F_x。

4) 悬索长度的计算

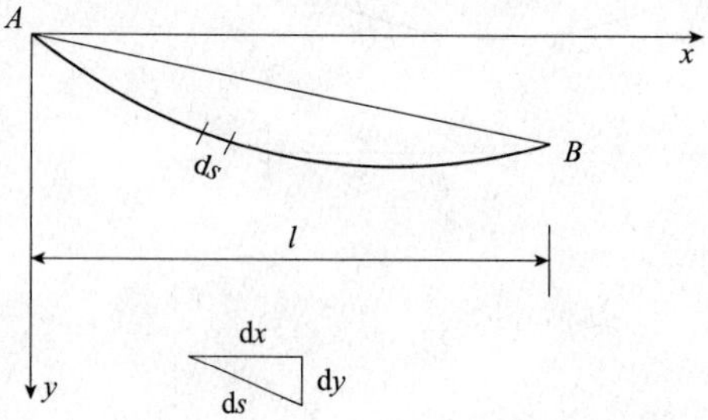

如图 5-67 所示，由所示悬索 AB 中取一微分单元 $\mathrm{d}s$，有

$$\mathrm{d}s = \sqrt{\mathrm{d}x^2 + \mathrm{d}y^2} = \sqrt{1 + \left(\frac{\mathrm{d}y}{\mathrm{d}x}\right)^2}\,\mathrm{d}x$$

积分可得整根悬索 AB 的长度

$$s = \int_A^B \mathrm{d}s = \int_0^l \sqrt{1 + \left(\frac{\mathrm{d}y}{\mathrm{d}x}\right)^2}\,\mathrm{d}x \qquad (5\text{-}62)$$

图 5-67

将 $\sqrt{1 + \left(\dfrac{\mathrm{d}y}{\mathrm{d}x}\right)^2}$ 按照级数展开为

$$\sqrt{1 + \left(\frac{\mathrm{d}y}{\mathrm{d}x}\right)^2} = 1 + \frac{1}{2}\left(\frac{\mathrm{d}y}{\mathrm{d}x}\right)^2 - \frac{1}{8}\left(\frac{\mathrm{d}y}{\mathrm{d}x}\right)^4 + \frac{1}{16}\left(\frac{\mathrm{d}y}{\mathrm{d}x}\right)^6 - \frac{5}{128}\left(\frac{\mathrm{d}y}{\mathrm{d}x}\right)^8 + \cdots$$

可以根据悬索垂度的大小，取有限项积分，即可达到所需的精度，取两项时为

$$s = \int_0^l \left[1 + \frac{1}{2}\left(\frac{\mathrm{d}y}{\mathrm{d}x}\right)^2\right]\mathrm{d}x \qquad (5\text{-}63)$$

取三项时为

$$s = \int_0^l \left[1 + \frac{1}{2}\left(\frac{\mathrm{d}y}{\mathrm{d}x}\right)^2 - \frac{1}{8}\left(\frac{\mathrm{d}y}{\mathrm{d}x}\right)^4\right]\mathrm{d}x \qquad (5\text{-}64)$$

【例 5-18】试求如图 5-68 所示形状为抛物线的悬索长度。

128

解：

设抛物线悬索方程为

$$y=\frac{c}{l}x+\frac{4fx(l-x)}{l^2}$$

$$\frac{\mathrm{d}y}{\mathrm{d}x}=\frac{c+4f}{l}-\frac{8f}{l^2}x$$

代入式(5-63)积分可得悬索长度为

$$s=l\left(1+\frac{c^2}{2l^2}+\frac{8f^2}{3l^2}\right)$$

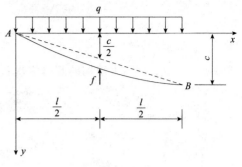

图 5-68

代入式(5-64)积分可得

$$s=l\left(1+\frac{c^2}{2l^2}-\frac{c^4}{8l^4}+\frac{8f^2}{3l^2}-\frac{32f^4}{5l^4}-\frac{4c^2f^2}{l^4}\right)$$

当两支座等高时，

$$s=l\left(1+\frac{8f^2}{3l^2}\right)$$

$$\frac{\mathrm{d}s}{\mathrm{d}f}=\frac{16f}{3l}$$

推得

$$\Delta f=\frac{3}{16}\frac{l}{f}\Delta s$$

由此可见，当垂跨比 $\frac{f}{l}$ 较小时，垂度变化值将大于悬索长度变化值，例如当 $\frac{f}{l}=0.1$ 时，可得

$$\Delta f=1.875\Delta s$$

即垂度变化将比索长度变化约大一倍。

习 题

5-1 确定题 5-1 图中结构的超静定次数。

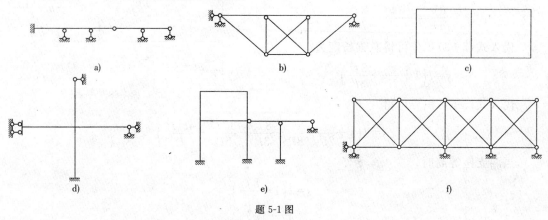

a)   b)   c)

d)   e)   f)

题 5-1 图

5-2 用力法求解题 5-2 图示超静定梁，并作出 M、F_S图。

5-3 用力法求解题 5-3 图示超静定刚架，并作出 M、F_S、F_N图。

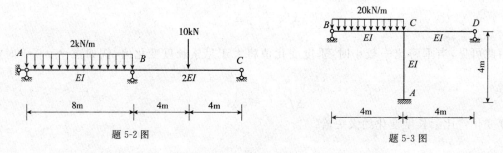

题 5-2 图   题 5-3 图

5-4 用力法求解题 5-4 图示超静定刚架，并作出 M、F_S、F_N图。

5-5 用力法求解题 5-5 图示超静定刚架，并作出 M、F_S、F_N图。

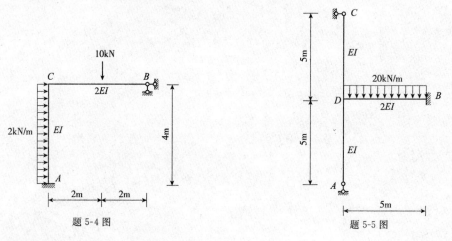

题 5-4 图   题 5-5 图

5-6 用力法求解题 5-6 图示超静定刚架，并作出 M 图。

5-7 用力法求解题 5-7 图示超静定刚架，并作出 M 图。

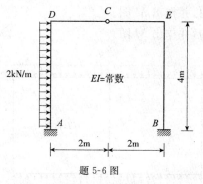

题 5-6 图

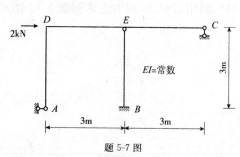

题 5-7 图

5-8 用力法求解题 5-8 图示超静定刚架,并作出 M 图。

5-9 用力法求解题 5-9 图示超静定桁架,并计算各杆轴力。

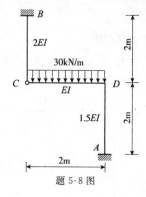

题 5-8 图

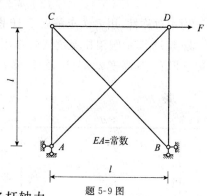

题 5-9 图

5-10 用力法求解题 5-10 图示超静定桁架,并计算各杆轴力。

5-11 用力法求解题 5-11 图示超静定组合结构,作出受弯杆 M 图,并计算各链杆的轴力。

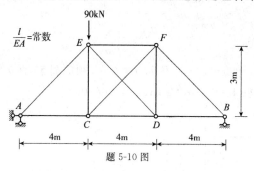

题 5-10 图

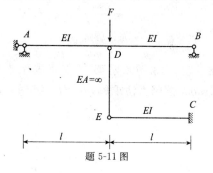

题 5-11 图

5-12 用力法求解题 5-12 图示超静定组合结构,作出受弯杆 M 图,并计算各链杆的轴力。

5-13 用力法求解题 5-13 图示排架结构,并作出 M 图。

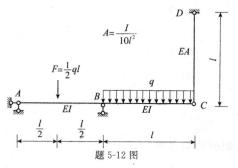

题 5-12 图

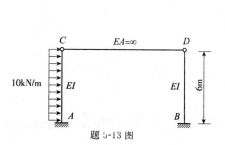

题 5-13 图

5-14 利用对称性,用力法求解题 5-14 图示对称结构,并作出 M 图。

5-15 利用对称性,用力法求解题 5-15 图示对称结构,并作出 M 图。

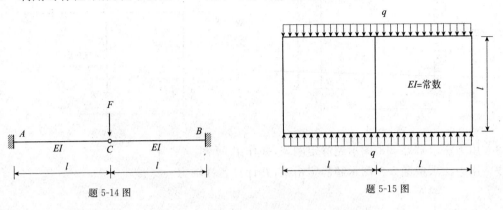

题 5-14 图   题 5-15 图

5-16 利用对称性,用力法求解题 5-16 图示对称结构,并作出 M 图。

5-17 题 5-17 图示刚架在温度变化作用下,试用力法求解,并作出 M 图。已知,EI=常数,截面对称于形心,其高度 $h=l/10$,线膨胀系数为 α。

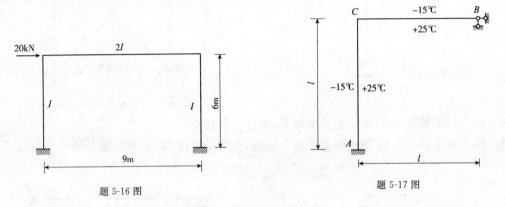

题 5-16 图   题 5-17 图

5-18 题 5-18 图示刚架 B 支座发生水平位移 $a=3$cm,竖向下沉 $b=4$cm,顺时针转动 $\theta=0.01$rad。试用力法求解,并作出 M 图。已知,各杆 $E=2.1\times10^5$MPa,$I=6400$cm^4。

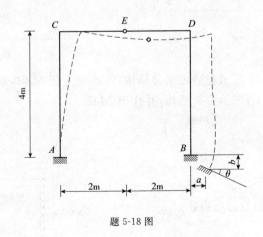

题 5-18 图

5-19 试确定题 5-19 图示各结构的位移法基本未知量与基本体系。

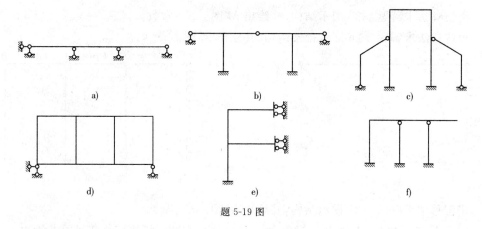

a)

b)

c)

d)

e)

f)

题 5-19 图

5 -20 用位移法求解题 5-20 图示结构,并绘出 M 图。

5 -21 用位移法求解题 5-21 图示结构,并绘出 M 图。

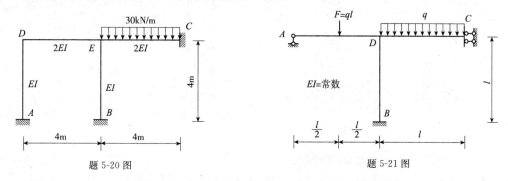

题 5-20 图

题 5-21 图

5 -22 用位移法求解题 5-22 图示连续梁结构,并绘出 M 图。$E=$ 常数。

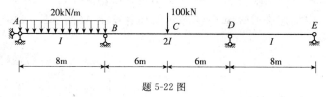

题 5-22 图

5 -23 题 5-23 图示等截面连续梁结构,支座 B 下沉 20cm,支座 C 下沉 12cm,$E=210$GPa,$I=2\times10^{-4}$ m^4。试用位移法求解并绘出 M 图。

5 -24 用位移法求解题 5-24 图示结构,并绘出 M 图。$E=$ 常数。

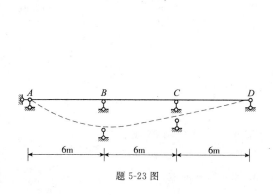

题 5-23 图

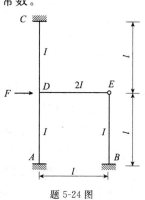

题 5-24 图

5-25 用位移法求解题 5-25 图示结构,并绘出 M 图。E=常数。

5-26 用位移法求解题 5-26 图示排架结构,并绘出 M 图。

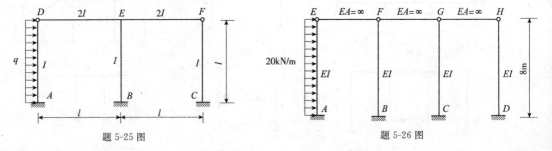

题 5-25 图　　　　　　　　　　题 5-26 图

5-27 用位移法求解题 5-27 图示结构,并绘出 M 图。E=常数。

5-28 题 5-28 图示刚架,支座 B 下沉 $\Delta_B=0.5$cm,E=常数。试用位移法求解并绘出 M 图。

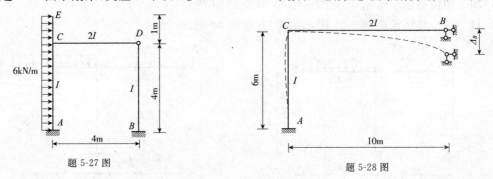

题 5-27 图　　　　　　　　　　题 5-28 图

5-29 刚架的温度变化如题 5-29 图所示,试用位移法求解并绘出 M 图。已知,杆件横截面为矩形截面,截面高度 $h=0.4$m,$EI=2\times10^4$kN·m²,线膨胀系数 $\alpha=10^{-5}$。

5-30 利用对称性,用位移法求解题 5-30 图示结构并绘出 M 图。

5-31 利用对称性,用位移法求解题 5-31 图示结构并绘出 M 图。E=常数。

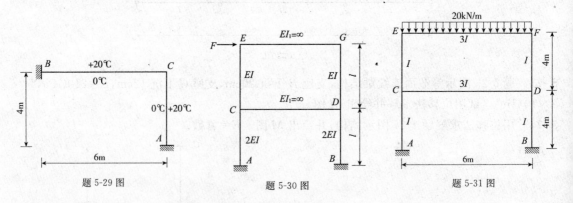

题 5-29 图　　　　　　题 5-30 图　　　　　　题 5-31 图

5-32 利用对称性,用位移法求解题 5-32 图示结构并绘出 M 图。EI=常数。

5-33 试用力矩分配法计算题 5-33 图示刚架,并绘制 M 图。

5-34 试用力矩分配法计算题 5-34 图示连续梁。

5-35 题 5-35 图示连续梁 EI=常数,试用力矩分配法计算并绘制 M 图。

5-36 用力矩分配法计算题 5-36 图示刚架,并绘 M 图。E=常数。

5-37 用力矩分配法计算题 5-37 图示刚架,并绘 M 图。E=常数。

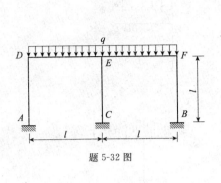

题 5-32 图

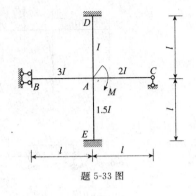

题 5-33 图

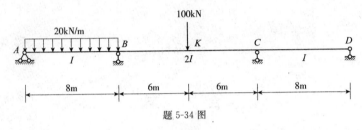

题 5-34 图

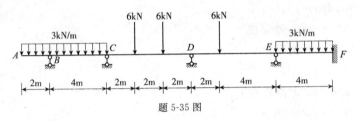

题 5-35 图

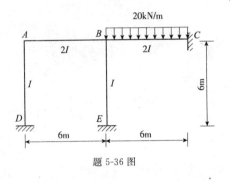

题 5-36 图

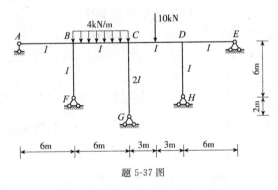

题 5-37 图

5-38 计算题 5-34 图中 K 点的竖向位移和截面 C 的转角。

5-39 试求题 5-6 图中 C 点的竖向位移和铰 C 左右两侧截面的相对转角。

5-40 求题 5-17 图中 C 点的角位移。

5-41 求题 5-18 图中 C 点的水平位移和 E 点的竖向位移。

5-42 试对题 5-2 图进行最后内力图的校核。

5-43 试对题 5-3 图进行最后内力图的校核。

5-44 试对题 5-4 图进行最后内力图的校核。

5-45 试问题 5-45 图示各结构的 M 图是否正确。

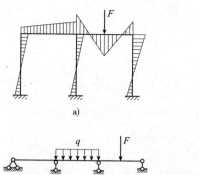

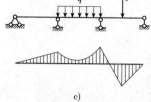

题 5-45 图

答　案

5-1　a)3;b)3;c)6;d)5;e)8;f)6

5-2　$M_{BA} = 15.6\text{kN} \cdot \text{m}$(上侧受拉)

5-3　$M_{CB} = 20\text{kN} \cdot \text{m}$(上侧受拉)

5-4　$M_{CA} = 4.60\text{kN} \cdot \text{m}$(左侧受拉)

5-5　$M_{DB} = 11.5\text{kN} \cdot \text{m}$(上侧受拉)

5-6　$M_{AD} = 7.92\text{kN} \cdot \text{m}$(左侧受拉)

5-7　$M_{DB} = 10\text{kN} \cdot \text{m}$(下侧受拉)

5-8　$M_{DC} = 7\text{kN} \cdot \text{m}$(上侧受拉)

5-9　$F_{NCD} = 0.442F$

5-10　$F_{NEF} = -60\text{kN}$

5-11　$M_{DB} = Fl/3$(下侧受拉),$M_{CE} = Fl/3$(上侧受拉)

5-12　$F_{NCD} = \dfrac{25}{1024}ql$, $M_B = \dfrac{487}{1024}ql^2$(上侧受拉)

5-13　$F_{NCD} = -11.25\text{kN}$

5-14　$M_{AC} = Fl/2$(上侧受拉)

5-15　$M_{AB} = ql^2/36$(外侧受拉),$M_{BA} = ql^2/9$(外侧受拉)

5-16　将荷载分成正对称与反对称两组荷载,正对称荷载作用下不产生弯矩(忽略轴向变形)。反对称荷载作用时,横梁跨中剪力为-5.93kN,此时的 M 图即为最后的 M 图

5-17　$M_{CB} = 536EI\alpha/l$

5-18　$M_{AC} = 102.6\text{kN} \cdot \text{m}$

5-19　a)2;b)4;c)9;d)11;e)2;f)3

5-20　$M_{ED} = 14.29\text{kN} \cdot \text{m}$

5-21　$M_{CA} = \dfrac{7}{96}ql^2$

5 -22　$M_B=175.2\text{kN}\cdot\text{m}(\text{上侧受拉}),M_D=58.9\text{kN}\cdot\text{m}(\text{上侧受拉})$

5 -23　$M_{BC}=50.4\text{kN}\cdot\text{m},M_{CB}=5.6\text{kN}\cdot\text{m}$

5 -24　$M_{AD}=-\dfrac{2}{9}Fl$

5 -25　$M_{BE}=-\dfrac{1}{8}ql^2$

5 -26　$M_{AE}=280\text{kN}\cdot\text{m}$

5 -27　$M_{CD}=18.79\text{kN}\cdot\text{m}$

5 -28　$M_{CB}=-47.37\text{kN}\cdot\text{m}$

5 -29　$M_{AB}=11.97\text{kN}\cdot\text{m}$

5 -30　$M_{GE}=Fl/4$

5 -31　$M_{CA}=-5.22\text{kN}\cdot\text{m}$

5 -32　$M_{AD}=ql^2/48$

5 -33　$M_{AB}=\dfrac{3}{19}M$

5 -34　$M_B=175.2\text{kN}\cdot\text{m}(\text{上侧受拉}),M_C=58.9\text{kN}\cdot\text{m}(\text{上侧受拉})$

5 -35　$M_{CD}=-6.27\text{kN}\cdot\text{m},M_{DC}=7.14\text{kN}\cdot\text{m}$

5 -36　$M_{CB}=72.9\text{kN}\cdot\text{m}$

5 -37　$M_{CB}=12.73\text{kN}\cdot\text{m}$

5 -38　$\Delta_{Ky}=\dfrac{747}{EI}(\downarrow),\varphi_C=\dfrac{157}{EI}(\text{逆时针方向})$

5 -39　$\Delta_{Cy}=\dfrac{2.53}{EI}(\uparrow),\varphi_C=\dfrac{1}{EI}(\text{下方角度增大})$

5 -40　$\varphi_C=\dfrac{120\alpha}{l}(\text{顺时针方向})$

5 -41　$\Delta_{Dy}=36.3\text{mm}$

5 -45　a)、b)不满足平衡条件,c)、d)不满足变形条件

第6章 影响线及其应用

6.1 影响线的概念

前面我们讨论的各类结构都是固定荷载作用下的内力计算,但实际结构经常受到移动荷载的作用。如桥梁承受火车、汽车和移动人群等荷载,厂房中的吊车梁承受移动的吊车荷载等。本章讨论结构在移动荷载作用下结构的内力计算问题。移动荷载与固定荷载的区别主要有两点:一是移动荷载对结构会产生动力作用,引起结构振动,这属于结构动力学问题,本章不予讨论;二是由于移动荷载位置的改变引起结构的支反力、内力和位移等发生变化,本章的主要目的就是要讨论这种变化规律。

由于移动荷载的类型很多,我们没有必要逐个地加以讨论,而只需抽出其中的共性进行典型分析。典型的移动荷载就是单位移动荷载 $F=1$,它是从各种移动荷载中抽出来的最简单、最基本的元素。只要把单位移动荷载作用下的内力变化规律分析清楚,那么,根据叠加原理,就可以顺利地解决各种移动荷载作用下的内力计算问题以及最不利荷载位置的确定问题。下面以简支梁承受竖向移动荷载为例,简述支反力随之变化的规律,从而引出影响线的概念。

如图 6-1a)所示,简支梁 AB 跨度为 l,受到单位移动荷载 F 作用,当 F 在 x 位置时,讨论支座反力 F_{RB} 的变化规律。

由 $\sum M_A = 0$,即 $Fx - F_{RB}l = 0(0 \leqslant x \leqslant l)$,得

$$F_{RB} = \frac{x}{l}F$$

将 $F=1$ 代入,得

$$F_{RB} = \frac{x}{l}$$

当 F 在 AB 梁上移动时,则 F_{RB} 将随着 F 的移动而变化,该式反映了 F_{RB} 随 $F=1$ 移动而变化的规律,即 F_{RB} 是 x 的函数。这个函数的图形便叫做 F_{RB} 的影响线。由于上式是一次式,故 F_{RB} 的影响线是直线。由两个点 $x=0$,$F_{RB}=0$ 及 $x=l$,$F_{RB}=1$ 连成直线,便得出 F_{RB} 的影响线,如图 6-1b)所示。因此,得到影响线的定义为:当一个竖向单位荷载沿结构移动时,表示某一指定量值变化规律的图形,称为该量值的影响线,对应的方程称为影响线方程。

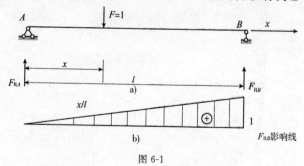

图 6-1

6.2 静力法作单跨静定梁的影响线

绘制静定结构内力和支座反力影响线的方法分为静力法和机动法。静力法是以荷载的作用位置 x 为变量，通过建立平衡方程，找出内力或支座反力与位置 x 的关系，从而作出影响线。机动法在下一节讨论。

6.2.1 简支梁的影响线

1）反力影响线

设有如图 6-2a)所示简支梁，下面用静力法来求支反力 F_{RA} 的影响线。移动荷载 $F=1$ 位于距原点 A 的距离为 x，设反力以向上为正。由 $\sum M_B = 0$，即 $Fx - F_{RA}l = 0(0 \leqslant x \leqslant l)$ 得

$$F_{RA} = \frac{l-x}{l}$$

这就是 F_{RA} 的影响线方程，它是一条直线，由两点竖标即可定出该直线。

$$\begin{cases} x=0, F_{RA}=1 \\ x=l, F_{RA}=0 \end{cases}$$

由此绘得 F_{RA} 的影响线，如图 6-2b)所示。简支梁 F_{RB} 的影响线已在上一节中讨论过(图 6-1)。

2）剪力影响线

要绘制截面 C[图 6-2a)]的剪力 F_{SC} 影响线，可设单位荷载 $F=1$ 在 AC 段上移动，取截面 C 以右部分为隔离体，由 $\sum F_y = 0$，得

$$F_{SC} = -F_{RB}(0 \leqslant x \leqslant a)$$

因此，在 AC 段上，只需把 F_{RB} 影响线反号，即得 F_{SC} 影响线的 AC 段，如图 6-2c)所示。

同理，当 $F=1$ 在 CB 段上移动，取截面 C 以左部分为隔离体，由 $\sum F_y = 0$，得

$$F_{SC} = F_{RA}(a < x \leqslant l)$$

因此，在 BC 段上，只需截取 F_{RA} 影响线 CB 部分，即得 F_{SC} 影响线的 CB 段，如图 6-2c)所示。

3）弯矩影响线

要绘制截面 C 的弯矩 M_C 影响线，可设单位荷载 $F=1$ 在 AC 段上移动，取截面 C 以右部分为隔离体，得

$$M_C = F_{RB}b(0 \leqslant x \leqslant a)$$

因此，在 AC 段上，只需把 F_{RB} 影响线的竖标乘以 b，截取其中的 AC 段，就得到 M_C 在 AC 段的影响线，如图 6-2d)所示。C 点的竖标为 $\frac{ab}{l}$。同理，当 $F=1$ 在 CB 段上移动，取截面 C 以左部分为隔离体，得

$$M_C = F_{RA}a(a < x \leqslant l)$$

因此，在 BC 段上，只需把 F_{RA} 影响线的竖标乘以 a，截取其中的 CB 段，就得到 M_C

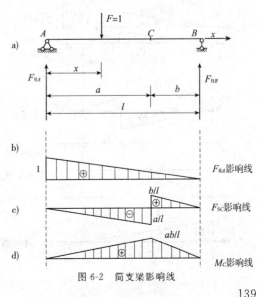

图 6-2 简支梁影响线

在 BC 段的影响线,如图 6-2d)所示。C 点的竖标仍为 $\frac{ab}{l}$。

6.2.2 伸臂梁的影响线

1)反力影响线

如图 6-3a)所示,仍取 A 点为原点,向右为 x 正向,由平衡条件即可求得两支座反力 F_{RA}、F_{RB} 的影响线方程为

$$F_{RA} = \frac{l-x}{l},\ F_{RB} = \frac{x}{l}$$

当 $F=1$ 位于 DA 段时,x 应取负值,影响线方程仍然不变。故伸臂梁部分反力影响线只需将简支梁相应的影响线向伸臂梁端延伸即可,如图 6-3b)、c)所示。

2)跨内部分截面内力影响线

如图 6-3a)所示,弯矩 M_C 和剪力 F_{SC} 的影响线的绘制仍采用简支梁弯矩与剪力影响线绘制的方法,荷载 $F=1$ 在 DC 段上,取 CE 段为隔离体,建立平衡方程得

$$M_C = F_{RB}b,\ F_{SC} = -F_{RB}$$

荷载 $F=1$ 在 CE 段上,取 DC 段为隔离体,同理可得

$$M_C = F_{RA} \cdot a,\ F_{SC} = F_{RA}$$

由此可知,伸臂梁内弯矩 M_C 与剪力 F_{SC} 的影响线只需将简支梁上相应截面的弯矩和剪力影响线向两边外伸臂梁端延伸即可,如图 6-3d)、e)所示。

3)伸臂部分截面内力影响线

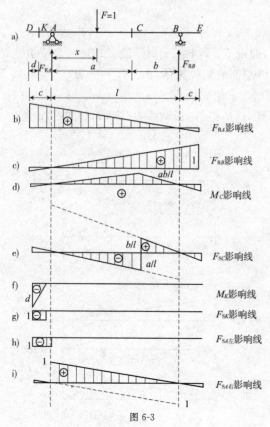

图 6-3

如图 6-3a)所示,截面 K 为伸臂部分上任一指定截面,欲绘制弯矩 M_K 和剪力 F_{SK} 的影响线,可取 K 为坐标原点,x 轴向右为正,当 $F=1$ 在 KE 段移动时,取截面 K 左边部分为隔离体,由平衡条件可得 $M_K = 0$,$F_{SK} = 0$;当 $F=1$ 在 DK 段移动时,取截面 K 左边部分为隔离体,平衡条件可得 $M_K = x$,$F_{SK} = -1$。由此可绘得弯矩 M_K 与剪力 F_{SK} 的影响线如图 6-3f)、g)所示。对于支座处截面的剪力影响线,需分别就支座左、右侧分别讨论,以支座 A 为例,A 左侧截面的剪力 $F_{SA左}$ 的影响线,可由伸臂部分剪力影响线绘制方法绘得。如 F_{SK} 的影响线,当 K 截面趋于截面 A 时,即为 $F_{SA左}$ 的影响线,如图 6-3h)所示;A 右侧截面的剪力 $F_{SA右}$ 的影响线,可由跨中截面剪力影响线绘制方法绘得。如 F_{SC} 的影响线,当 C 截面趋于截面 A 时,即为 $F_{SA右}$ 的影响线,如图 6-3i)所示。

需要指出的是,对于静定结构,其反力

与内力的影响线方程都是 x 的一次函数,故静定结构的反力和内力影响线都是由直线段所组成。

6.2.3 间接荷载作用下的影响线

如图 6-4a)所示为一桥梁结构承载示意图,荷载直接作用在纵梁上,不论纵梁受何种荷载,主梁只在结点处承受集中力,因此,主梁承受的是结点荷载。此时,由于主梁只承受结点荷载,所以

(1)支反力 F_{RA} 和 F_{RB} 与简支梁支反力影响线相同;

(2)结点处弯矩的影响线与简支梁相同。

非结点如 D,其影响线为非结点弯矩影响线 M_D,绘制方法如下:

(1)假设移动单位荷载直接作用在主梁 AB 上,则 M_D 的影响线为一三角形,顶点坐标为:

$$\frac{ab}{l} = \frac{\frac{3}{2}d \times \frac{5}{2}d}{4d} = \frac{15}{16}d$$

(2)按比例计算出 C、E 两点的竖距:

$$y_C = \frac{15}{16}d \times \frac{2}{3} = \frac{5}{8}d$$

$$y_E = \frac{15}{16}d \times \frac{4}{5} = \frac{3}{4}d$$

(3)将 C、D 两点的竖距连一直线,即得到结点荷载作用下的 M_D 影响线[图 6-4b)]。

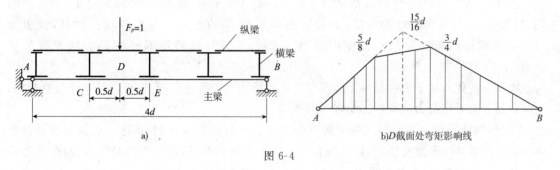

图 6-4

6.3 机动法作单跨静定梁的影响线

利用虚位移原理作影响线的方法叫做机动法。下面以图 6-5a)所示简支梁为例,来说明用机动法作影响线的方法。先求反力 F_{RB} 影响线,首先去掉与它相应的约束,即 B 处的支座链杆,而以正向的 F_{RB} 反力代替,如图 6-5b)所示。此时原结构变成具有一个自由度的几何可变体系。然后给此体系一个符合约束条件的微小虚位移,以 δ_B 和 δ_F 分别表示 F_{RB} 和 F 的作用点沿力作用方向上的虚位移。由于体系在力 F_{RB}、F 和 F_{RA} 的共同作用下处于平衡,故它们所作的虚功总和应为零,虚功方程为

$$F_{RB}\delta_B + F\delta_F = 0$$

因 $F = 1$,故得

$$F_{RB} = -\delta_F / \delta_B$$

式中，δ_B 为力 F_{RB} 的作用点沿其方向的位移，在给定虚位移情况下，它是一个常数；δ_F 则为荷载 $F=1$ 的作用点沿其方向的位移，由于 $F=1$ 是移动的，因而 δ_F 就是荷载沿着移动的各点的竖向虚位移图。

由此可见，将位移图 δ_F 的竖标除以常数 δ_B 并反号，就得到 F_{RB} 的影响线。为了方便起见，可令 $\delta_B=1$，则上式成为 $F_{RB}=-\delta_F$，也就是此时的虚位移图 δ_F 便代表 F_{RB} 的影响线，如图 6-5c)所示，只不过符号相反。但应注意到 δ_F 与力 F 方向一致为正，即以向下为正，因而可知：当 δ_F 向下时，F_{RB} 为负；当 δ_F 向上时，F_{RB} 为正。这恰好与影响线正值的竖标应绘制在基线的上方相一致。

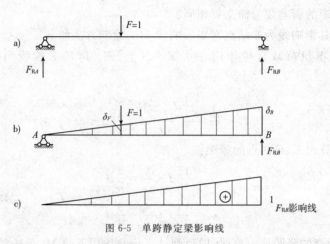

图 6-5 单跨静定梁影响线

由此得到用机动法绘制某截面某量值影响线的方法：欲作某截面某量值 X 的影响线，只需将与 X 相应的约束去掉，并使所得体系沿 X 的正方向发生单位虚位移，则由此得到的荷载作用点的竖向位移图即代表 X 的影响线。这种作影响线的方法便称为机动法。

机动法的优点在于不必经具体计算就能迅速绘出影响线的轮廓，这对设计工作很有帮助，同时亦便于对采用静力法所作影响线进行校核。

下面再以图 6-6a)所示简支梁截面 C 的弯矩和剪力影响线为例，来进一步说明机动法的应用。作弯矩 M_C 的影响线时，首先去掉与 M_C 相应的约束，即将截面 C 处改为铰接，并加一对力偶 M_C 代替原有约束的作用。然后，使 AC、BC 两刚片沿 M_C 的正方向发生虚位移 [图 6-6b)]，并写出虚功方程：

$$M_C(\alpha+\beta)+F\delta_F = 0$$

即

$$M_C = -\delta_F/(\alpha+\beta)$$

式中，$\alpha+\beta$ 是 AC 与 BC 两刚片的相对转角。

若令

$$\alpha+\beta=1,\text{则}$$
$$M_C = -\delta_F$$

故当去掉 C 截面的弯矩，控制约束并使其相邻截面发生单位相对角位移时，梁的虚位移图即为 M_C 的影响线，如图 6-6c)所示。

若作剪力 F_{SC} 的影响线，则应去掉与 F_{SC} 相应的联系，即将截面 C 处改为用两根水平链杆相联,这样,此处便不能抵抗剪力,但仍能承受弯矩和轴力,同时加上一对正向剪力 F_{SC} 代替原结构的约束,如图 6-6d)所示。然后,使此体系沿 F_{SC} 正向发生约束条件允许的单位虚位移,由于 AC 与 CB 两刚片是用两根平行链杆相联,它们之间只能作相对的平行移动,故在其虚位移图中 AC_1 和 BC_2 也应为平行直线,由虚位移原理有

$$F_{SC}(CC_1 + CC_2) + F\delta_F = 0$$

由于 $CC_1 = a/l, CC_2 = b/l, F = 1$,故 $F_{SC} = -\delta_F$,则所得虚位移图即为 F_{SC} 的影响线,如图 6-6e)所示。

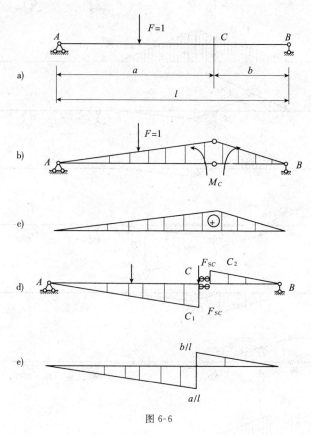

图 6-6

6.4 多跨静定梁的影响线

对于多跨静定梁,只需分清它的基本部分和附属部分及这些部分之间的传力关系,再利用单跨静定梁的已知影响线,则多跨静定梁的影响线即可顺利绘出。具体做法如下:

(1)当 $F = 1$ 在量值本身所在的梁段上移动时,量值的影响线与相应单跨静定梁的相当。

(2)当 $F = 1$ 在对于量值所在部分来说是基本部分的梁段上移动时,量值影响线的竖标为零。

(3)当 $F = 1$ 在对于量值所在部分来说是附属部分的梁段上移动时,量值影响线为直线,根据铰处竖标为已知和在支座处竖标为零,即可将其绘出。

例:绘制如图 6-7 所示各内力 F_{RC}、M_1、F_{S2} 和 F_{SA} 的影响线。

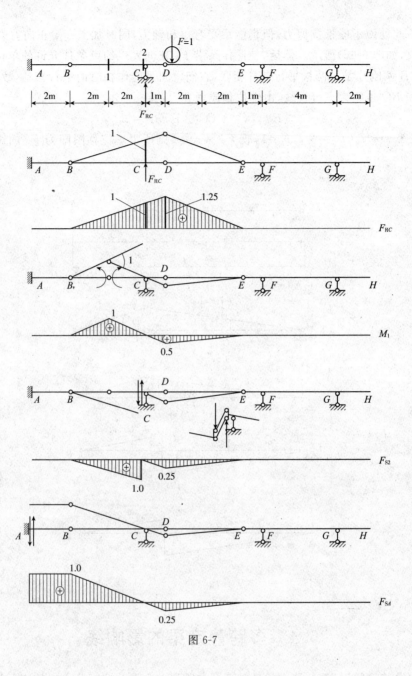

图 6-7

6.5 静力法作桁架的影响线

图 6-8a)为一桁架结构,下面主要分析上弦杆、下弦杆、竖杆、斜杆轴力的影响线。

1)上弦杆 bc 的轴力影响线

欲求 bc 杆的轴力,作截面 $m\text{-}m$,以 C 点为矩心,列平衡方程即求得。

如单位荷载在 C 的右侧,取截面 $m\text{-}m$ 的左侧为隔离体,得

$$F_{RA} \times 2d + F_{Nbc}h = 0$$

$$F_{Nbc} = -\frac{2d}{h}F_{RA}$$

如单位荷载在 C 的左侧，取截面 $m\text{-}m$ 的右侧为隔离体，得

$$F_{RG} \times 4d + F_{N bc}h = 0$$

$$F_{N bc} = -\frac{4d}{h}F_{RG}$$

利用支反力的影响线为直线的性质，得到 bc 杆轴力的影响线，其特点是一三角形，如图 6-8c)所示。

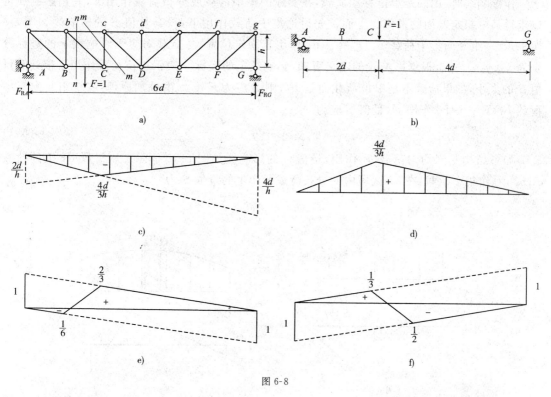

图 6-8

2) 下弦杆 CD 的轴力影响线

取截面 $m\text{-}m$ 左、右侧为隔离体，利用水平方向的平衡条件，即可得到下弦杆 CD 轴力的影响线，如图 6-8d)所示。

通过以上分析，可知上弦杆、下弦杆轴力的影响线均为三角形状，顶点的竖标可表示为

$$F_{N bc} = -\frac{M_C^0}{h}$$

M_C^0 为相应简支梁[图 6-8b)]结点 C 的弯矩。

3) 斜杆 bC 轴力的竖向分力影响线

研究截面 $n\text{-}n$，应按三段进行考虑，按静力平衡条件在竖直方向的平衡，即可得到

$$F_{ybC} = F_{RA}，单位荷载在 C 点的右侧$$

$$F_{ybC} = -F_{RG}，单位荷载在 B 点的左侧$$

$$F_{ybC} = F_{QBC}^0，单位荷载在 B、C 之间，影响线为直线$$

于是得到斜杆 bC 轴力的影响线，如图 6-8e)所示。

4) 竖杆 cC 的轴力影响线

利用截面 $m\text{-}m$ 及投影关系，结合相应梁节间的剪力可得轴力影响线，如图 6-8f)所示。

145

6.6 影响线的应用

6.6.1 利用影响线求量值

作影响线时,用的是单位移动荷载,在实际的集中荷载或分布荷载作用下,利用影响线可以求得某一指定截面的量值。下面首先讨论集中荷载作用下,设某量值 S 的影响线如图 6-9 所示,有一组竖向集中荷载 F_1、F_2……F_n 作用于固定位置,各荷载对应于影响线上的竖标分别为 y_1、y_2……y_n,根据影响线的定义可知,影响线上的竖标 y 表示单位荷载作用于该处时量值 S 的大小,如果荷载不是单位荷载而是 F_1,则 S 应为 $F_1 y_1$。由叠加原理,在一组竖向集中荷载 F_1、F_2……F_n 作用下,量值 S 应为

$$S = F_1 y_1 + F_2 y_2 + \cdots + F_n y_n = \sum F_i y_i \tag{6-1}$$

如果结构受到均匀荷载 q_x 作用,量值 S 的影响线如图 6-10 所示。则微段 $\mathrm{d}x$ 上的荷载 $q\mathrm{d}x$ 可看作集中荷载,在 ab 区段内的分布荷载所产生的量值 S 为

$$S = \int_a^b q_x y \mathrm{d}x \tag{6-2}$$

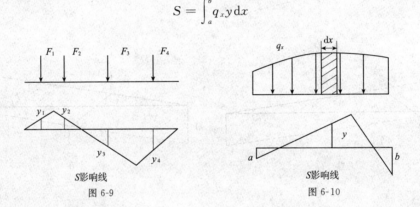

S影响线
图 6-9

S影响线
图 6-10

如果 q_x 为均布荷载 q,则上式为

$$S = q \int_a^b y \mathrm{d}x = q\omega \tag{6-3}$$

式中,ω 表示影响线为均布荷载范围 ab 内所围的面积。如果在此范围内影响线有正、负,那么面积 ω 应为正负面积的代数和。

【例 6-1】利用影响线计算图 6-11a)所示简支梁在图示荷载作用下截面 C 的弯矩和剪力。

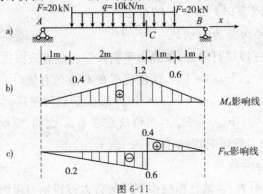

图 6-11

146

解：

首先绘出截面 C 的弯矩和剪力影响线，如图 6-11b)、c)所示。并分别算出集中荷载作用处的竖标及均布荷载所围成的面积，再按式(6-1)与式(6-3)计算即可。

$$M_C = 20 \times 0.4 + 20 \times 0.6 + 10 \times (1.6 + 0.9) = 45(\text{kN} \cdot \text{m})$$

$$F_{SC} = 20 \times (-0.2) + 20 \times 0.2 + 10 \times (-0.8) + 10 \times 0.3 = -5(\text{kN})$$

6.6.2 最不利荷载位置

在移动荷载作用下，结构上的各种量值都会随荷载的移动而变化，在这些变化的数值中，必然存在着最大值和最小值，使量值发生最大值或最小值的荷载位置就是最不利荷载位置。影响线的一个重要作用，就是用来确定荷载最不利位置。下面讨论如何利用影响线来确定最不利荷载位置。

当荷载的情况比较简单时，如单个集中荷载作用，其最不利荷载位置凭直观即可确定。当 F 置于 S 影响线的最大竖标处即得到 $S_{\max}$；若处于最小竖标处则得到 $S_{\min}$，如图 6-12 所示。通常情况下，对于单个移动的集中荷载 F，当荷载 F 位于影响线的最大竖标 y 顶点处时，就可以说结构处于最不利荷载位置，对应的量值为 $F \cdot y$。

对于可以任意断续布置的移动均匀荷载（如人群、货物等），由式(6-3) $S = q\omega$ 知，当荷载布满影响线所有正面积部分时，量值 S 将达到最大值；当荷载布满影响线所有负面积部分时，量值 S 将达到最小值，如图 6-13 所示。

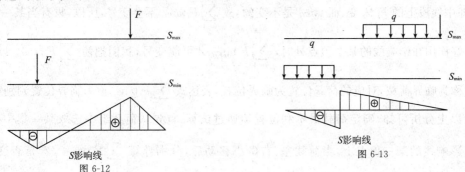

图 6-12

图 6-13

对于一组间距不变的移动集中荷载，如汽车车队，最不利荷载位置的确定可根据定义来定。下面以图 6-14 所示影响线为例说明。图中影响线各直线段的倾角为 α_1、α_2、α_3，倾角以逆时针为正，图中 3 线段上均受到一组集中荷载作用，各线段上集中荷载的合力分别为 F_1、F_2、F_3，各合力对应的影响线竖标为 y_1、y_2、y_3，测量值 S 为

$$S = F_1 y_1 + F_2 y_2 + F_3 y_3$$

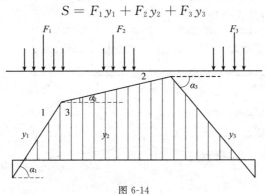

图 6-14

设荷载发生一位移 Δx，则量值 S 将发生一增量 ΔS，同样，y_1、y_2、y_3 也会产生相应的增量 Δy_1、Δy_2、Δy_3，且有

$$S + \Delta S = F_1(y_1 + \Delta y_1) + F_2(y_2 + \Delta y_2) + F_3(y_3 + \Delta y_3)$$

其中 S 的增量 ΔS 可表示为

$$\Delta S = F_1\Delta y_1 + F_2\Delta y_2 + F_3\Delta y_3 = \sum_{i=1}^{3} F_i\Delta y_i = \Delta x \sum_{i=1}^{3} F_i\tan\alpha_i$$

当 F_1、F_2、F_3 处于最不利位置时，若 S 为极大值，不论荷载组左移还是右移，均有 $\Delta S \leqslant 0$，即 $\Delta x \sum_{i=1}^{3} F_i\tan\alpha_i < 0$。荷载组右移，即 $\Delta x > 0$，即 $\sum_{i=1}^{3} F_i\tan\alpha_i \leqslant 0$；荷载组左移，$\Delta x < 0$，即 $\sum_{i=1}^{3} F_i\tan\alpha_i \geqslant 0$。若 S 为极小值，不论荷载组左移还是右移，均有 $\Delta S \geqslant 0$，荷载组右移，即 $\Delta x > 0$，则 $\sum_{i=1}^{3} F_i\tan\alpha_i \geqslant 0$；荷载组左移，$\Delta x < 0$，则 $\sum_{i=1}^{3} F_i\tan\alpha_i \leqslant 0$。不论 S 取极大值还是极小值，由以上讨论可知：荷载组左移或右移所得 $\sum_{i=1}^{3} F_i\tan\alpha_i$ 改变符号是量值 S 取极值的必要条件。以上分析是以 3 个荷载组合力为对象得到的结论，显然对于 n 个荷载组也同样适用。

什么情况 $\sum_{i=1}^{n} F_i\tan\alpha_i$ 才可能变号？荷载组移动后，如各荷载均还在各自原来的影响线直线段上，即中线段上的 F_i 未变，而 $\tan\alpha_i$ 是不变的，故 $\sum_{i=1}^{n} F_i\tan\alpha_i$ 不会变号，所以，只有当某一个集中荷载正好作用在影响线的某个顶点处时，$\sum_{i=1}^{n} F_i\tan\alpha_i$ 才可能变号，我们把使 $\sum_{i=1}^{n} F_i\tan\alpha_i$ 变号的集中荷载称为临界荷载，对应的荷载位置为临界位置，表达式 $\sum_{i=1}^{n} F_i\tan\alpha_i$ 称为临界位置判别式。

从以上分析可知，确定荷载最不利位置须通过试算，首先从荷载组中选取某一集中荷载使它位于影响线的某一顶点上，当荷载左、右微小移动后，分别计算 $\sum_{i=1}^{n} F_i\tan\alpha_i$，看是否变号（或由零变为非零），若变号，则此荷载即为临界荷载，此荷载位置，即为临界位置；否则，另选荷载，再按以上方法直到找出所有的临界荷载。一般情况下，临界位置可能不止一个，这就需要对每个临界荷载进行计算，求出它们对应的量值 S，从中选取最大（最小）值，而其对应的荷载位置即为最不利荷载位置。

【例 6-2】设有一跨度为 12m 的简支吊车梁，同时承受两台吊车轮压作用，如图 6-15a）所示，试计算跨中截面 C 的最大弯矩。

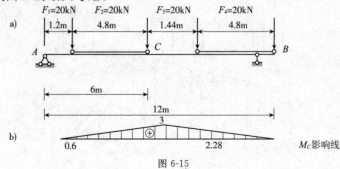

图 6-15

解:

绘出 M_C 影响线如图 6-15b)所示；按判别式判别临界荷载；设 F_2 为临界荷载，将其置于影响线的顶点 C，验算 $\sum\limits_{i=1}^{n} F_i \tan\alpha_i$ 。

$$\tan\alpha_1 = 0.5, \tan\alpha_2 = -0.5$$

左移：$F_1 = 20 + 20 = 40(\text{kN}), F_2 = 20 + 20 = 40(\text{kN})$

$$\sum_{i=1}^{n} F_i \tan\alpha_i = 0$$

右移：$F_1 = 20(\text{kN}), F_2 = 20 + 20 + 20 = 60(\text{kN})$

$$\sum_{i=1}^{n} F_i \tan\alpha_i = 10 - 30 = -20(\text{kN})$$

由此可知，F_2 为临界荷载。

据此求　　$M_{C\max} = 20 \times (0.6 + 3 + 2.28) = 117.6(\text{kN} \cdot \text{m})$

6.7　简支梁的绝对最大弯矩和包络图

6.7.1　简支梁的绝对最大弯矩

在移动荷载的作用下，用前面所介绍的方法可以求出简支梁上任一指定截面的最大弯矩，在梁的所有各截面的最大弯矩中，又有一个最大的，我们把各截面最大弯矩中的最大值称为绝对最大弯矩。要求绝对最大弯矩先要知道产生绝对最大弯矩的截面位置，其次要知道此截面的最不利荷载位置。

下面以图 6-16 所示简支梁为例说明绝对最大弯矩的求解。由前述已知，简支梁在一组移动荷载作用下，某截面的最大弯矩发生在某一集中荷载作用处，由此可以判定，绝对最大弯矩必定发生在某一集中荷载作用点处的截面上。为此可以先假定某个荷载为临界荷载，研究它在作用点下的截面弯矩最大，这样将各个荷载分别作为临界荷载，求出其相应的最大弯矩进行比较，即可求出绝对最大弯矩值。

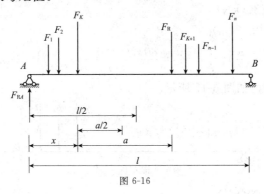

图 6-16

设以 F_K 作为临界荷载，F_K 到支座 A 的距离为 x，梁上所有荷载的合力为 F_R，F_R 与 F_K 之间的距离为 a。由 $\sum M_B = 0$ 得

$$F_{RA} = \frac{F_R}{l}(l - x - a)$$

149

F_K 作用点的弯矩 M_x 为

$$M_x = \frac{F_R}{l}(l-x-a)x - M_K$$

式中，M_K 代表 F_K 左面的荷载对 F_K 作用点的力矩之和，其值为常数。

要 M_x 取极植，则

$$\frac{\mathrm{d}M_x}{\mathrm{d}x} = 0$$

从而得 $\frac{F_R}{l}(l-2x-a)=0$，即 $x=\frac{l}{2}-\frac{a}{2}$。

此式说明：F_K 作用点的弯矩为最大时，梁的中线正好平分 F_K 与 F_R 之间的距离。此时最大弯矩值为

$$M_{\max} = F_R\left(\frac{l}{2}-\frac{a}{2}\right)^2 \frac{2}{l} - M_K$$

按照以上方法计算求解绝对最大弯矩时，由于荷载 F_K 选取的任意性，原则上应求出各个荷载作用下的最大弯矩，然后加以比较，才能得出最大弯矩。但经验证明：使梁的中点发生最大弯矩的临界荷载也就是发生最大弯矩的临界荷载。由此得求绝对最大弯矩的步骤如下：

(1)先求出使梁跨中发生最大弯矩的临界荷载 F_K；

(2)计算出 F_K 与梁上全部荷载的合力 F_R 之间的距离，移动荷载组，使 F_K 与梁上全部荷载的合力 F_R 对称于梁的中点；

(3)计算此时 F_K 所在截面的弯矩，此弯矩即为绝对最大弯矩。

值得注意的是，梁上合力 F_R 是指梁上实际荷载的合力，移动 F_K 后，梁上实际荷载的个数可能有增减，这时需重新计算合力 F_R 的数值和位置。

【例 6-3】试求图 6-15 所示简支吊车梁的绝对最大弯矩。

解：

据前例，可知绝对最大弯矩将发生在荷载 F_2 或 F_3 作用点的截面上。由于 $F_1=F_2=F_3=F_4$，荷载又完全对称，在荷载 F_2 或 F_3 作用点的截面上的绝对最大弯矩应相等。下面计算 F_2 作用点位置下绝对最大弯矩。

梁上有四个荷载时：

合力　$F_R=20\times4=80(\mathrm{kN})$

$a=1.44/2=0.72(\mathrm{m})$

$$M_{\max}=F_R\left(\frac{l}{2}-\frac{a}{2}\right)^2\frac{1}{l}-M_K=\frac{80\times(6-0.36)^2}{6}-96=328.128(\mathrm{kN\cdot m})$$

梁上只有三个荷载时，如图 6-17 所示。

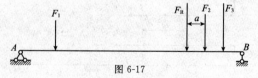

图 6-17

合力　$F_R=20\times3=60(\mathrm{kN})$

以 F_2 作用点处为矩心，$F_R\cdot a=20\times4.8-20\times1.44$，得 $a=1.12(\mathrm{m})$。

$$M_{\max}=F_R\left(\frac{l}{2}-\frac{a}{2}\right)^2\frac{1}{l}-M_K=60\times\frac{6.56^2}{6}-20\times1.44=401.536(\mathrm{kN\cdot m})$$

故该吊车梁的绝对最大弯矩为梁上只有三个荷载时的值 401.536kN·m。

6.7.2 简支梁的包络图

在结构设计中,通常需要确定各截面内力的极值,连接各截面内力的最大、最小值的曲线称为内力包络图。包络图是结构设计的主要依据,在吊车梁、楼盖的连续梁和桥梁设计中应用广泛。下面以简支梁受单个集中荷载 F 作用为例说明包络图的绘制。

先讨论弯矩包络图的绘制,如图 6-18a)所示,单个集中荷载在梁上移动时,截面 C 的弯矩影响线如图 6-18b)所示,显然,当荷载正好作用于 C 时,M_C 为最大值:$M_C = \dfrac{ab}{l}F$。由此,当荷载由 A 向 B 移动时,只要逐个算出荷载作用点处的截面弯矩,即可得到该荷载作用下的弯矩包络图。将简支梁分成 10 等分,利用各截面的弯矩影响线便可计算出对应截面的最大弯矩值。例如,在截面 3 处,$a = 0.3l$,$b = 0.7l$,$(M_3)_{\max} = 0.21Fl$。

逐点算出的最大弯矩值并标注于图中,连接各点即得弯矩包络图如图 6-18c)所示。

对于剪力包络图,由于每一截面在集中力 F 的左、右有两个剪力值,因此剪力包络图应由两条曲线组成,如图 6-18d)、e)所示。

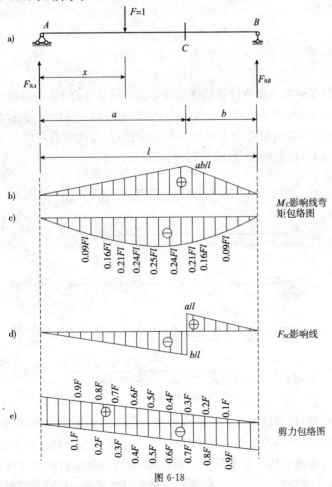

图 6-18

由以上分析,即可得内力包络图绘制的一般步骤:

(1)把梁划分为若干等分(一般为 10 等分),对每一等分截面,计算其内力(弯矩和剪力)的最大值和最小值;

（2）对于弯矩包络图,还需计算绝对最大弯矩的截面位置和数值,工程设计中如取跨中最大弯矩作为绝对最大弯矩时,则不必做这一步计算;

（3）以截面法线为横坐标,截面切线为纵坐标,纵坐标表示各对应截面的内力大小,连接各纵坐标顶点,得到一曲线,该曲线即为对应的内力包络图。

6.8 连续梁的影响线与包络图

6.8.1 连续梁的影响线

连续梁属于超静定结构,超静定结构反力或内力影响线的做法与静定结构影响线反力或内力做法类似,也有静力法与机动法。由于工程结构通常只要求知道影响线的轮廓,而不必求出其影响线的具体数值,因而可用机动法绘制,本节仅讨论如何用机动法来绘制连续梁的影响线。

如图 6-19a)所示,求反力 F_{RD} 及截面 1 的内力(弯矩与剪力)的影响线。先以支反力 F_{RD} 为例说明:首先去掉支座 D 的约束,代之以反力 F_{RD},如图 6-19b)所示,然后使 D 支座处产生一单位虚位移,根据虚功原理有

$$F_{RD} \times \delta_D + F \times \delta_F = 0$$

令 $F=1, \delta_D=1$,则

$$F_{RD} = -\delta_F$$

此式说明,使 D 支座发生单位位移的弹性变形曲线就是反力 F_{RD} 的影响线如图 6-19c)所示。

求跨中弯矩 M_1 及剪力 F_{S1} 的影响线与反力 F_{RD} 影响线的做法相似,去掉相应的约束,代以相应的约束力,然后使结构沿约束力的方向发生单位虚位移,得到各自对应的弹性形变曲线,从而得到弯矩 M_1 及剪力 F_{S1} 的影响线,如图 6-19d)、e)所示。

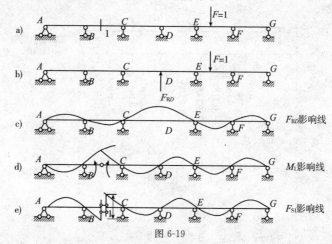

图 6-19

从以上的分析可知,机动法绘制连续梁内力影响线形状十分方便,如果要求影响线的所有竖标的数值,则可用前面学过的力法逐一计算,但计算比较繁,此处从略。从所绘的影响线来看,连续梁的影响线一般为曲线形状。对于某量值而言,影响线的竖标值随离开该量值所在截面的距离而逐渐衰减,而且衰减很快,它说明距量值所在截面距离较远的荷载对该量值的影响很小。

6.8.2 连续梁的内力包络图

设计连续梁时,可选取一定量的截面,逐个作出各截面的内力影响线,然后利用影响线计算

在恒载和活载共同作用下各截面的最大、最小内力，最后绘出内力包络图。下面以三跨等截面连续梁为例说明内力包络图的做法，设均布恒载为 q，均布活载为 F，如图 6-20a)所示。

对于弯矩包络图，先用力法作出在恒载 q 作用下的弯矩图，如图 6-20b)所示。再用相同的方法求出各跨在独自活荷载 F 作用下梁中各截面的弯矩值，从而得到图 6-20c)～e)所示活荷载 F 下的弯矩图。然后将图 6-20b)中恒载各截面的弯矩值与图 6-20c)～e)活载弯矩图的各正、负竖标的较大值相加，即得各截面的最大和最小弯矩。再用光滑曲线连接各竖标，即得弯矩包络图，如图 6-20f)所示。

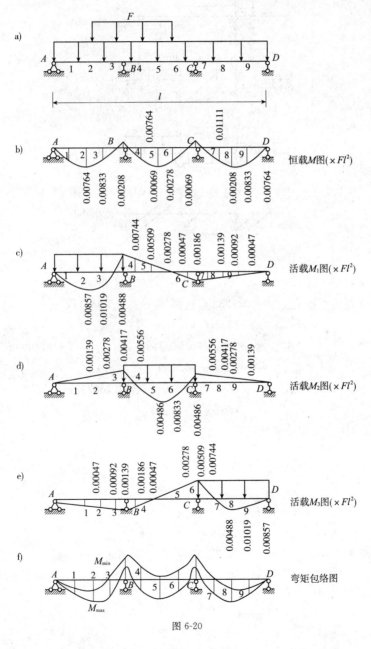

图 6-20

其中

$$M_{B\max}=M_{C\max}=-0.0111ql^2+0.00186Fl^2$$

$$M_{Bmin} = M_{Cmin} = -0.0111ql^2 - (0.00764 + 0.00556)Fl^2$$

类似于弯矩包络图的绘制,可以绘出剪力包络图,如图 6-21 所示。

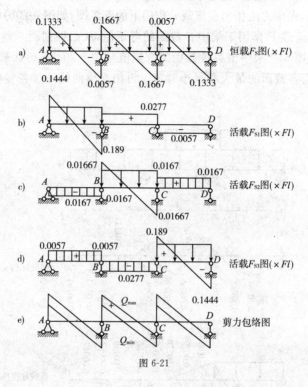

图 6-21

其中

$$F_{SAmax} = 0.1333ql + (0.1444 + 0.0057)Fl$$

$$F_{SAmin} = 0.1333ql - 0.0167Fl$$

$$F_{SBmax}^{左} = -0.2ql + 0.0057Fl$$

$$F_{SBmin}^{左} = -0.2ql - (0.189 + 0.0167)Fl$$

$$F_{SBmax}^{右} = 0.1667ql + (0.0277 + 0.1667)Fl$$

$$F_{SBmin}^{右} = 0.1667ql - 0.0277Fl$$

其余剪力以中线为对称轴成反对称。

习　　题

6-1　试作题 6-1 图示悬臂梁支座 A 的反力 X_A、Y_A、M_A 和截面 B 的内力 F_{SB} 和 M_B 影响线。

6-2　试作题 6-2 图示斜梁反力 Y_A、截面 C 内力 F_{SC} 和 M_C 影响线。

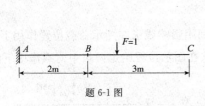

题 6-1 图

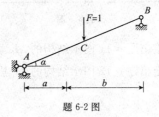

题 6-2 图

6-3　试作题 6-3 图示静定多跨梁反力 X_A、Y_A、M_A 影响线。

6-4　作题 6-4 图示梁 C 截面内力 $F_{SC左}$ 和 M_C 影响线。

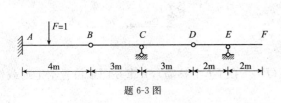

题 6-3 图

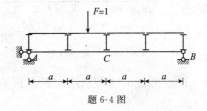

题 6-4 图

6-5　作题 6-5 图示静定多跨梁 F_{SG} 和 M_G 影响线。

6-6　作题 6-6 图示桁架指定杆轴力 N_1、N_2 影响线（$F=1$ 在 AE 段移动）。

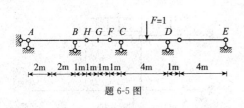

题 6-5 图

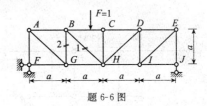

题 6-6 图

6-7　作题 6-7 图示桁架指定杆轴力 N_1 影响线（$\alpha = 60°$）。

6-8　作题 6-8 图示结构支座 B 的反力 Y_B 和截面 C 的内力 M_C 影响线（$F=1$ 在 AB 上移动）。

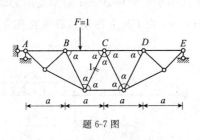

题 6-7 图

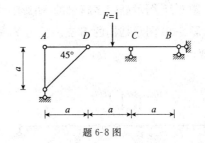

题 6-8 图

6-9　试绘出题 6-9 图示结构的 M_C 影响线（$F=1$ 在 FGH 上移动），并求图示荷载位置作用下的 M_C 值。

6-10　试绘出题 6-10 图示结构的 $F_{SC左}$ 影响线（$F=1$ 在 EH 上移动），并求在均布荷载位置作用下 $F_{SC左}$ 值。

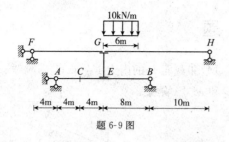

题 6-9 图

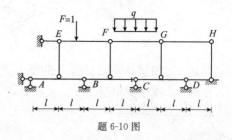

题 6-10 图

6-11 试绘出题 6-11 图示结构的 M_F 影响线,并利用影响线求在图示荷载位置作用下的 M_F 值。

6-12 试绘出题 6-12 图示结构的 M_D 影响线,并求在图示位置给定两集中荷载作用下的 M_D 值。

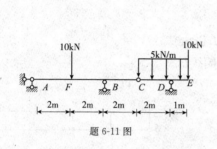

题 6-11 图

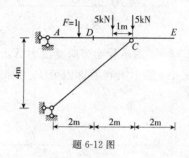

题 6-12 图

6-13 试绘出题 6-13 图示结构 $F_{SB右}$ 影响线($F=1$ 在 FJ 上移动),并求在图示位置给定荷载作用下的 $F_{SB右}$ 值。

6-14 试作题 6-14 图示结构的 $F_{SC左}$ 影响线($F=1$ 在 EH 上移动),并求在图示位置均布荷载下的 $F_{SC左}$ 值。

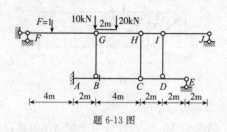

题 6-13 图

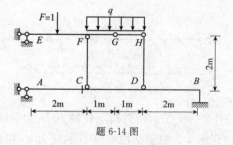

题 6-14 图

6-15 作题 6-15 图示静定多跨梁的 M_I 影响线,并求在图示荷载位置下 I 截面的内力 M_I 值。

6-16 作题 6-16 图示结构的 B 支座反力 Y_B 影响线($F=1$ 在 CF 上移动),并求在图示均布荷载下的 Y_B 值。

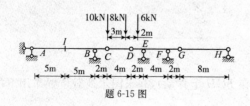

题 6-15 图

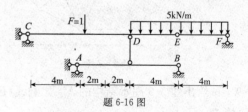

题 6-16 图

6-17 作题 6-17 图示结构的 M_C 影响线,并求在图示移动荷载系作用下 M_C 的最小值。

6-18 作题 6-18 图示结构的 $F_{SC左}$ 影响线,并求在图示移动荷载系作用下 $F_{SC左}$ 的最大值。

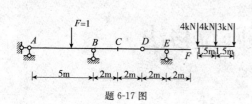

题 6-17 图

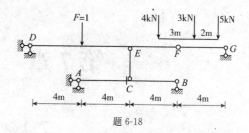

题 6-18

答 案

6-1 $X_A=0, Y_A=1, M_A=-x, F_{SB}=\begin{cases}0, 0\leqslant x<2\\1, 2\leqslant x\leqslant 5\end{cases}, M_B=\begin{cases}0 \quad\quad\quad, 0\leqslant x<2\\-(x-2), 2\leqslant x\leqslant 5\end{cases}$

6-2 $Y_A=\underline{Y}_A, F_{SC}=\underline{F}_{SC}\cos\alpha, M_C=\underline{M}_C$(加下划线者为相应水平梁有关量的影响线)

6-3 $X_A=0, Y_A=1$(影响线 B 点和 F 点值)$, M_A=-4$(影响线 B 点和 F 点值)

6-4 $F_{SC左}=-1/2$(影响线 C 点值)$, M_C$同直接荷载下的影响线

6-5 HF 部分为附属部分$, G$ 点的内力影响线的计算应将 HF 部分当作简支梁,其余部分为 0

6-6 $N_1=-\sqrt{2}/4$(影响线 B 点值)$, N_2=-3/4$(影响线 B 点值)

6-7 $N_1=-\sqrt{3}/6$(影响线 B 点值)

6-8 $Y_B=-1$(影响线 D 点值)$, M_C=-a$(影响线 D 点值)

6-9 $M_C=2$(影响线 G 点值)$, M_C=100\text{kN}\cdot\text{m}$

6-10 $F_{SC左}=-0.5$(影响线 F 点值)$, F_{SC左}=-ql/2$

6-11 $M_F=-1$(影响线 C 点值)$, M_F=11.25\text{kN}\cdot\text{m}$

6-12 $M_D=-1$(影响线 E 点值)$, M_D=2.5\text{kN}\cdot\text{m}$

6-13 $F_{SB右}=1$(影响线 C 点值)$, F_{SB右}=10\text{kN}$

6-14 $F_{SC左}=1$(影响线 G 点值)$, F_{SC左}=3q/2$

6-15 $M_I=-1$(影响线 C 点值)$, M_I=-12\text{kN}\cdot\text{m}$

6-16 $Y_B=3/4$(影响线 E 点值)$, Y_B=20\text{kN}$

6-17 $M_C=-2$(影响线 D 点值)$, M_{C\min}=-11.5\text{kN}\cdot\text{m}$

6-18 $F_{SC左}=3/4$(影响线 F 点值)$, F_{SC左\max}=6.375\text{kN}$

第7章　矩阵位移法

7.1　概　述

在有限元法中,可以采用位移法,也可以采用力法或混合法。其中提出最早并且应用最广的是位移法。对于平面杆系结构来说,位移法实际上就是结构力学中的矩阵位移法(也称刚度法),在计算时以结点位移作为基本未知量。

杆系结构的矩阵分析实际上就是有限元法。其基本思路是:先把结构离散成有限个数目的单元,然后再考虑某些条件,将这些离散的单元重新组合在一起进行分析计算。这样使一个复杂的计算问题转化为简单的单元分析和集合问题。根据这个思路,杆结构的有限元法可分为两大步骤:

(1)单元分析。研究单元的受力与变形之间的关系。

(2)整体分析。研究如何将这些离散的单元重新组合,得到与实际问题相符合的(如边界条件、外界荷载等)的计算模型——整体刚度方程。

在有限元中,一般采用矩阵形式进行分析求解,因为矩阵运算不仅使公式非常紧凑,而且形式统一,易于编程,适合在电子计算机上进行自动求解。因此,在有限元法的一般格式中,应尽量采用矩阵形式进行运算。

7.2　局部坐标系下的单元刚度矩阵

7.2.1　单元的划分

杆系结构的有限元法中,一般将相同材料、具有相同横截面的一根杆件(即等截面直杆)当成一个单元,整个结构就是由有限个杆件单元组成的集合体。杆件单元具有两个结点,即首结点和末结点,但一般是先确定结点的位置,结点一旦确定,则结点之间的单元也就确定了。在进行杆系结构的单元划分时,应注意如下事项:

(1)结点位置的确定。结点一般选在杆件的如下位置:杆件的转折点、杆件汇交点、支承点、截面或材料的突变点,这些点都是结构的构造点,有时为了使结构只承受结点荷载,在集中荷载的作用处也设置一个结点。

(2)结点的编号。为了使集合以后的总刚度带宽最小,一般应遵循尽量使相关结点(有单元相连的结点)编号差值的最大值最小的原则进行。

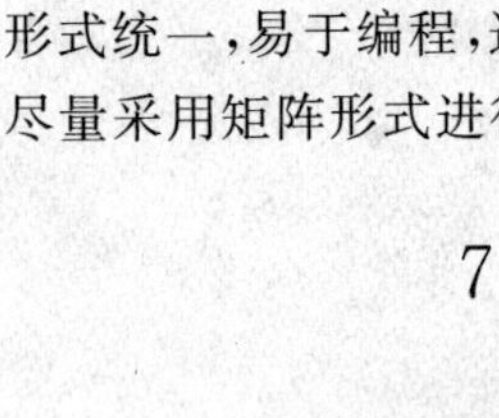

7.2.2　单元刚度矩阵

考虑一等截面的平面梁单元,单元首末结点分别为 i、j,单元长为 l,单元抗弯刚度为 EI , E 为材料的弹性模量, I 是截面的抗弯惯矩,取 x 轴为沿梁单元中心轴, y 轴与 x 轴成 $90°$,如图 7-1 所示。

图 7-1　梁单元

1)位移模式和形函数

如果不考虑杆件的轴向变形与横向弯曲变形的互相影响,且设 x 轴向的位移 u(即单元轴向位移)取为 x 的线性函数,而 y 轴向的位移 v(即单元横向位移,亦即梁单元挠度)取为 x 的三次多项式。于是有

$$\left.\begin{array}{l} u = a_0 + a_1 x \\ v = b_0 + b_1 x + b_2 x^2 + b_3 x^3 \end{array}\right\} \tag{7-1}$$

不考虑剪切变形的影响,即假定 $\gamma = 0$,位移模式又可表示为

$$\boldsymbol{r} = \left\{\begin{array}{c} u \\ v \end{array}\right\} = \begin{bmatrix} N_u^1 & 0 & 0 & N_u^2 & 0 & 0 \\ 0 & N_v^1 & N_v^2 & 0 & N_v^3 & N_v^4 \end{bmatrix} \left\{\begin{array}{c} u_i \\ v_i \\ \theta_i \\ u_j \\ v_j \\ \theta_j \end{array}\right\} = \boldsymbol{N}\boldsymbol{\delta}^e \tag{7-2}$$

$$\boldsymbol{\delta}^e = \begin{bmatrix} \boldsymbol{\delta}_i^T & \boldsymbol{\delta}_j^T \end{bmatrix}^T, \text{其中} \boldsymbol{\delta}_i = \begin{bmatrix} u_i & v_i & \theta_i \end{bmatrix}^T, \boldsymbol{\delta}_j = \begin{bmatrix} u_j & v_j & \theta_j \end{bmatrix}^T$$

$$N_u^1 = 1 - \frac{x}{l}, N_u^2 = \frac{x}{l}, N_v^1 = 1 - \frac{3x^2}{l^2} + \frac{2x^3}{l^3}$$

$$N_v^2 = x - \frac{2x^2}{l} + \frac{x^3}{l^2}, N_v^3 = \frac{3x^2}{l^2} - \frac{2x^3}{l^3}$$

$$N_v^4 = -\frac{x^2}{l} + \frac{x^3}{l^2}$$

式中,N_u^1、N_u^2、N_v^1、N_v^2、N_v^3、N_v^4 反映了单元的位移形态,称为形态函数,简称形函数;$\boldsymbol{N}$ 称为形函数矩阵。

2)用结点位移表示的应变和应力

如单元产生拉压变形和弯曲变形,则其纵向纤维的线应变可分成两个部分:

(1)ε_0 称为拉压应变,也称为轴向应变,整个梁截面都相同;

(2)ε_b 称为弯曲应变,沿梁高 y 因存在曲率 κ 而不同。

假设不考虑剪切变形,由梁单元的几何方程可知

$$\left.\begin{array}{l} \varepsilon_0 = \dfrac{\mathrm{d}u}{\mathrm{d}x} \quad (\text{轴向应变}) \\[2mm] \kappa = -\dfrac{\mathrm{d}}{\mathrm{d}x}\left(\dfrac{\mathrm{d}v}{\mathrm{d}x}\right) = -\dfrac{\mathrm{d}^2 v}{\mathrm{d}x^2} \quad (\text{曲率,广义弯曲应变}) \end{array}\right\} \tag{7-3}$$

在杆件截面高度 $h = y$ 处,由曲率 κ 引起的应变为

$$\varepsilon_b(y) = \kappa \cdot y = -y\frac{\mathrm{d}^2 v}{\mathrm{d}x^2} \tag{7-4}$$

式(7-3)和式(7-4)还可写成

$$\boldsymbol{\varepsilon} = \left\{\begin{array}{c} \varepsilon_0 \\ \varepsilon_b \end{array}\right\} = \left\{\begin{array}{c} \dfrac{\mathrm{d}u}{\mathrm{d}x} \\[2mm] -y\dfrac{\mathrm{d}^2 v}{\mathrm{d}x^2} \end{array}\right\} \tag{7-5}$$

$$= \begin{bmatrix} N_u^1(x)' & 0 & 0 & N_u^2(x)' & 0 & 0 \\ 0 & -yN_v^1(x)'' & -yN_v^2(x)'' & 0 & -yN_v^3(x)'' & -yN_v^4(x)'' \end{bmatrix} \boldsymbol{\delta}^e$$

式中,$N_u^1(x)'$ 表示 $N_u^1(x)$ 对 x 求一阶导;$N_v^1(x)''$ 表示 $N_v^1(x)$ 对 x 求二阶导;其余说明类似。

上式可写成

$$\boldsymbol{\varepsilon} = \boldsymbol{B}\boldsymbol{\delta}^{e} \tag{7-6}$$

由胡克定律,就可以得到利用结点位移表示的应力表达式:

$$\boldsymbol{\sigma} = \begin{Bmatrix} \sigma_0 \\ \sigma_b \end{Bmatrix} = \begin{Bmatrix} E\varepsilon_0 \\ E\varepsilon_b \end{Bmatrix} = \boldsymbol{D} \begin{Bmatrix} \varepsilon_0 \\ \varepsilon_b \end{Bmatrix} = \boldsymbol{D}\boldsymbol{\varepsilon} \tag{7-7}$$

式中,$\boldsymbol{D}$ 称为弹性矩阵,且

$$\boldsymbol{D} = E \cdot \begin{bmatrix} 1 & 0 \\ 0 & 1 \end{bmatrix}$$

由式(7-6)可得

$$\boldsymbol{\sigma} = \boldsymbol{D}\boldsymbol{\varepsilon} = \boldsymbol{D}\boldsymbol{B}\boldsymbol{\delta}^{e} = \boldsymbol{S}\boldsymbol{\delta}^{e} \tag{7-8}$$

式中 ,$\boldsymbol{S} = \boldsymbol{D}\boldsymbol{B}$,称为应力矩阵。

3)由虚位移原理导出梁单元的刚度方程

将虚功原理应用于梁单元上,可得到梁单元保持平衡的刚度方程为

$$\boldsymbol{F}^{e} + \boldsymbol{F}_{d}^{e} + \int_{l} \boldsymbol{N}^{\mathrm{T}}\boldsymbol{q}\mathrm{d}x = \iiint_{V} \boldsymbol{B}^{\mathrm{T}}\boldsymbol{D}\boldsymbol{B}\mathrm{d}V\boldsymbol{\delta}^{e} \tag{7-9}$$

令

$$\boldsymbol{F}_{P}^{e} = \int_{l} \boldsymbol{N}^{\mathrm{T}}\boldsymbol{q}\mathrm{d}x + \boldsymbol{F}_{d}^{e} = \boldsymbol{F}_{q}^{e} + \boldsymbol{F}_{d}^{e} \tag{7-10}$$

$$\boldsymbol{k}^{e} = \iiint_{V} \boldsymbol{B}^{\mathrm{T}}\boldsymbol{D}\boldsymbol{B}\mathrm{d}V \tag{7-11}$$

式中,$\boldsymbol{k}^{e}$ 称为单元刚度矩阵;$\boldsymbol{F}_{q}^{e}$ 为由于分布荷载而移置的等效结点荷载;$\boldsymbol{F}_{d}^{e}$ 为直接作用在结点上的荷载。

于是

$$\boldsymbol{F}^{e} + \boldsymbol{F}_{P}^{e} = \boldsymbol{k}^{e}\boldsymbol{\delta}^{e} \tag{7-12}$$

令

$$\boldsymbol{F}_{eq}^{e} = \boldsymbol{F}^{e} + \boldsymbol{F}_{P}^{e} \tag{7-13}$$

则

$$\boldsymbol{F}_{eq}^{e} = \boldsymbol{k}^{e}\boldsymbol{\delta}^{e} \tag{7-14}$$

式(7-14)即为局部坐标系中的单元刚度方程。

将 $\boldsymbol{B}$ 的具体表达式代入式(7-11),经积分和矩阵运算可得到平面梁单元的单元刚度矩阵为 $\boldsymbol{k}^{e}$,具体表达式如下:

$$\boldsymbol{k}^{e} = \begin{bmatrix} k_{11} & 0 & 0 & k_{14} & 0 & 0 \\ 0 & k_{22} & k_{23} & 0 & k_{25} & k_{26} \\ 0 & k_{32} & k_{33} & 0 & k_{35} & k_{36} \\ k_{41} & 0 & 0 & k_{44} & 0 & 0 \\ 0 & k_{52} & k_{53} & 0 & k_{55} & k_{56} \\ 0 & k_{62} & k_{63} & 0 & k_{65} & k_{66} \end{bmatrix} \tag{7-15}$$

式中,k_{ij} 为平面杆系单元刚度矩阵元素,即:

160

$$\begin{cases} k_{11} = k_{44} = -k_{14} = -k_{41} = \dfrac{EA}{l} \\[2mm] k_{22} = k_{55} = -k_{25} = -k_{52} = \dfrac{12EI}{l^3} \\[2mm] k_{23} = k_{32} = k_{26} = k_{62} = -k_{35} = -k_{56} = -k_{65} = \dfrac{6EI}{l^2} \\[2mm] k_{33} = k_{66} = \dfrac{4EI}{l} \\[2mm] k_{36} = k_{63} = \dfrac{2EI}{l} \end{cases}$$

显然单元刚度矩阵 $\boldsymbol{k}^e$ 为对称矩阵。

7.3 整体坐标系下的单元刚度矩阵

在前面的分析中,单元刚度矩阵是在单元的局部坐标系 $\bar{x}O\bar{y}$ 中形成的,由于各个单元的局部坐标系不同,因此必须将每个单元的刚度转换到同一个公共的坐标系下,这个公共坐标系就是整体坐标系 xOy 。为了区别起见,在局部坐标系下的杆端分量符号顶上加"—"。下面首先介绍转换矩阵的概念,然后据之建立整体坐标系下的单元刚度矩阵。

7.3.1 转换矩阵

如图 7-2 所示,任一单元 e 的首端结点力在两种坐标系中的分量。在局部坐标系 $\bar{x}O\bar{y}$ 中的三个分量为 $\overline{X}_i$ 、$\overline{Y}_i$ 和 $\overline{M}_i$,在整体坐标系 xOy 中的三个分量为 X_i 、Y_i 和 M_i 。为了导出 $\overline{X}_i$ 、$\overline{Y}_i$ 、$\overline{M}_i$ 与 X_i 、Y_i 、M_i 之间的关系式,在图中将两个力 X_i 、Y_i 分别投影在 $\bar{x}$ 和 $\bar{y}$ 轴上,可得出下式中的前两式:

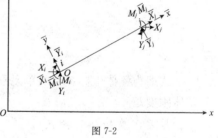

图 7-2

$$\left.\begin{aligned} \overline{X}_i &= X_i \cos\alpha + Y_i \sin\alpha \\ \overline{Y}_i &= -X_i \sin\alpha + Y_i \cos\alpha \\ \overline{M}_i &= M_i \end{aligned}\right\}$$

其中第三式表明,在两个坐标系中的力偶彼此相等。α 表示由 x 轴转到 $\bar{x}$ 轴的角度,以逆时针方向为正。同理对单元 e 的另一端力也可得出类似的关系

$$\left.\begin{aligned} \overline{X}_j &= X_j \cos\alpha + Y_j \sin\alpha \\ \overline{Y}_j &= -X_j \sin\alpha + Y_j \cos\alpha \\ \overline{M}_j &= M_j \end{aligned}\right\}$$

把以上两个方程组组合成一个矩阵方程得

$$\begin{Bmatrix} \overline{X}_i \\ \overline{Y}_i \\ \overline{M}_i \\ \overline{X}_j \\ \overline{Y}_j \\ \overline{M}_j \end{Bmatrix} = \begin{bmatrix} \cos\alpha & \sin\alpha & 0 & 0 & 0 & 0 \\ -\sin\alpha & \cos\alpha & 0 & 0 & 0 & 0 \\ 0 & 0 & 1 & 0 & 0 & 0 \\ 0 & 0 & 0 & \cos\alpha & \sin\alpha & 0 \\ 0 & 0 & 0 & -\sin\alpha & \cos\alpha & 0 \\ 0 & 0 & 0 & 0 & 0 & 1 \end{bmatrix} \begin{Bmatrix} X_i \\ Y_i \\ M_i \\ X_j \\ Y_j \\ M_j \end{Bmatrix}$$

或简写成

$$\overline{F}^e = TF^e$$

$$F^e = T^T \overline{F}^e$$

式中，$\overline{F}^e$ 为局部坐标系中的单元杆端力列阵；F^e 为整体坐标系中的单元杆端力列阵；T 为单元的坐标转换矩阵。

可以证明，T 矩阵是正交矩阵，其逆矩阵等于它的转置矩阵，即

$$T^T = T^{-1}$$

对于单元杆端结点位移，也可以同样进行转换，即有

$$\overline{\boldsymbol{\delta}}^e = T\boldsymbol{\delta}^e$$

$$\boldsymbol{\delta}^e = T^T \overline{\boldsymbol{\delta}}^e$$

7.3.2 整体坐标系中的单元刚度矩阵

1)推导过程

现在研究整体坐标系中的单元等效杆端力 F^e_{eq} 与单元结点位移 $\boldsymbol{\delta}^e$ 之间的关系式。

因为

$$\overline{F}^e_{eq} = \overline{k}^e \overline{\boldsymbol{\delta}}^e = \overline{k}^e T\boldsymbol{\delta}^e$$

$$\overline{F}^e_{eq} = TF^e_{eq}$$

所以有

$$F^e_{eq} = T^{-1} TF^e_{eq} = T^T \overline{F}^e_{eq} = T^T \overline{k}^e T\boldsymbol{\delta}^e$$

令

$$k^e = T^T \overline{k}^e T$$

则

$$F^e_{eq} = k^e \boldsymbol{\delta}^e$$

上式即为整体坐标系下的单元刚度方程，简称单元整体刚度方程。因此 k^e 相应地称为单元整体刚度矩阵。

2)单元刚度矩阵的特点

(1)由 $(k^e)^T = (T^T \overline{k}^e T)^T = (\overline{k}^e T)^T (T^T)^T = T^T (\overline{k}^e)^T T = T^T \overline{k}^e T = k^e$，可知单元刚度矩阵 k^e 为对称矩阵。

(2)单元刚度的分块

由于以后的整体分析是对结构的每个结点建立平衡方程，为了以后讨论方便，可把上式按单元的首尾结点编号 i、j 进行分块，写成如下形式：

$$\begin{Bmatrix} F^e_i \\ F^e_j \end{Bmatrix} = \begin{bmatrix} k^e_{ii} & k^e_{ij} \\ k^e_{ji} & k^e_{jj} \end{bmatrix} \begin{Bmatrix} \boldsymbol{\delta}^e_i \\ \boldsymbol{\delta}^e_j \end{Bmatrix}$$

式中，

$$F^e_i = \begin{Bmatrix} X^e_i \\ Y^e_i \\ M^e_i \end{Bmatrix}, F^e_j = \begin{Bmatrix} X^e_j \\ Y^e_j \\ M^e_j \end{Bmatrix}, \boldsymbol{\delta}^e_i = \begin{Bmatrix} u^e_i \\ v^e_i \\ \varphi^e_i \end{Bmatrix}, \boldsymbol{\delta}^e_j = \begin{Bmatrix} u^e_j \\ v^e_j \\ \varphi^e_j \end{Bmatrix}$$

分别为首端 i 和末端 j 的杆端力和杆端位移列阵。k^e_{ii}、k^e_{ij}、k^e_{ji}、k^e_{jj} 为单元刚度矩阵 k^e 的四个子块，每个子块都是 3×3 阶的方阵，并且有 $k^e_{ij} = k^e_{ji}$，两个子块的元素相同，k^e_{ii}、k^e_{jj} 子块为对称

子块。

同时可以得到如下式子：

$$\begin{cases} \boldsymbol{F}_i^e = \boldsymbol{k}_{ii}^e \boldsymbol{\delta}_i^e + \boldsymbol{k}_{ij}^e \boldsymbol{\delta}_j^e \\ \boldsymbol{F}_j^e = \boldsymbol{k}_{ji}^e \boldsymbol{\delta}_i^e + \boldsymbol{k}_{jj}^e \boldsymbol{\delta}_j^e \end{cases}$$

7.4 结构刚度矩阵

7.4.1 回顾

在位移法中，我们建立位移法的典型方程是通过附加力臂的力矩平衡或杆件在某一方向的受力平衡来得到的。平面刚架的整体刚度方程也是通过结点的受力平衡得到的。

7.4.2 推导

假设先不考虑结构的支承条件和约束条件，结构只承受结点荷载的情况。设有刚结点 i 的相关结点为 j、k、l，则相应的单元为命名为 ij、ik、il，如图 7-3 所示。

设结点 i 承受的结点荷载为

$$\boldsymbol{P}_i = \begin{bmatrix} PX_i & PY_i & PM_i \end{bmatrix}^T$$

在平衡状态下，结点 i 可以建立三个平衡方程，

$$\sum X = 0, \sum Y = 0, \sum M = 0, 即$$

$$\begin{cases} \sum X = PX_i - (X_i^{ij} + X_i^{ik} + X_i^{il}) = 0 \\ \sum Y = PY_i - (Y_i^{ij} + Y_i^{ik} + Y_i^{il}) = 0 \\ \sum M = PM_i - (M_i^{ij} + M_i^{ik} + M_i^{il}) = 0 \end{cases}$$

上式可以写成矩阵向量形式，有

$$\boldsymbol{P}_i = \boldsymbol{F}_i^{ij} + \boldsymbol{F}_i^{ik} + \boldsymbol{F}_i^{il}$$

将与 i 相关的单元的杆端力向量代入上式可以得到

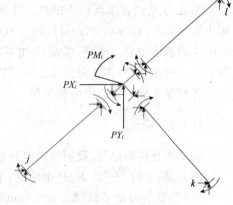

图 7-3

$$\boldsymbol{P}_i = \boldsymbol{k}_{ii}^{ij}\boldsymbol{\delta}_i^{ij} + \boldsymbol{k}_{ij}^{ij}\boldsymbol{\delta}_j^{ij} + \boldsymbol{k}_{ii}^{ik}\boldsymbol{\delta}_i^{ik} + \boldsymbol{k}_{ik}^{ik}\boldsymbol{\delta}_k^{ik} + \boldsymbol{k}_{ii}^{il}\boldsymbol{\delta}_i^{il} + \boldsymbol{k}_{il}^{il}\boldsymbol{\delta}_l^{il}$$

很显然，有

$$\boldsymbol{\delta}_i^{ij} = \boldsymbol{\delta}_i^{ik} = \boldsymbol{\delta}_i^{il} = \boldsymbol{\delta}_i = \begin{bmatrix} u_i & v_i & \varphi_i \end{bmatrix}^T, \boldsymbol{\delta}_j^{ij} = \boldsymbol{\delta}_j = \begin{bmatrix} u_j & v_j & \varphi_j \end{bmatrix}^T$$

$$\boldsymbol{\delta}_k^{ik} = \boldsymbol{\delta}_k = \begin{bmatrix} u_k & v_k & \varphi_k \end{bmatrix}^T, \boldsymbol{\delta}_l^{il} = \boldsymbol{\delta}_l = \begin{bmatrix} u_l & v_l & \varphi_l \end{bmatrix}^T$$

故有

$$\boldsymbol{P}_i = \boldsymbol{k}_{ii}^{ij}\boldsymbol{\delta}_i + \boldsymbol{k}_{ij}^{ij}\boldsymbol{\delta}_j + \boldsymbol{k}_{ii}^{ik}\boldsymbol{\delta}_i + \boldsymbol{k}_{ik}^{ik}\boldsymbol{\delta}_k + \boldsymbol{k}_{ii}^{il}\boldsymbol{\delta}_i + \boldsymbol{k}_{il}^{il}\boldsymbol{\delta}_l$$

亦即

$$\boldsymbol{P}_i = (\boldsymbol{k}_{ii}^{ij} + \boldsymbol{k}_{ii}^{ik} + \boldsymbol{k}_{ii}^{il})\boldsymbol{\delta}_i + \boldsymbol{k}_{ij}^{ij}\boldsymbol{\delta}_j + \boldsymbol{k}_{ik}^{ik}\boldsymbol{\delta}_k + \boldsymbol{k}_{il}^{il}\boldsymbol{\delta}_l$$

上式包含三个方程，$i = 1, 2, \cdots, N$。N 为结构总结点数。由此我们可以知道，如果一个结构由 N 个结点组成，则可以建立 $3N$ 个方程。由这 $3N$ 个方程组成的方程组的系数矩阵称为整体刚度矩阵，简称总刚，用 $\boldsymbol{K}$ 来表示。

该矩阵按上式可以分块为 N 行 N 列个子块。上式中各项系数子块就是组成刚度矩阵相应的第 i 行 j、k、l 列的子块元素（这里的行和列是以子块作为一个元素来划分的，实际上，每个

163

子块还有 3 行 3 列）。$k_{ii}^{ij}+k_{ii}^{ik}+k_{ii}^{il}$是 i 行 i 列主对角线上的子块，k_{ij}^{ij}、k_{ik}^{ik}、k_{il}^{il}实际上是 i 行 j、k、l 列上的子块。如果 i 结点再没有其他相关结点，则该行其他列上的子块为零子块。

由上述分析，我们可以初步得到总体刚度矩阵形成的规律。为了更形象地说明，下面采用图 7-4 的示意图来说明。

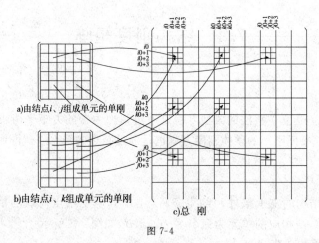

a)由结点 i、j 组成单元的单刚

b)由结点 i、k 组成单元的单刚

c)总 刚

图 7-4

单元 ij 是由首结点 i、末结点 j 组成（首结点编号不一定小于末结点编号，且先假定 $i<j$），图中 $i0=3(i-1)$、$j0=3(j-1)$、$k0=3(k-1)$，单刚按照"对号入座"的原则，由箭头示意置于总刚中的相应位置。同理，单元 ik 也可以按如图所示的"对号入座"累加到相应的总刚中的位置。为了讨论方便，将主对角线上的子块称为主子块，其余的子块称为副子块，同交于一个结点的各杆单元称为该结点的相关单元。

7.4.3 结论

由上面分析和说明，我们可以得到如下的结论：

(1)总刚中的主子块 K_{ii} 是由结点 i 的各相关单元的主子块累加而成，亦即 $K_{ii}=\sum k_{ii}^e$。

(2)总刚中的副子块 K_{im}，当 i、m 为相关结点时，K_{im} 等于 im 单元相应的副子块，即 $K_{im}=k_{im}^{im}$，如果 i、m 不为相关结点，即没有单元相连，则 K_{im} 为零子块。

(3)总刚的形成可以按如下方式形成：将所有单元的单刚的相应子块按上述"对号入座"的原则累加到相应的总刚位置上，全部累加完成，总刚也就形成。在编写程序时，用循环形式极容易完成。

7.4.4 总刚的特点

(1)K 是对称矩阵，因为单刚的子块 k_{im}^{im} 与 k_{mi}^{im} 关于对角线呈对称，故有总刚中的相应副子块 K_{im} 与 K_{mi} 关于对角线对称，为对称子块；主子块 $K_{ii}=\sum k_{ii}^e$，由前面分析可知，因为 k_{ii}^e 为对称子块，故 K_{ii} 亦为对称子块，所以整个刚度矩阵为对称矩阵。

(2)K 是奇异矩阵，在建立整体刚度方程的过程中，没有考虑结构与基础的联结情况。也就说，这样分析的结构是没有支承点的，具有无穷多个位移解。因而 K 肯定是奇异矩阵，由于此时总刚中没有引入边界条件，故有时也称之为原始刚度矩阵。

(3)K 是带状矩阵。由前面总刚形成的规律可以看出，第 i 行(以单刚中的子块为一个元素)中非零子块的最大列号或最小列号 m(当 $m>i$ 时为最大，当 $m<i$ 时为最小)是 i 结点的一个相关结点的编号，很显然，当 i、m 编号相差最小时，带宽最小。因此，为了节省存储空间，应

尽量使结构中相关结点编号的差值最小,这是杆系结构进行有限元计算时结点编号的一个总原则。

【例 7-1】试求图 7-5 刚架的原始总刚。各杆材料和截面均相同,$E = 200\text{GPa}, I = 32 \times 10^{-5}\text{m}^4, A = 1 \times 10^{-2}\text{m}^2$。

解:

(1)将各单元、结点编号,并选取整体坐标系和各单元的局部坐标系如图 7-5 所示。

(2)各单元的整体坐标系中的单刚按前面公式计算,先计算所需相关数据:

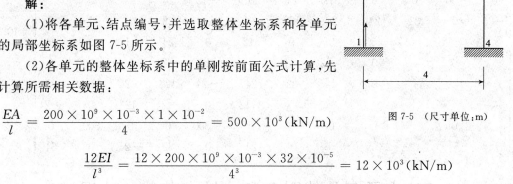

图 7-5 (尺寸单位:m)

$$\frac{EA}{l} = \frac{200 \times 10^9 \times 10^{-3} \times 1 \times 10^{-2}}{4} = 500 \times 10^3 (\text{kN/m})$$

$$\frac{12EI}{l^3} = \frac{12 \times 200 \times 10^9 \times 10^{-3} \times 32 \times 10^{-5}}{4^3} = 12 \times 10^3 (\text{kN/m})$$

$$\frac{6EI}{l^2} = 24 \times 10^3 (\text{kN})$$

$$\frac{4EI}{l} = 64 \times 10^3 (\text{kN} \cdot \text{m})$$

$$\frac{2EI}{l} = 32 \times 10^3 (\text{kN} \cdot \text{m})$$

对于单元①,$\alpha = 0°, \cos\alpha = 1, \sin\alpha = 0$,可计算得

$$\boldsymbol{k}^{①} = \begin{bmatrix} \boldsymbol{k}_{22}^{①} & \boldsymbol{k}_{23}^{①} \\ \boldsymbol{k}_{32}^{①} & \boldsymbol{k}_{33}^{①} \end{bmatrix} = \begin{bmatrix} 500 & 0 & 0 & -500 & 0 & 0 \\ 0 & 12 & 24 & 0 & -12 & 24 \\ 0 & 24 & 64 & 0 & -24 & 32 \\ -500 & 0 & 0 & 500 & 0 & 0 \\ 0 & -12 & -24 & 0 & 12 & 24 \\ 0 & 24 & 32 & 0 & -24 & 64 \end{bmatrix} \times 10^3$$

对于单元②和③,$\alpha = 90°, \cos\alpha = 0, \sin\alpha = 1$,可计算得

$$\boldsymbol{k}^{②} = \begin{bmatrix} \boldsymbol{k}_{11}^{②} & \boldsymbol{k}_{12}^{②} \\ \boldsymbol{k}_{21}^{②} & \boldsymbol{k}_{22}^{②} \end{bmatrix} = \boldsymbol{k}^{③} = \begin{bmatrix} \boldsymbol{k}_{44}^{③} & \boldsymbol{k}_{43}^{③} \\ \boldsymbol{k}_{34}^{③} & \boldsymbol{k}_{33}^{③} \end{bmatrix} = \begin{bmatrix} 12 & 0 & -24 & -12 & 0 & -24 \\ 0 & 500 & 0 & 0 & -500 & 0 \\ -24 & 0 & 64 & 24 & 0 & 32 \\ -12 & 0 & 24 & 12 & 0 & 24 \\ 0 & -500 & 0 & 0 & 500 & 0 \\ -24 & 0 & 32 & 24 & 0 & 64 \end{bmatrix} \times 10^3$$

(3)将以上各单刚子块对号入座即得总刚

$$\boldsymbol{K} = \begin{bmatrix} \boldsymbol{k}_{11}^{②} & \boldsymbol{k}_{12}^{②} & 0 & 0 \\ \boldsymbol{k}_{21}^{②} & \boldsymbol{k}_{22}^{②} + \boldsymbol{k}_{22}^{①} & \boldsymbol{k}_{23}^{①} & 0 \\ 0 & \boldsymbol{k}_{32}^{①} & \boldsymbol{k}_{33}^{①} + \boldsymbol{k}_{33}^{③} & \boldsymbol{k}_{34}^{③} \\ 0 & 0 & \boldsymbol{k}_{43}^{③} & \boldsymbol{k}_{44}^{③} \end{bmatrix}$$

$$= \begin{bmatrix}
12 & 0 & -24 & -12 & 0 & -24 & 0 & 0 & 0 & 0 & 0 & 0 \\
0 & 500 & 0 & 0 & -500 & 0 & 0 & 0 & 0 & 0 & 0 & 0 \\
-24 & 0 & 64 & 24 & 0 & 32 & 0 & 0 & 0 & 0 & 0 & 0 \\
-12 & 0 & 24 & 512 & 0 & 24 & -500 & 0 & 0 & 0 & 0 & 0 \\
0 & -500 & 0 & 0 & 512 & 24 & 0 & -12 & 24 & 0 & 0 & 0 \\
-24 & 0 & 32 & 24 & 24 & 128 & 0 & -24 & 32 & 0 & 0 & 0 \\
0 & 0 & 0 & -500 & 0 & 0 & 512 & 0 & 24 & -12 & 0 & 24 \\
0 & 0 & 0 & 0 & -12 & -24 & 0 & 512 & -24 & 0 & -500 & 0 \\
0 & 0 & 0 & 0 & 24 & 32 & 24 & -24 & 128 & -24 & 0 & 32 \\
0 & 0 & 0 & 0 & 0 & 0 & -12 & 0 & -24 & 12 & 0 & -24 \\
0 & 0 & 0 & 0 & 0 & 0 & 0 & -500 & 0 & 0 & 500 & 0 \\
0 & 0 & 0 & 0 & 0 & 0 & 24 & 0 & 32 & -24 & 0 & 64
\end{bmatrix} \times 10^3$$

7.5　支承条件的引入和非结点荷载的处理

7.5.1　结构支承条件的引入

在上述分析过程中,没有考虑支承条件和约束情况。实际上,支承条件也有在总刚形成之前就考虑进去,这是先处理法的思路。采用这种方法时,在准备工作阶段,不仅要对结点、单元进行编号,而且还要对结点位移未知量统一编号。不发生位移的结点自由度方向的位移编号为 0,不作为结点未知量考虑。采用这种方法编写程序稍微复杂一些。为了与前面讲述的内容一致,我们采用后处理法。

所谓后处理法,就是在原始刚度矩阵形成之后,根据结构的支承条件,对原始总刚和荷载列阵进行处理,从而得到引入了支承条件的刚度方程。下面根据后处理法讲述支承条件的处理方法。

1)支承输入信息的表达与支座类型

我们知道,在结构力学中,结构与地基的联结装置可以简化成各种支座,同时由于地基可能会产生不均匀沉陷,进而引起各种支座强迫位移。因此,必须将结构的全部约束信息通过某种形式传递给计算机。

一般在结点编号时,在杆件与支座相连处设置成一个结点,此结点称为支座结点。首先,必须明白结构有多少个结点受到了约束及受约束的结点编号。其次,每个受约束的结点在哪

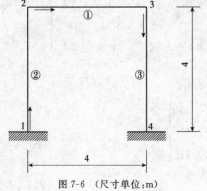

图 7-6　(尺寸单位:m)

个自由度(即 x、y 方向的线位移 u、v 及转角 φ,有时简称结点的 1、2、3 自由度)受到约束,是否有强迫位移,若有,其值为多少。下面介绍一种支承信息的表达方式。

如果支座结点的某自由度方向的位移为 0,则该方向的约束信息填 0.0,如果没有约束,则可设置一个大数 9999.0(因为结构符合线弹性、小变形假设,一般结点位移小于此值),如果有支座强迫位移,则填具体的位移值。如铰支座结点,其 $u=v=0$,$\varphi\neq0$,则结点约束信息填 0.0、0.0、9999.0。

下面为图 7-6 所示刚架支承约束信息的一种输入方式:

2　　　　　(结构受约束的结点个数)

1　0.0　0.0　0.0　（第一个约束结点的支承信息）

4　0.0　0.0　0.0　（第二个约束结点的支承信息）

常见的各种支座形式和约束信息如表 7-1 所示。

表 7-1

各种支座形式和约束信息

支座名称		简　图	约束信息		
			u	v	φ
固定支座			0.0	0.0	0.0
铰支座			0.0	0.0	9999.0
滚轴支座	1		9999.0	0.0	9999.0
	2		0.0	9999.0	9999.0
滑动支座	1		9999.0	0.0	0.0
	2		0.0	9999.0	0.0

2）处理办法

边界条件的处理方法通常有如下几种：

（1）缩减总刚法。对于支承结点某个自由度方向位移为 0 时，划去总刚中与该自由度相对应的行和列，同时划去荷载列阵中相应的行。这样就对总刚和荷载列阵进行了阶次缩减，降低了方程的阶次，从而提高了计算速度，但紧缩总刚和荷载列阵的程序较为复杂。

（2）充 0 置 1 法。对于结构某个支承自由度方向的位移为已知 Δ_i（通用于零位移和发生支座强迫位移两种情况）。为了使方程求解出来的该自由度 i 方向的位移为 Δ_i，即 $\delta_i = \Delta_i$，需要将荷载列阵中 P_i 用 Δ_i 取代，整个刚度方程如下式所示：

$$\begin{bmatrix} k_{11} & \cdots & k_{1,i-1} & 0 & k_{1,i+1} & \cdots & k_{1n} \\ \vdots & & \vdots & \vdots & \vdots & & \vdots \\ k_{i-1,1} & \cdots & k_{i-1,i-1} & 0 & k_{i-1,i+1} & \cdots & k_{i-1,n} \\ 0 & \cdots & 0 & 1 & 0 & \cdots & 0 \\ k_{i+1,1} & \cdots & k_{i+1,i-1} & 0 & k_{i+1,i+1} & \cdots & k_{i+1,n} \\ \vdots & & \vdots & \vdots & \vdots & & \vdots \\ k_{n1} & \cdots & k_{n,i-1} & 0 & k_{n,i+1} & \cdots & k_{nn} \end{bmatrix} \begin{Bmatrix} \delta_1 \\ \vdots \\ \delta_{i-1} \\ \delta_i \\ \delta_{i+1} \\ \vdots \\ \delta_n \end{Bmatrix} = \begin{Bmatrix} P_1 - k_{1i}\Delta_i \\ \vdots \\ P_{i-1} - k_{i-1,i}\Delta_i \\ \Delta_i \\ P_{i+1} - k_{i+1,i}\Delta_i \\ \vdots \\ P_n - k_{ni}\Delta_i \end{Bmatrix}$$

（3）乘大数法。如果结构在某个支承自由度方向的位移为已知 Δ_i 时，同样采用乘大数 M 的方法。具体做法是将第 i 个方程进行如下处理：

$$\sum_{j=1}^{i-1} k_{ij}\delta_j + M \cdot \delta_i + \sum_{j=i+1}^{n} k_{ij}\delta_j = M \cdot \Delta_i$$

上式除了包含 M 的两项外，其他各项相对于它们都比较小，可以忽略不计。因此，上式即为给定的支承条件 $\delta_i = \Delta_i$。

（4）作为非结点荷载处理。把支座结点位移转换成与该结点相连的各单元的杆端位移，将单元看成两端固定梁，在局部坐标系中求出单元在给定杆端位移下的固端力 $\overline{F}_F$，求出单元的等效结点荷载，然后计算。

7.5.2　非结点荷载的处理

所谓非结点荷载就是指作用在杆单元中间的集中力或分布力。

1)思路

在实际问题中,不可避免地遇到非结点荷载。对于这种情况,可以利用叠加原理,分两步进行处理:

(1)与位移法类似,首先在结构上加附加刚臂和附加链杆,阻止所有结点的线位移和角位移,此时,每个杆件单元都成了两端固定的固支梁,各单元两端承受固端力,附加约束上也施加了反力和反力矩。反力和反力矩的大小可以根据结点平衡求得,其大小就等于汇交于该结点的各固端力的代数和。

(2)取消附加约束。取消附加约束的方法是在各附加约束上加上与上述反力和反力矩大小相等、方向相反的力和力矩,此力和力矩就称为原非结点荷载的等效结点荷载。

(3)前面两种状态的叠加,结构的内力和变形与原来的实际情况是相同的。因此,内力和变形也相应地为(1)、(2)两种情况下的结果叠加而成。在第一种情况下,各杆件单元的杆端内力就是固端力,可以在第5章表5-2和表5-3查阅而得,无需计算。在第二种情况下各杆单元的内力就是结构在结点荷载(包括等效结点荷载和直接作用在结点上的荷载)单独作用下的内力,需要通过有限元计算得到。

对应于(1)、(2)、(3)三种受力状态,可用图7-7a)、b)、c)来说明。图7-7a)所示刚架的受力和变形可由图7-7b)和c)两种状态叠加而成。图7-7b)所示的状态其内力图可直接查表而得,其中所有单元的杆端力其实就是固端力。仅仅需要计算图7-7c)所示状态下的结构内力,该状态下结构所受的结点荷载与图7-7b)中各附加约束的反力和反力矩大小相等、方向相反。此时内力需通过计算得到。这些结点荷载就是图7-7a)中杆件单元非结点荷载的等效结点荷载。

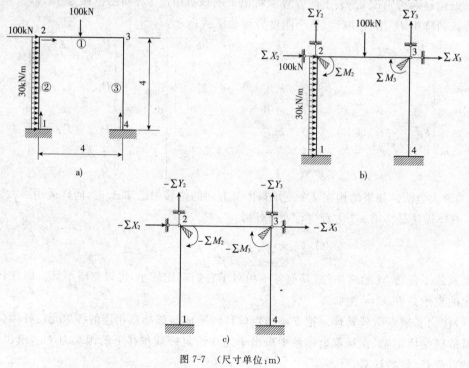

图7-7　(尺寸单位:m)

168

2)等效结点荷载列阵的推导

根据前面的分析和图解说明,设某单元 e 的首尾结点编号为 i、j,杆中承受非结点荷载,在局部坐标系中其固端力为

$$\overline{\boldsymbol{F}}_{\mathrm{F}}^{\mathrm{e}} = \left\{ \begin{array}{c} \overline{\boldsymbol{F}}_{\mathrm{F}i}^{\mathrm{e}} \\ \overline{\boldsymbol{F}}_{\mathrm{F}j}^{\mathrm{e}} \end{array} \right\} = \left\{ \begin{array}{c} \overline{N}_{\mathrm{F}i}^{\mathrm{e}} \\ \overline{Q}_{\mathrm{F}i}^{\mathrm{e}} \\ \overline{M}_{\mathrm{F}i}^{\mathrm{e}} \\ \overline{N}_{\mathrm{F}j}^{\mathrm{e}} \\ \overline{Q}_{\mathrm{F}j}^{\mathrm{e}} \\ \overline{M}_{\mathrm{F}j}^{\mathrm{e}} \end{array} \right\}$$

式中,F("Fixed end"的首个字母)表示固端的意思。

将局部坐标系下的固端力转换到整体坐标系下,则有

$$\boldsymbol{F}_{\mathrm{F}}^{\mathrm{e}} = \boldsymbol{T}\,\overline{\boldsymbol{F}}_{\mathrm{F}}^{\mathrm{e}} = \left\{ \begin{array}{c} \boldsymbol{F}_{\mathrm{F}i}^{\mathrm{e}} \\ \boldsymbol{F}_{\mathrm{F}j}^{\mathrm{e}} \end{array} \right\} = \left\{ \begin{array}{c} X_{\mathrm{F}i}^{\mathrm{e}} \\ Y_{\mathrm{F}i}^{\mathrm{e}} \\ M_{\mathrm{F}i}^{\mathrm{e}} \\ X_{\mathrm{F}j}^{\mathrm{e}} \\ Y_{\mathrm{F}j}^{\mathrm{e}} \\ M_{\mathrm{F}j}^{\mathrm{e}} \end{array} \right\}$$

任一结点 i 的等效结点荷载等于汇交于这一结点的各杆件单元的固端力的代数和的相反数。用 $\boldsymbol{P}_{\mathrm{E}i}$(英文单词"Equivalent"的首个字母)表示该结点的等效结点荷载,即如果结点 i 还承受了直接作用在结点上的荷载 $\boldsymbol{P}_{\mathrm{D}i}$,其表达式为

$$\boldsymbol{P}_{\mathrm{D}i} = \left\{ \begin{array}{c} X_i \\ Y_i \\ M_i \end{array} \right\}$$

则结点 i 承受的总荷载为

$$\boldsymbol{P}_i = \boldsymbol{P}_{\mathrm{E}i} + \boldsymbol{P}_{\mathrm{D}i} = \left\{ \begin{array}{c} -\sum X_{\mathrm{F}i}^{\mathrm{e}} + X_i \\ -\sum Y_{\mathrm{F}i}^{\mathrm{e}} + Y_i \\ -\sum M_{\mathrm{F}i}^{\mathrm{e}} + M_i \end{array} \right\}$$

式中,$\boldsymbol{P}_i$ 称为结点的综合结点荷载,所有结点的综合结点荷载按顺序形成荷载列阵,则整个结构的综合结点荷载列阵 $\boldsymbol{P}$ 可写为

$$\boldsymbol{P} = \left\{ \begin{array}{c} \boldsymbol{P}_1 \\ \boldsymbol{P}_2 \\ \vdots \\ \boldsymbol{P}_n \end{array} \right\} = \left\{ \begin{array}{c} \boldsymbol{P}_{\mathrm{E}1} + \boldsymbol{P}_{\mathrm{D}1} \\ \boldsymbol{P}_{\mathrm{E}2} + \boldsymbol{P}_{\mathrm{D}2} \\ \vdots \\ \boldsymbol{P}_{\mathrm{E}n} + \boldsymbol{P}_{\mathrm{D}n} \end{array} \right\}$$

3)非结点荷载的类型

此处略去,不再详细介绍。

4)结构内力的计算

由前面的分析可知,单元 e 杆端内力(全部转换到局部坐标系下)由两部分组成:一部分是

所有结点位移全部约束时的固端力;另一部分是综合荷载作用下单元杆端位移引起的杆端力。
公式如下:

(1)第一部分,固端力 $\overline{F}_F^e$ 为

$$\overline{F}_F^e = \left\{ \begin{array}{c} \overline{N}_{Fi}^e \\ \hline \overline{Q}_{Fi}^e \\ \hline \overline{M}_{Fi}^e \\ \hline \overline{N}_{Fj}^e \\ \hline \overline{Q}_{Fj}^e \\ \hline \overline{M}_{Fj}^e \end{array} \right\}$$

(2)第二部分,杆端位移引起的杆端力 $\overline{F}^e$ 为

$$\overline{F}^e = T F^e = T k^e \delta^e$$

(3)杆件单元 e 的最终杆端内力为

$$\overline{F}_{最终}^e = \overline{F}^e + \overline{F}_F^e = T k^e \delta^e + \overline{F}_F^e$$

7.6   矩阵位移法的计算步骤和示例

通过前面的分析和讨论,我们可以归纳出利用矩阵位移法进行结构分析的步骤:

(1)准备数据。对结构的结点和单元编号;选定整体坐标系和局部坐标系;确定各结点的 x、y 坐标值;计算各种类型的材料参数(弹性模量 E、重度 γ 等)和几何截面参数(截面面积 A,抗弯惯性矩 I,抗弯截面模量 $W_下$、$W_上$ 等);确定各单元的首尾结点编号以及所属的材料类型号和几何参数类型号;确定各个非结点荷载所作用的单元编号、所属的荷载类型号、荷载大小和位置(以方便等效结点荷载的计算),确定各个直接结点荷载作用的结点编号、大小和方向。

(2)计算各杆件单元在整体坐标系下的单元刚度矩阵。

(3)按单元编号循环累加单刚形成原始刚度矩阵。

(4)计算固端力、等效结点荷载和综合结点荷载。

(5)引入支承条件,修改结构的原始刚度方程。

(6)求解刚度方程,求解结点位移。

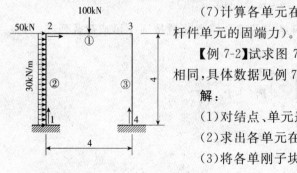

图 7-8   (尺寸单位:m)

(7)计算各单元在局部坐标系下的杆端力(注意须叠加上各杆件单元的固端力)。

【例 7-2】试求图 7-8 所示刚架的内力,各杆件的材料和截面相同,具体数据见例 7-1。

解:

(1)对结点、单元进行编号,确定坐标系,如图 7-8 所示。

(2)求出各单元在整体坐标系下的单元刚度矩阵,见例 7-1。

(3)将各单刚子块对号入座,形成结构的原始刚度矩阵,见例 7-1。

(4)计算非结点荷载作用下的各单元固端力、等效结点荷载和综合结点荷载。各单元在其局部坐标系中的固端力为

$$\overline{\boldsymbol{F}}_{\mathrm{F}}^{\textcircled{1}} = \left\{ \begin{matrix} \overline{\boldsymbol{F}}_{\mathrm{F2}}^{\textcircled{1}} \\ \overline{\boldsymbol{F}}_{\mathrm{F3}}^{\textcircled{1}} \end{matrix} \right\} = \left\{ \begin{matrix} \overline{N}_{\mathrm{F2}}^{\textcircled{1}} \\ \overline{Q}_{\mathrm{F2}}^{\textcircled{1}} \\ \overline{M}_{\mathrm{F2}}^{\textcircled{1}} \\ \overline{N}_{\mathrm{F3}}^{\textcircled{1}} \\ \overline{Q}_{\mathrm{F3}}^{\textcircled{1}} \\ \overline{M}_{\mathrm{F3}}^{\textcircled{1}} \end{matrix} \right\} = \left\{ \begin{matrix} 0 \\ 50 \\ 50 \\ 0 \\ 50 \\ -50 \end{matrix} \right\}$$

$$\overline{\boldsymbol{F}}_{\mathrm{F}}^{\textcircled{2}} = \left\{ \begin{matrix} \overline{\boldsymbol{F}}_{\mathrm{F1}}^{\textcircled{2}} \\ \overline{\boldsymbol{F}}_{\mathrm{F2}}^{\textcircled{2}} \end{matrix} \right\} = \left\{ \begin{matrix} \overline{N}_{\mathrm{F1}}^{\textcircled{2}} \\ \overline{Q}_{\mathrm{F1}}^{\textcircled{2}} \\ \overline{M}_{\mathrm{F1}}^{\textcircled{2}} \\ \overline{N}_{\mathrm{F2}}^{\textcircled{2}} \\ \overline{Q}_{\mathrm{F2}}^{\textcircled{2}} \\ \overline{M}_{\mathrm{F2}}^{\textcircled{2}} \end{matrix} \right\} = \left\{ \begin{matrix} 0 \\ 60 \\ 40 \\ 0 \\ 60 \\ -40 \end{matrix} \right\}$$

$$\overline{\boldsymbol{F}}_{\mathrm{F}}^{\textcircled{3}} = 0$$

将单元①的 $\alpha=0°$,单元②、③的 $\alpha=90°$代入计算,可得各单元在整体坐标系下的固端力列向量:

$$\boldsymbol{F}_{\mathrm{F}}^{\textcircled{1}} = \left\{ \begin{matrix} \boldsymbol{F}_{\mathrm{F2}}^{\textcircled{1}} \\ \boldsymbol{F}_{\mathrm{F3}}^{\textcircled{1}} \end{matrix} \right\} = \begin{bmatrix} 1 & 0 & 0 & & & \\ 0 & 1 & 0 & & 0 & \\ 0 & 0 & 1 & & & \\ & & & 1 & 0 & 0 \\ & 0 & & 0 & 1 & 0 \\ & & & 0 & 0 & 1 \end{bmatrix} \left\{ \begin{matrix} 0 \\ 50 \\ 50 \\ 0 \\ 50 \\ -50 \end{matrix} \right\} = \left\{ \begin{matrix} 0 \\ 50 \\ 50 \\ 0 \\ 50 \\ -50 \end{matrix} \right\}$$

$$\boldsymbol{F}_{\mathrm{F}}^{\textcircled{2}} = \left\{ \begin{matrix} \boldsymbol{F}_{\mathrm{F2}}^{\textcircled{2}} \\ \boldsymbol{F}_{\mathrm{F3}}^{\textcircled{2}} \end{matrix} \right\} = \begin{bmatrix} 0 & -1 & 0 & & & \\ 1 & 0 & 0 & & 0 & \\ 0 & 0 & 1 & & & \\ & & & 0 & -1 & 0 \\ & 0 & & 1 & 0 & 0 \\ & & & 0 & 0 & 1 \end{bmatrix} \left\{ \begin{matrix} 0 \\ 60 \\ 40 \\ 0 \\ 60 \\ -40 \end{matrix} \right\} = \left\{ \begin{matrix} -60 \\ 0 \\ 40 \\ -60 \\ 0 \\ -40 \end{matrix} \right\}$$

$$\boldsymbol{F}_{\mathrm{F}}^{\textcircled{3}} = 0$$

由上式可以求出结点 2、3 上的等效结点荷载为

$$\boldsymbol{P}_{\mathrm{E2}} = -(\boldsymbol{F}_{\mathrm{F2}}^{\textcircled{1}} + \boldsymbol{F}_{\mathrm{F2}}^{\textcircled{2}}) = - \left\{ \begin{matrix} 0 \\ 50 \\ 50 \end{matrix} \right\} - \left\{ \begin{matrix} -60 \\ 0 \\ -40 \end{matrix} \right\} = \left\{ \begin{matrix} 60 \\ -50 \\ -10 \end{matrix} \right\}$$

$$\boldsymbol{P}_{\mathrm{E3}} = -(\boldsymbol{F}_{\mathrm{F3}}^{\textcircled{1}} + \boldsymbol{F}_{\mathrm{F3}}^{\textcircled{3}}) = - \left\{ \begin{matrix} 0 \\ 50 \\ -50 \end{matrix} \right\} - \left\{ \begin{matrix} 0 \\ 0 \\ 0 \end{matrix} \right\} = \left\{ \begin{matrix} 0 \\ -50 \\ 50 \end{matrix} \right\}$$

综合结点荷载为

$$\boldsymbol{P}_2 = \left\{ \begin{matrix} 50 \\ 0 \\ 0 \end{matrix} \right\} + \left\{ \begin{matrix} 60 \\ -50 \\ -10 \end{matrix} \right\} = \left\{ \begin{matrix} 110 \\ -50 \\ -10 \end{matrix} \right\}$$

$$\boldsymbol{P}_3 = \begin{Bmatrix} 0 \\ 0 \\ 0 \end{Bmatrix} + \begin{Bmatrix} 0 \\ -50 \\ 50 \end{Bmatrix} = \begin{Bmatrix} 0 \\ -50 \\ 50 \end{Bmatrix}$$

于是结构的结点外力列向量为

$$\boldsymbol{P} = \begin{Bmatrix} \boldsymbol{P}_1 \\ \boldsymbol{P}_2 \\ \boldsymbol{P}_3 \\ \boldsymbol{P}_4 \end{Bmatrix} = \begin{Bmatrix} X_1 \\ Y_1 \\ M_1 \\ X_2 \\ Y_2 \\ M_2 \\ X_3 \\ Y_3 \\ M_3 \\ X_4 \\ Y_4 \\ M_4 \end{Bmatrix} = \begin{Bmatrix} X_1 \\ Y_1 \\ M_1 \\ 110 \\ -50 \\ -10 \\ 0 \\ -50 \\ 50 \\ X_4 \\ Y_4 \\ M_4 \end{Bmatrix}$$

结构的原始刚度方程为

$$\begin{Bmatrix} X_1 \\ Y_1 \\ M_1 \\ 110 \\ -50 \\ -10 \\ 0 \\ -50 \\ 50 \\ X_4 \\ Y_4 \\ M_4 \end{Bmatrix} = 10^3 \begin{bmatrix} 12 & 0 & -24 & -12 & 0 & -24 & & & & & & \\ 0 & 500 & 0 & 0 & -500 & 0 & & 0 & & & 0 & \\ -24 & 0 & 64 & 24 & 0 & 32 & & & & & & \\ -12 & 0 & 24 & 512 & 0 & 24 & -500 & 0 & 0 & & & \\ 0 & -500 & 0 & 0 & 512 & 24 & 0 & -12 & 24 & & 0 & \\ -24 & 0 & 32 & 24 & 24 & 128 & 0 & -24 & 32 & & & \\ & & & -500 & 0 & 0 & 512 & 0 & 24 & -12 & 0 & 24 \\ & & & 0 & -12 & -24 & 0 & 512 & -24 & 0 & -500 & 0 \\ & & & 0 & 24 & 32 & 24 & -24 & 128 & -24 & 0 & 32 \\ & & & & & & -12 & 0 & -24 & 12 & 0 & -24 \\ & 0 & & & 0 & & 0 & -500 & 0 & 0 & 500 & 0 \\ & & & & & & 24 & 0 & 32 & -24 & 0 & 64 \end{bmatrix} \begin{Bmatrix} u_1 \\ v_1 \\ \varphi_1 \\ u_2 \\ v_2 \\ \varphi_2 \\ u_3 \\ v_3 \\ \varphi_3 \\ u_4 \\ v_4 \\ \varphi_4 \end{Bmatrix}$$

由于现在是手算示例,所以可采用缩减矩阵法引入支承条件,支承条件为

$$\boldsymbol{\delta}_1 = \begin{Bmatrix} u_1 \\ v_1 \\ \varphi_1 \end{Bmatrix} = \begin{Bmatrix} 0 \\ 0 \\ 0 \end{Bmatrix}, \quad \boldsymbol{\delta}_2 = \begin{Bmatrix} u_4 \\ v_4 \\ \varphi_4 \end{Bmatrix} = \begin{Bmatrix} 0 \\ 0 \\ 0 \end{Bmatrix}$$

在原始刚度矩阵中删除与已知零位移相对应的行和列,同时在结点位移列向量和结点荷载列向量中删除相应的行和列,原始刚度方程修改如下:

$$\begin{Bmatrix} 110 \\ -50 \\ -10 \\ 0 \\ -50 \\ 50 \end{Bmatrix} = 10^3 \begin{bmatrix} 512 & 0 & 24 & -500 & 0 & 0 \\ 0 & 512 & 24 & 0 & -12 & 24 \\ 24 & 24 & 128 & 0 & -24 & 32 \\ -500 & 0 & 0 & 512 & 0 & 24 \\ 0 & -12 & -24 & 0 & 512 & -24 \\ 0 & 24 & 32 & 24 & -24 & 128 \end{bmatrix} \begin{Bmatrix} u_2 \\ v_2 \\ \varphi_2 \\ u_3 \\ v_3 \\ \varphi_3 \end{Bmatrix}$$

(5)解方程,求得结点位移为

$$\begin{Bmatrix} u_2 \\ v_2 \\ \varphi_2 \\ u_3 \\ v_3 \\ \varphi_3 \end{Bmatrix} = 10^{-6} \begin{Bmatrix} 6318\text{m} \\ -23.38\text{m} \\ -1164\text{rad} \\ 6194\text{m} \\ -176.6\text{m} \\ -508.4\text{rad} \end{Bmatrix}$$

(6)计算各单元杆端力。

单元①:

$$\overline{F}_{最终}^{①} = \overline{F}^{①} + \overline{F}_F^{①} = Tk^{①}\begin{Bmatrix} \delta_2 \\ \delta_3 \end{Bmatrix} + \overline{F}_F^{①}$$

$$= \begin{Bmatrix} 0 \\ 50 \\ 50 \\ 0 \\ 50 \\ -50 \end{Bmatrix} + T \times 10^3 \begin{bmatrix} 500 & 0 & 0 & -500 & 0 & 0 \\ 0 & 12 & 24 & 0 & -12 & 24 \\ 0 & 24 & 64 & 0 & -24 & 32 \\ -500 & 0 & 0 & 500 & 0 & 0 \\ 0 & -12 & -24 & 0 & 12 & -24 \\ 0 & 24 & 32 & 0 & -24 & 64 \end{bmatrix} 10^{-6} \begin{Bmatrix} 6318 \\ -23.38 \\ -1164 \\ 6194 \\ -176.6 \\ -508.4 \end{Bmatrix}$$

$$= \begin{Bmatrix} 0 \\ 50 \\ 50 \\ 0 \\ 50 \\ -50 \end{Bmatrix} + \begin{bmatrix} 1 & 0 & 0 & & & \\ 0 & 1 & 0 & & 0 & \\ 0 & 0 & 1 & & & \\ & & & 1 & 0 & 0 \\ & 0 & & 0 & 1 & 0 \\ & & & 0 & 0 & 1 \end{bmatrix} \begin{Bmatrix} 62.0 \\ -38.3 \\ -87.1 \\ -62.0 \\ 38.3 \\ -66.1 \end{Bmatrix} = \begin{Bmatrix} 62.0\text{kN} \\ 11.7\text{kN} \\ -37.1\text{kN} \cdot \text{m} \\ -62.0\text{kN} \\ 88.3\text{kN} \\ -116.1\text{kN} \cdot \text{m} \end{Bmatrix}$$

单元②:

$$\overline{F}_{最终}^{②} = \overline{F}^{②} + \overline{F}_F^{②} = Tk^{②}\begin{Bmatrix} \delta_1 \\ \delta_2 \end{Bmatrix} + \overline{F}_F^{②}$$

$$= \begin{Bmatrix} 0 \\ 60 \\ 40 \\ 0 \\ 60 \\ -40 \end{Bmatrix} + T \times 10^3 \begin{bmatrix} 12 & 0 & -24 & -12 & 0 & -24 \\ 0 & 500 & 0 & 0 & -500 & 0 \\ -24 & 0 & 64 & 24 & 0 & 32 \\ -12 & 0 & 24 & 12 & 0 & 24 \\ 0 & -500 & 0 & 0 & 500 & 0 \\ -24 & 0 & 32 & 24 & 0 & 64 \end{bmatrix} 10^{-6} \begin{Bmatrix} 0 \\ 0 \\ 0 \\ 6318 \\ -23.38 \\ -1164 \end{Bmatrix}$$

$$= \begin{Bmatrix} 0 \\ 60 \\ 40 \\ 0 \\ 60 \\ -40 \end{Bmatrix} + \begin{bmatrix} 0 & 1 & 0 & & & \\ -1 & 0 & 0 & & 0 & \\ 0 & 0 & 1 & & & \\ & & & 0 & 1 & 0 \\ & 0 & & -1 & 0 & 0 \\ & & & 0 & 0 & 1 \end{bmatrix} \begin{Bmatrix} -47.9 \\ 11.7 \\ 114.4 \\ 47.9 \\ -11.7 \\ 77.1 \end{Bmatrix} = \begin{Bmatrix} 11.7\text{kN} \\ 107.9\text{kN} \\ 154.4\text{kN} \cdot \text{m} \\ -11.7\text{kN} \\ 12.1\text{kN} \\ 37.1\text{kN} \cdot \text{m} \end{Bmatrix}$$

单元③:

$$\overline{\boldsymbol{F}}^{③}_{最终} = \overline{\boldsymbol{F}}^{③} + \overline{\boldsymbol{F}}^{③}_{F} = \boldsymbol{Tk}^{③}\begin{Bmatrix} \delta_4 \\ \delta_3 \end{Bmatrix} + \overline{\boldsymbol{F}}^{③}_{F}$$

$$= \begin{Bmatrix} 0 \\ 0 \\ 0 \\ 0 \\ 0 \\ 0 \end{Bmatrix} + \boldsymbol{T} \times 10^3 \begin{bmatrix} 12 & 0 & -24 & -12 & 0 & -24 \\ 0 & 500 & 0 & 0 & -500 & 0 \\ -24 & 0 & 64 & 24 & 0 & 32 \\ -12 & 0 & 24 & 12 & 0 & 24 \\ 0 & -500 & 0 & 0 & 500 & 0 \\ -24 & 0 & 32 & 24 & 0 & 64 \end{bmatrix} 10^{-6} \begin{Bmatrix} 0 \\ 0 \\ 0 \\ 6194 \\ -176.6 \\ -508.4 \end{Bmatrix}$$

$$= \begin{bmatrix} 0 & 1 & 0 & & & \\ -1 & 0 & 0 & & 0 & \\ 0 & 0 & 1 & & & \\ & & & 0 & 1 & 0 \\ & 0 & & -1 & 0 & 0 \\ & & & 0 & 0 & 1 \end{bmatrix} \begin{Bmatrix} -62.1 \\ 88.3 \\ 132.4 \\ 62.1 \\ -88.3 \\ 116.1 \end{Bmatrix} = \begin{Bmatrix} 88.3\text{kN} \\ 62.1\text{kN} \\ 132.4\text{kN} \cdot \text{m} \\ -88.3\text{kN} \\ -62.1\text{kN} \\ 116.1\text{kN} \cdot \text{m} \end{Bmatrix}$$

最后刚架的变形图和弯矩图如图 7-9 所示。

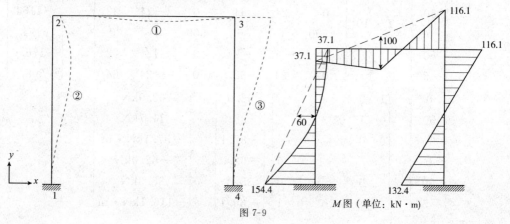

图 7-9

M 图（单位：kN·m）

7.7 平面刚架程序框图

7.7.1 总框图与程序标识符

1）总框图

平面刚架的整个计算过程总框图如图 7-10 所示,此图为初级程序框图。每个初级程序框图还可以进一步分成更细的几个二级程序框图。

按照上述总框图编制的平面刚架静力计算程序的适用范围如下。

（1）结构形式

由等截面直杆组成的具有任意几何形状的平面杆系结构:刚架、组合结构、桁架、排架和连续梁。

平面刚架单元之间的联结结点可以是刚结点、铰结点和刚铰混合结点。

（2）支座形式

结构的支座可以是固定支座、铰支座、滚轴支座和滑动支座。

（3）荷载类型

174

作用在结构上的荷载包括结点荷载和非结点荷载。

（4）材料性质

结构的各个杆件可以用不同的弹性材料组成。在平面刚架的矩阵分析中，考虑了杆件的弯曲变形和轴向变形，而忽略了剪切变形的影响。

2）程序标识符

现将子框图和源程序中主要标识符的意义说明如下。

（1）整型变量

NJ——结点总数；

NM——单元总数；

N——结点位移未知量总数，即整个结构的总自由度数，亦即总刚矩阵的阶数；

MB——最大的半带宽；

NME——材料种类数；

NGE——截面几何特性种类数；

NS——受约束的结点位移数；

NSJ——支承结点数；

NJP——结点荷载个数；

JN——荷载作用的结点号；

JD——荷载作用的方向号（1-水平力；2-垂直力；3-集中力偶）；

NLM——非结点荷载个数；

ILT——非结点荷载类型号；

K——单元序号。

（2）整型数组

ISE(NM,2)——各单元首端和末端结点号；

IMG(NM,2)——各单元的材料特性号和截面几何特性号；

IS(NS)——各约束自由度的总体编号。

（3）实型数组

WE(NME,2)——各种材料特性之重度和弹性模量；

AI(NGE,2)——各种截面几何特性之截面面积和抗弯惯性矩；

XY(NJ,2)——各结点坐标；

SD(NS)——各约束自由度的约束位移值（已知的支座位移）；

P(N)——结构总体荷载列阵，总刚求解后为结点位移增量；

TF(NM,6)——各单元杆端力增量；

BP(NS)——各约束点的约束反力增量；

DT(N)——结点位移累计量；

TFT(NM,6)——各单元杆端力累计量。

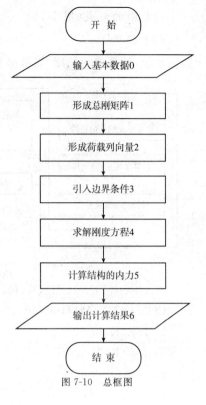

图 7-10　总框图

开　始

输入基本数据0

形成总刚矩阵1

形成荷载列向量2

引入边界条件3

求解刚度方程4

计算结构的内力5

输出计算结果6

结　束

7.7.2　子框图

下面讨论主要的子框图。

1)总刚的形成(图 7-11)

2)子程序 1

功能:计算单元长度、局部坐标系与整体坐标系夹角正弦值和余弦值(图 7-12)。

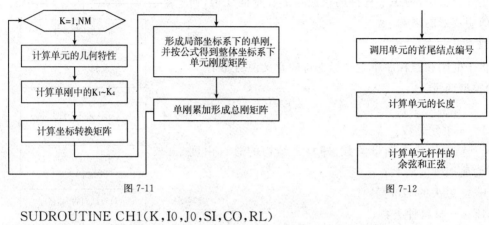

图 7-11

图 7-12

```
SUDROUTINE CH1(K,I0,J0,SI,CO,RL)
COMMON /M1/ISE(500,2),XY(500,2)
I=ISE(K,1)
J=ISE(K,2)
I0=3*(I-1)
J0=3*(J-1)
CO=XY(J,1)-XY(I,1)
SI=XY(J,2)-XY(I,2)
```

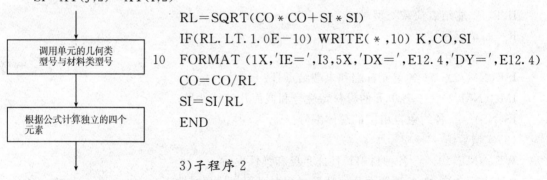

```
      RL=SQRT(CO*CO+SI*SI)
      IF(RL.LT.1.0E-10) WRITE(*,10) K,CO,SI
10    FORMAT (1X,'IE=',I3,5X,'DX=',E12.4,'DY=',E12.4)
      CO=CO/RL
      SI=SI/RL
      END
```

图 7-13

3)子程序 2

功能:计算局部坐标系下单刚的 4 个独立元素(图 7-13)。

```
      SUBROUTINE DKE(K,NME,NGE,RL,AI,WE)
COMMON /M2/IMG(500,2),TF(500,6),EK(500,4)
DIMENSION AI(NGE,3),WE(NME,2)
M=IMG(K,2)
IF(M.LE.0) GOTO 100
A=AI(M,1)
E=WE(IMG(K,1),2)
R=AI(M,2)
EK(K,1)=E*A/RL
EK(K,2)=12.0*E*R/(RL*RL*RL)
```

176

```
      EK(K,3)=6.0 * E * R/(RL * RL)
      EK(K,4)=4.0 * E * R/RL
100   CONTINUE
      END
```

4)子程序3

功能:计算单元的转换矩阵。

```
      SUBROUTINE CTA (CO,SI,T)
      DIMENSION T(6,6)
      CALL   CLEAR(6,6,T)
      T(1,1)=CO
      T(1,2)=SI
      T(2,1)=-SI
      T(2,2)=CO
      T(3,3)=1.0
      DO 20 I=1,3
      DO 10 J=1,3
10    T(I+3,J+3)=T(I,J)
20    CONTINUE
      END
```

5)子程序4

功能:由局部坐标系下的单刚形成整体坐标系下的单刚矩阵(图 7-14)。

```
      SUBROUTINE   KE(K,T,AE)
      COMMON /M2/IMG(500,2),TF(500,6),EK(500,4)
      DIMENSION AE(6,6),T(6,6),T2(6,6)
      CALL CLEAR(6,6,AE)
      AE(1,1)=-EK(K,1)
      AE(1,4)=-EK(K,1)
      AE(2,2)=EK(K,2)
      AE(2,3)=-EK(K,3)
      AE(2,5)=-EK(K,2)
      AE(2,6)=EK(K,3)
      AE(3,3)=EK(K,4)
      AE(3,5)=-EK(K,3)
      AE(3,6)=EK(K,4)/2.0
      AE(4,4)=EK(K,1)
      AE(5,5)=EK(K,2)
      AE(5,6)=-EK(K,3)
      AE(6,6)=EK(K,4)
```

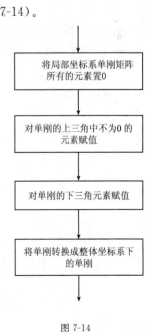

图 7-14

```
        DO 30 I=1,5
            DO 30 J=I+1,6
30          AE(J,I)=AE(I,J)
        CALL   MARMUL(6,6,6,AE,T,T1)
            DO 20 I=1,6
                DO 20   J=1,6
20      T2(I,J)=T(J,I)
        CALL   MATMUL(6,6,6,T2,T1,AE)
        END
```

6)程序

功能:由整体坐标系下的单刚形成总刚(图7-15)。

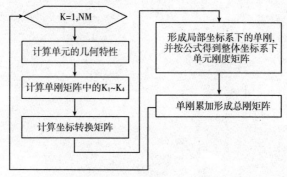

图 7-15

```
        SUBROUTINE FORMK(IO,JO,N,AE,A)
        DIMENSION A(N,N),AE(6,6)
        DO 20 I=1,3
        II=IO+I
        DO 10 J=I,3
        JJ=JO+J
10      A(II,JJ)=A(II,JJ)+AE(I,J)
20      CONTINUE
        DO 40 I=4,6
        II=JO+I-3
        DO 30 J=I,6
        JJ=JO+J-3
30      A(II,JJ)=A(II,JJ)+AE(I,J)
40      CONTINUE
        IF (IO. IT. JO) THEN
        DO 60 I=1,3
        II=IO+I
        DO 50 J=4,6
```

```
          JJ=JO+J-3
50    A(II,JJ)=A(II,JJ)+AE(I,J)
60    CONTINUE
      ELSE
      DO 80 I=4,6
      II=JO+I-3
      DO 70 J=1,3
      JJ=IO+J
70    A(II,JJ)=A(II,JJ)+AE(I,J)
80    CONTINUE
      END IF
      END
```

7)子程序

功能:处理结点荷载。

```
SUBROUTINE IOJP(N,P)
DIMENSION P(N)
! P(N)荷载列阵
! NJP 结点荷载数,如果同一个结点在三个方向分别作用有荷载,则应记为三个荷载
! JN 荷载作用的结点号
! JD 荷载作用的方向号(1 水平力;2 垂直力;3 弯矩)
! PV 荷载值(水平和垂直荷载分别以整体坐标的 x 和 y 正向为正;弯矩以逆时针为正)
      READ(5,*)NJP
      WRITE(6,'(1X,''NJP='',I3)') NJP
      IF (NJP.EQ.0) GOTO 200
      WRITE(6,'(3X,''JN'',7X,''JD'',7X,''PV'')')
      DO 100 I=1,NJP
         READ(5,*) JN,JD,PV
         WRITE(6,'(I5,I9,E12.4)') JN,JD,PV
         J=3*(JN-1)+JD
         P(J)=P(J)+PV
100   CONTINUE
200   CONTINUE
      END
```

8)子程序

功能:处理非结点荷载。

```
SUBROUTINE FTFB(K,N,RI,IO,JO,ILT,PV,DX,T,P)
COMMON/M2/IMG(500,2),TF(500,6),EK(500,4)
DIMENSION T(6,6),P(N),F(6),F1(6)
```

```
        DO 10 I＝1,6
        F(I)＝0.0
        A＝DX
        B＝1.0－A
        GOTO (20,40)  ILT
        X＝DX＊RL
C       第1类荷载类型
        F(2)＝PV＊(1.0＋2.0＊DX)＊B＊B
        F(5)＝PV－F(2)
        F(3)＝PV＊X＊B＊B
        F(6)＝－PV＊A＊A＊(RL－X)
        GOTO 200
C       第2类荷载类型
        F(1)＝－PV＊B1
        F(4)＝－PV－F(1)
        GOTO 200
```

```
200     DO 210 J＝1,6
        TF(K,J)＝TF(K,J)＋F(J)
        DO 230 J＝1,6
        F1(J)＝0.0
        DO 220 JJ＝1,6
        F1(J)＝F1(J)－T(JJ,J)＊F(JJ)
        CONTINUE
        DO 240 J＝1,3
        JI＝IO＋J
        JJ＝JO＋J
        P(JI)＝P(JI)＋F1(J)
240     P(JJ)＝P(JJ)＋F1(J＋3)
        END
```

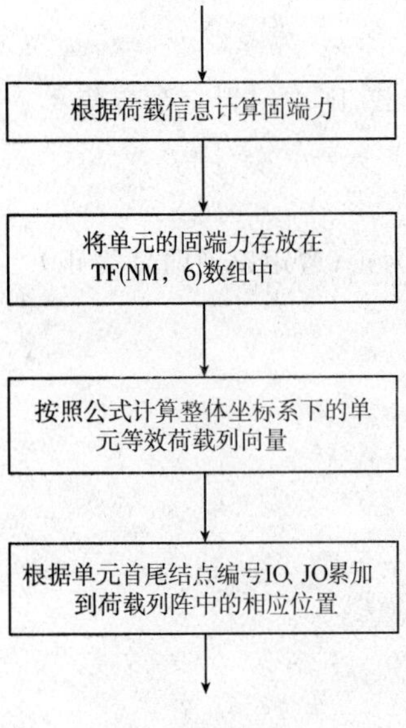

图 7-16

该子程序的程序框图见图 7-16。

7.7.3　总程序

```
PROGRAM CCS
IMPLICIT DOUBLE PRECISION (A－H,O－Z）,INTEGER (I－N)
COMMON /M1/ISE(500,2),XY(500,2)/M2/IMG(500,2),TF(500,6),EK(500,4)
DIMENSION IS(100),W(8000),T(6,6),AE(6,6)
CHARACTER PN＊14,FN＊12
! NM,NJ,NS,NGE,NME,N 结构参数
! TF(6,6)坐标转换矩阵[T];A9(6,6)单元刚度矩阵
```

180

```fortran
      DATA W/8000*0/
      WRITE(*,'(A)') '输入计算问题名(PN)'
      READ(*,'(A)') PN
      CALL FNAME(PN,'.DAT',FN)
      OPEN(5,FILE=FN,STATUS='OLD')
      CALL FNAME(PN,'.OUT',FN)
      OPEN(6,FILE=FN,STATUS='UNKNOWN')
      READ(5,*) NM,NJ,NS,NGE,NME
!     计算各数组对应的一维动态数组的起始位置
      N=3*NJ
      L1=1                  ! AI(NGE,2)      W(L1)
      L2=L1+2*NGE           ! A(N,N)         W(L2)
      L3=L2+N*N             ! WE(NME,2)      W(L3)
      L4=L3+2*NME           ! P(N)          W(L4)
      L5=L4+N               ! SD(NS)         W(L5)
      LL=L5+NS
      IF(LL.LT.8000) GOTO 10
      WRITE(*,'(A,I5)') 'LL=',LL
      STOP 'COMMON SIZE IS TOO SMALL!'
10    CONTINUE

!     输入
      CALL INPUT(NM,NJ,NS,NGE,NME,IS(1),W(L5),W(L1),W(L3))

!     处理结点荷载
      CALL IOJP(N,W(L4))

!     处理非结点荷载
      READ(5,*) NLM ! NLM 非结点荷载个数
      WRITE(6,'(1X,''NLM='',I3)') NLM
      IF (NLM.EQ.0) GOTO 200
      DO I=1,NLM
      READ(5,*) K,ILT,PV,DX
      WRITE(6,205)
      WRITE(6,210) K,ILT,PV,DX
      CALL CH1(K,IO,JO,SI,CO,RL)
      CALL CTA(CO,SI,T)
      CALL FTFB(K,N,RL,IO,JO,ILT,PV,DX,T,W(L4))
205   FORMAT(2X,'K',7X,'ILT',11X,'PV',15X,'DX')
210   FORMAT(1X,I3,6X,I3,6X,E12.4,8X,F5.3)
```

```
         ENDDO
200      CONTINUE
         ！形成总刚
         DO 100 K=1,NM
         CALL CH1(K,IO,JO,SI,CO,RL)
         CALL CTA(CO,SI,T)
         CALL DKE(K,NME,NGE,RL,W(L1),W(L3))
         CALL KE(K,T,AE)
         CALL FORMK(IO,JO,N,AE,W(L2))
100      CONTINUE
         ！引入支承条件,处理总刚
         CALL ASD(NS,N,IS(1),W(L2))


         ！引入支承条件,处理右端项
         CALL BSD(NS,N,IS,W(L5),W(L4))


         ！解方程,求结点位移
         CALL GAUSS1(N,W(L2),W(L4))


         ！计算杆端力
         CALL COTF(NM,N,W(L4))


         ！输出
         CALL OUTPUT(NM,NJ,N,W(L4))
         END


         ！高斯消去法
         SUBROUTINE   GAUSS1(N,A,B)
         IMPLICIT DOUBLE PRECISION (A－H,O－Z），INTEGER (I－N)
         DIMENSION   A(N,N),B(N)
         ！系数矩阵消元
         DO  40   M=1,N－1
         DO  30   I=M+1,N
         C1=A(M,I)/A(M,M)
         DO  20   J=I,N
         A(I,J)=A(I,J)－A(M,J)＊C1
20       CONTINUE
30       CONTINUE
40       CONTINUE
         ！右端项消元
```

```fortran
        DO  60   M=1,N-1
        C2=B(M)/A(M,M)
        DO  50   I=M+1,N
        B(I)=B(I)-A(M,I)*C2
50      CONTINUE
60      CONTINUE
!  回代求结点位移
        B(N)=B(N)/A(N,N)
        DO 80 I=N-1,1,-1
        DO 70 J=I+1,N
        B(I)=B(I)-A(I,J)*B(J)
70      CONTINUE
        B(I)=B(I)/A(I,I)
80      CONTINUE
        END


!  数据输入
        SUBROUTINE INPUT(NM,NJ,NS,NGE,NME,IS,SD,AI,WE)
        IMPLICIT DOUBLE PRECISION (A-H,O-Z),INTEGER (I-N)
        COMMON /M1/ISE(500,2),XY(500,2)/M2/IMG(500,2),TF(500,6),EK(500,4)
        DIMENSION IS(NS),AI(NGE,2),WE(NME,2),SXYM(3),SD(NS)
        DO I=1,NM
        READ(5,*) M,(ISE(I,J),J=1,2),(IMG(I,J),J=1,2)
        ENDDO
        READ(5,*) (M,(XY(I,J),J=1,2),I=1,NJ)
        READ(5,*) (M,(WE(I,J),J=1,2),I=1,NME)
        READ(5,*) (M,(AI(I,J),J=1,2),I=1,NGE)
        READ(5,*) NSJ
        JS=0
        DO 50 JSJ=1,NSJ
        READ(5,*) ISJ,(SXYM(I),I=1,3)
        ID=3*(ISJ-1)
        DO 40 J=1,3
        IF(SXYM(J).GT.9998.0) GOTO 40
        JS=JS+1
        SD(JS)=SXYM(J)
        IS(JS)=ID+J
40      CONTINUE
50      CONTINUE
        IF(JS.GT.NS) THEN
```

```fortran
      WRITE( * ,'(1X,"NS TOO SMALL "/1X,"NS SHOULD BE",I3)') JS
      STOP
      END IF
      WRITE(6,100)
      WRITE(6,110) NM,NJ,NS,NGE,NME
      WRITE(6,120) (I,(ISE(I,J),J=1,2),(IMG(I,J),J=1,2),I=1,NM)
      WRITE(6,130) (I,(XY(I,J),J=1,2),I=1,NJ)
      WRITE(6,160) (I,(WE(I,J),J=1,2),I=1,NME)
      WRITE(6,170) (I,(AI(I,J),J=1,2),I=1,NGE)
      WRITE(6,180) (I,IS(I),I=1,NS)
100   FORMAT(//5X,'=======OUTPUT=========')
110   FORMAT(/1X,'NM=',I5,5X,'NJ=',I5,5X,'NS=',I5,5X,'NGE=',I4,5X,'
      NME=',I4)
120   FORMAT(/2X,'IE',5X,'IST',5X,'IEN',5x,'IME',5X,'IGE'/500(I4,4I8/))
130   FORMAT(2X,'IJ',11X,'X',11X,'Y'/500(I4,2F12.3/))
160   FORMAT(1X,'NUM',6X,'GRAV',10X,'E'/100(I4,2E12.4/))
170   FORMAT(1X,'NUM',8X,'A',13X,'I'/200(I4,2E14.5/))
180   FORMAT(1X,'NUM',8X,'ID'/200(I4,I10/))
300   CONTINUE
      END


!  矩阵[A]与[B]相乘,存入[C]中
      SUBROUTINE  MATMUL(M,N,L,A,B,C)
      IMPLICIT DOUBLE PRECISION （A-H,O-Z ）,INTEGER (I-N)
      DIMENSION A(M,N),B(N,L),C(M,L)
      DO 100 I=1,M
      DO 100 J=1,L
      C(I,J)=0.0
      DO 100 K=1,N
100   C(I,J)=C(I,J)+A(I,K)*B(K,J)
      END


!  矩阵[A]的转置
      SUBROUTINE  MATTRA(M,N,A,B)
      IMPLICIT DOUBLE PRECISION （A-H,O-Z ）,INTEGER (I-N)
      DIMENSION  A(M,N),B(N,M)
      DO 100 I=1,M
      DO 100  J=1,N
100   B(J,I)=A(I,J)
      END
```

184

```
！已知对称矩阵的上三角,求下三角
      SUBROUTINE SYM(N,A)
      DIMENSION  A(N,N)
      DO 100 I=1,N-1
      DO 100 J=I+1,N
100   A(J,I)=A(I,J)
      END


！矩阵[A]赋零初值
      SUBROUTINE CLEAR(M,N,A)
      IMPLICIT DOUBLE PRECISION（A-H,O-Z）,INTEGER（I-N）
      DIMENSION A(M,N)
      DO 100 I=1,M
      DO 100 J=1,N
100A(I,J)=0.0
      END


！计算单元几何参数
      SUDROUTINE CHL(K,I0,J0,SI,CO,RL)
      IMPLICIT DOUBLE PRECISION（A-H,O-Z）,INTEGER（I-N）
      COMMON /ML/ISE(500,2),XY(500,2)
      I=ISE(K,1)
      J=ISE(K,2)
      I0=3*(I-1)
      J0=3*(J-1)
      CO=XY(J,1)-XY(I,1)
      Si=XY(J,2)-XY(I,2)
      Rl=SQRT(CO*CO+SI*SI)
      IF(RI.It.1.0E-10) WRITE(*,10) K,CO,SI
10    FORMAT (1X,'IE=',I3,5X,'DX=',E12.4,'DY=',E12.4)
      CO=CO/Rl
      SI=SI/Rl
      END


！求转置矩阵
      SUDROUTINE CTA(CO,SI,T)
      IMPLICIT DOUBLE PRECISION（A-H,O-Z）,INTEGER（I-N）
      DIMENSION T(6,6)
      CALL  CLEAR(6,6,T)
      T(1,1)=CO
```

```fortran
      T(1,2)=SI
      T(2,1)=-SI
      T(2,2)=CO
      T(3,3)=1.0
      DO 20 I=1,3
      DO 10 J=1,3
10    T(I+3,J+3)=T(I,J)
20    CONTINUE
      END
```

！求局部坐标系单刚的4个独立元素
```fortran
      SUBROUTINE DKE(K,NME,NGE,RL,AI,WE)
      IMPLICIT DOUBLE PRECISION (A-H,O-Z),INTEGER (I-N)
      COMMON /M2/IMG(500,2),TF(500,6),EK(500,4)
      DIMENSION AI(NGE,3),WE(NME,2)
      M=IMG(K,2)
      IF(M.LE.0) GOTO 100
      A=AI(M,1)
      E=WE(IMG(K,1),2)
      R=AI(M,2)
      EK(K,1)=E*A/RL
      EK(K,2)=12.0*E*R/(RL*RL*RL)
      EK(K,3)=6.0*E*R/(RL*RL)
      EK(K,4)=4.0*E*R/RL
100   CONTINUE
      END
```

！形成整体坐标系单刚
```fortran
      SUBROUTINE  KE(K,T,AE)
      IMPLICIT DOUBLE PRECISION (A-H,O-Z),INTEGER (I-N)
      COMMON /M2/IMG(500,2),TF(500,6),EK(500,4)
      DIMENSION AE(6,6),T(6,6),T2(6,6),T1(6,6)
      CALL CLEAR(6,6,AE)
      AE(1,1)=EK(K,1)
      AE(1,4)=-EK(K,1)
      AE(2,2)=EK(K,2)
      AE(2,3)=EK(K,3)
      AE(2,5)=-EK(K,2)
      AE(2,6)=EK(K,3)
      AE(3,3)=EK(K,4)
```

```fortran
          AE(3,5)＝－EK(K,3)
          AE(3,6)＝EK(K,4)/2.0
          AE(4,4)＝EK(K,1)
          AE(5,5)＝EK(K,2)
          AE(5,6)＝－EK(K,3)
          AE(6,6)＝EK(K,4)
          DO 30 I＝1,5
          DO 30 J＝I＋1,6
30        AE(J,I)＝AE(I,J)
          CALL MATMUL(6,6,6,AE,T,T1)
          DO 20 I＝1,6
          DO 20 J＝1,6
20        T2(I,J)＝T(J,I)
          CALL MATMUL(6,6,6,T2,T1,AE)
          END


！将单刚累加到总刚
          SUDROUTINE FORMK(IO,IO,N,AE,A)
          IMPLICIT DOUBLE PRECISION （A－H,O－Z）,INTEGER （I－N）
          DIMENSION A(N,N),AE(6,6)
          DO 20 I＝1,3
          II＝IO＋I
          DO 10 J＝I,3
          JJ＝IO＋J
10        A(II,JJ)＝A(II,JJ)＋AE(I,J)
20        CONTINUE
          DO 40 I＝4,6
          II＝JO＋I－3
          DO 30 J＝I,6
          JJ＝JO＋J－3
30        A(II,JJ)＝A(II,JJ)＋AE(I,J)
40        CONTINUE
          IF (IO. IT. JO) THEN
          DO 60 I＝1,3
          II＝IO＋I
          DO 50 J＝4,6
          JJ＝JO＋J－3
50        A(II,JJ)＝A(II,JJ)＋AE(I,J)
60        CONTINUE
          ELSE
```

```fortran
        DO 80 I=4,6
        II=JO+I-3
        DO 70 J=1,3
        JJ=IO+J
70      A(II,JJ)=A(II,JJ)+AE(I,J)
80      CONTINUE
        END IF
        END


        ! 处理结点荷载
        SUBROUTINE IOJP(N,P)
        IMPLICIT DOUBLE PRECISION (A-H,O-Z), INTEGER (I-N)
        DIMENSION P(N)
        ! P(N)荷载列阵
        ! NJP 结点荷载数,如果同一个结点在三个方向分别作用有荷载,则应记为三个荷载
        ! JN 荷载作用的结点号
        ! JD 荷载作用的方向号(1 水平力;2 垂直力;3 弯矩)
        ! PV 荷载值(水平和垂直荷载分别以整体坐标的 x 和 y 正向为正;弯矩以逆时针为正)
        READ(5,*)NJP
        WRITE(6,'(1X,"NJP=",I3)') NJP
        IF (NJP.EQ.0) GOTO 200
        WRITE(6,'(3X,"JN",7X,"JD",7X,"PV")')
        DO 100 I=1,NJP
        READ(5,*) JN,JD,PV
        WRITE(6,'(I5,I9,E12.4)') JN,JD,PV
        J=3*(JN-1)+JD
        P(J)=P(J)+PV
100     CONTINUE
200     CONTINUE
        END


        ! 处理非结点荷载
        SUBROUTINE FTFB(K,N,RL,IO,JO,ILT,PV,DX,T,P)
        IMPLICIT DOUBLE PRECISION (A-H,O-Z), INTEGER (I-N)
        COMMON /M2/IMG(500,2),TF(500,6),EK(500,4)
        DIMENSION T(6,6),P(N),T(6),F1(6)
        DO 10 I=1,6
10      F(I)=0.0
        A=DX
        B=1.0-A
```

```
        X=DX*RL
        GOTO (20,40,60,80,100,120,140)  ILT
        ！第1类荷载类型(梁中作用横向集中力)
20      F(2)=PV*(1.0+2.0*DX)*B*B
        F(5)=PV−F(2)
        F(3)=PV*X*B*B
        F(6)=−PV*A*A*(RL−X)
        GOTO 200
        ！第2类荷载类型(梁中作用纵向集中力)
40      F(1)=−PV*B
        F(4)=−PV−F(1)
        GOTO 200
        ！第3类荷载类型(梁中作用横向均布荷载)
60      f(2)=PV*X*(1.0−A*A+A*A*A/2.0)
        F(5)=PV*X−F(2)
        F(3)=PV*X*X*(6.0−8.0*A+3.0*A*A)/12.0
        F(6)=−PV*X*X*A*(4.0−3.0*A)/12.0
        GOTO 200
        ！第4类荷载类型(梁中作用纵向均布荷载)
        80F(1)=−PV*X*A/2.0
        F(4)=−PV*X−F(1)
        GOTO 200
        ！第5类荷载类型(梁中作用集中力偶)
100     F(2)=−6.0*PV*B*A/RL
        F(5)=−F(2)
        F(3)=PV*B*(2.0−3.0*B)
        F(6)=PV*A*(2.0−3.0*A)
        GOTO 200
        ！第6类荷载类型(安装误差)
120     F(1)=−PV
        F(4)=−F(1)
        GOTO 200
        ！第7类荷载类型(温度变形荷载)
        ！PV=E*A*形心轴处轴向应变E0,DX=E*I*弯曲变形的曲率
140     F(1)=PV
        F(4)=−PV
        F(3)=−DX
        F(6)=DX
        GOTO 200
200     DO 210 J=1,6
```

189

```fortran
210       TF(K,J)＝TF(K,J)＋F(J)
          DO 230 J＝1,6
          F1(J)＝0.0
          DO 220 JJ＝1,6
220       F1(J)＝F1(J)－T(JJ,J)＊F(JJ)
230       CONTINUE
          DO 240 J＝1,3
          JI＝IO＋J
          JJ＝JO＋J
          P(JI)＝P(JI)＋F1(J)
240       P(JJ)＝P(JJ)＋F1(J＋3)
          END


!引入支承条件,对总刚处理
          SUBROUTINE ASD(NS,N,IS,A)
          IMPLICIT DOUBLE PRECISION（A－H,O－Z）,INTEGER（I－N）
          DIMENSION IS(NS),A(N,N)
          DO 100 M＝1,NS
          I＝IS(M)
          A(I,I)＝1.0E20
100       CONTINUE
          END


!引入支承条件,对右端项处理
          SUBROUTINE BSD(NS,N,IS,SD,P)
          IMPLICIT DOUBLE PRECISION（A－H,O－Z）,INTEGER（I－N）
          DIMENSION IS(NS),SD(NS),P(N)
          DO 50 M＝1,NS
          I＝IS(M)
          P(I)＝SD(M)＊1.0E20
50        CONTINUE
          END


!计算因位移而引起的杆端内力
          SUBROUTINE COTF(NM,N,P)
          IMPLICIT DOUBLE PRECISION（A－H,O－Z）,INTEGER（I－N）
          COMMON/M1/ISE(500,2),XY(500,2)/M2/IMG(500,2),TF(500,6),EK(500,4)
          DIMENSION P(N),D1(6),T(6,6),D2(6)
          !K 单元号;P(N)结构结点位移列阵
          !D1(6),D2(6)工作数组
```

190

！D1(6) 先存放局部坐标系单元杆端位移,后存放局部坐标系单元杆端内力

！D2(6)　存放整体坐标系单元位移

！TF　各单元始、末端的杆端内力

```
      DO 100 IE=1,NM
      CALL CH1(IE,IO,JO,SI,CO,RL)
```

！寻找单元结点位移

```
      DO 10 I=1,3
      II=IO+I
      JJ=JO+I
      0D1(I)=P(II)
      D1(I+3)=P(JJ)
10    CONTINUE
```

！求杆端内力 D1(6)

```
      CALL CTA(CO,SI,T)
      CALL MATMUL(6,6,1,T,D1,D2)
      D1(1)=EK(IE,1)*(D2(1)-D2(4))
      D1(2)=EK(IE,2)*(D2(2)-D2(5))+EK(IE,3)*(D2(3)+D2(6))
      D1(3)=EK(IE,3)*(D2(2)-D2(5))+EK(IE,4)*(D2(3)+D2(6)/2.0)
      D1(6)=EK(IE,3)*(D2(2)-D2(5))+EK(IE,4)*(D2(6)+D2(3)/2.0)
      D1(4)=-D1(1)
      D1(5)=-D1(2)
```

！将杆端内力 D1 置于 TF 数组中

```
      DO 20 I=1,6
20    TF(IE,I)=TF(IE,I)+D1(I)
100   CONTINUE
      END
```


！输出位移和内力

```
      SUBROUTINE OUTPUT(NM,NJ,N,P)
      IMPLICIT DOUBLE PRECISION (A-H,O-Z),INTEGER (I-N)
      COMMON/M2/IMG(500,2),TF(500,6),EK(500,4)
      DIMENSION P(N)
      WRITE(6,10)
      WRITE(6,'(1X,I4,3E13.4)')(M,(P(I),I=3*M-2,3*M),M=1,NJ)
      WRITE(6,30)
      WRITE(6,'(1X,I4,6E11.4)')(I,(TF(I,J),J=1,6),I=1,NM)
10    FORMAT (/10X,' THE JOINT DISPLACEMENTS:'//1X,' JOINT', 8X,' U',
     12X,'V',12X,'Q')
30    FORMAT(/, 10X, ' THE TERMINAL FORCES:', /, /, 1X, 'MEMBER',
     3X, &
```

```
    &    'N(ST)', 6X, 'Q(ST)', 6X, 'M(ST))', 6X, 'N(EN)', 6X, &
    &    'Q(EN)', 6X, 'M(EN)')
         END


!  由 PN 和 FN2 组合形成文件名 FN
         SUBROUTINE FNAME(PN,FN2,FN)
         CHARACTER PN * 40,FN2 * 4,FN * 12
!  去掉 PN 中前面的空格
         DO 10 I=1,40
         IF(PN(I:I).EQ.' ') GOTO 10
         IP=I
         GOTO 20
10       CONTINUE
20       CONTINUE
         FN(1:8)=PN(IP:IP+7)
!  去掉 FN 后的空格
         DO 30 I=8,1,-1
         IF(FN(I:I).EQ.' ') GOTO 30
         IL=I
         GOTO 40
30       CONTINUE
40       CONTINUE
!  生成文件名 FN=PN+FN2
         FN(IL+1:IL+4)=FN2(1:4)
         END
```

7.7.4　计算示例

求图 7-17 所示刚架的内力。设各杆为矩形截面,横梁为 $b_2 \times h_2 = 0.5\text{m} \times 1.26\text{m}$,立柱为 $b_1 \times h_1 = 0.5\text{m} \times 1\text{m}$,立柱的均布荷载集度为 $q = 1\text{kN/m}$,刚架跨度为 12m,高度为 6m,设弹性模量 $E=1$ 。

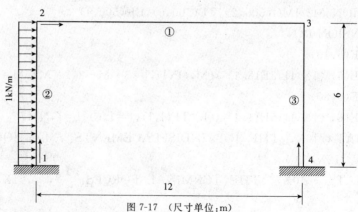

图 7-17　(尺寸单位:m)

1)建立数据文件(名字为 E1.dat)

3,4,6,2,1, NM,NJ,NS,NGE,NME

1,1,2,1,1, M,(ISE(I,J),J=1,2),(IMG(I,J),J=1,2)

2,2,3,1,2

3,3,4,1,1

1, 0.0,   0.0, M,(XY(I,J),J=1,2),I=1,NJ

2, 0.0,   6.0

3,12.0,   6.0

4,12.0,   0.0

1,22.0,1.0, M,WE(I,J),J=1,2),I=1,NME

1, 0.5, 4.167E−2, M,(AI(I,J),J=1,2),I=1,NGE

2, 0.63,8.333E−2

2, NSJ

1,0.0,0.0,0.0, ISJ,(SXYM(I),I=1,3)

4,0.0,0.0,0.0

0,NJP

1,NLM

1,3,1.0,1.0, K,ILT,PV,DX

2)计算结果

=======OUTPUT=========

NM= 3   NJ= 4   NS= 6   NGE= 2   NME= 1

IE	IST	IEN	IME	IGE
1	1	2	1	1
2	2	3	1	2
3	3	4	1	1

IJ	X	Y
1	.000	.000
2	.000	6.000
3	12.000	6.000
4	12.000	.000

NUM	GRAV	E
1	.2200E+02	.1000E+01

NUM	A	I
1	.50000E+00	.41670E−01
2	.63000E+00	.83330E−01

NUM	ID
1	1
2	2
3	3
4	10
5	11
6	12

NJP= 0

NLM= 1

K	ILT	PV	DX
1	3	.1000E+01	1.000

THE JOINT DISPLACEMENTS:

JOINT	u	v	q
1	.1764E−19	.4277E−20	−.5488E−19
2	.8471E+03	.5133E+01	−.2841E+02
3	.8235E+03	−.5133E+01	−.9648E+02
4	.1236E−19	−.4277E−20	−.4379E−19

THE TERMINAL FORCES:

MEMBER	N(ST)	Q(ST)	M(ST)	N(EN)	Q(EN)	M(EN)
1	−.4277E+00	.4764E+01	.8488E+01	.4277E+00	.1236E+01	.2094E+01
2	.1236E+01	−.4277E+00	−.2094E+01	−.1236E+01	.4277E+00	−.3039E+01
3	.4277E+00	.1236E+01	.3039E+01	−.4277E+00	−.1236E+01	.4379E+01

7.7.5 练习

(1)试利用程序计算图 7-18 所示刚架的结点变形和杆端力,并作出轴力、剪力和弯矩图。设各杆几何尺寸相同,$l = 5\text{m}$,$A = 0.5\text{m}^2$,$I = \dfrac{1}{24}\text{m}^4$,$E = 3 \times 10^4 \text{MPa}$。要求:

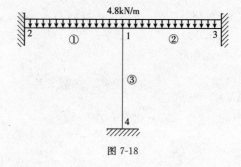

图 7-18

①写出基本数据输入文件 LX1. dat。

②运行上述执行程序,并得到输出结果文件 LX1. out。

③根据输出结果文件绘出轴力、剪力和弯矩图。

（2）图 7-19 所示结构为一三跨预应力混凝土刚构连续梁桥，主梁为等截面组合 T 形梁，桥墩为等截面实心柱，经计算各有关截面几何特性和材料特性参数为：

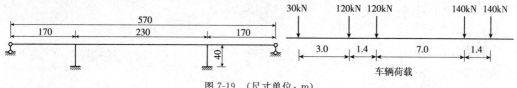

图 7-19　（尺寸单位：m）

①面积为 A，抗弯惯性矩为 I，抗弯截面模量为 W_x（下缘）和 W_s（上缘）。主梁：$A = 9.341\text{m}^2$，$I = 13.503\text{m}^4$，$W_x = 11.295\,5\text{m}^3$，$W_s = 6.807\,6\text{m}^3$。主墩：$A = 32.2\text{m}^2$，$I = 5.779\text{m}^4$，$W_x = 0.785\text{m}^3$，$W_s = 0.785\text{m}^3$。

②材料特性参数：弹性模量 $E = 3.5 \times 10^4 \text{MPa}$，重度 $\gamma = 26\text{kN/m}^3$，线膨胀系数按 $\alpha = 1 \times 10^{-5}$。

要求按以下两个工况计算结点变形和杆端力，并作出弯矩图：

①假设结构为一次落架，计算一期恒载下的相应弯矩图。

②在中跨跨中作用一如图所示车辆，试验算其结构强度和刚度，假设混凝土容许抗拉应力 $\sigma_l = 3\text{MPa}$，验算时跨中最大挠度不应超过 $l/500$。

解答：

工况一：基本输入数据文件：

5,6,8,2,1

1,1,2,1,1

2,2,3,1,1

3,3,4,1,1

4,5,2,2,1

5,6,3,2,1

1,0,0

2,170,0

3,400,0

4,570,0

5,170,−40

6,400,−40

1,26.0,3.5e10

1,9.341,13.503

2,32.2,5.779

4

1,9999,0.0,9999

4,9999,0.0,9999

5,0.0,0.0,0.0

6,0.0,0.0,0.0

0

5

1,3,242.866,1.0
2,3,242.866,1.0
3,3,242.866,1.0
4,4,832.7,1.0
5,4,832.7,1.0
输出文件：
=======OUTPUT=========

NM=　5　NJ=　6　NS=　8　NGE=　2　NME=　1

IE	IST	IEN	IME	IGE
1	1	2	1	1
2	2	3	1	1
3	3	4	1	1
4	5	2	2	1
5	6	3	2	1

IJ	X	Y
1	.000	.000
2	170.000	.000
3	400.000	.000
4	570.000	.000
5	170.000	−40.000
6	400.000	−40.000

NUM	GRAV	E
1	.2600E+02	.3500E+11

NUM	A	I
1	.93410E+01	.13503E+02
2	.32200E+02	.57790E+01

NUM	ID
1	2
2	11
3	13
4	14
5	15
6	16

196

```
       7          17
       8          18
NJP=   0
NLM=   5
   K       ILT        PV          DX
   1       3       .2429E+03    1.000
   K       ILT        PV          DX
   2       3       .2429E+03    1.000
   K       ILT        PV          DX
   3       3       .2429E+03    1.000
   K       ILT        PV          DX
   4       4       .8327E+03    1.000
   K       ILT        PV          DX
   5       4       .8327E+03    1.000
```

THE JOINT DISPLACEMENTS:

JOINT	u	v	q
1	.0000E+00	−.3192E−15	−.2767E−02
2	.0000E+00	−.3972E+00	−.1581E−02
3	.0000E+00	−.3972E+00	.1581E−02
4	.0000E+00	−.3192E−15	.2767E−02
5	.0000E+00	.0000E+00	.0000E+00
6	.0000E+00	.0000E+00	.0000E+00

THE TERMINAL FORCES:

MEMBER	N(ST)	Q(ST)	M(ST)	N(EN)	Q(EN)	M(EN)
1	.0000E+00	.5256E+05	.9430E−08	.0000E+00	−.1128E+05	.5426E+07
2	.0000E+00	.2793E+05	−.5426E+07	.0000E+00	.2793E+05	.5426E+07
3	.0000E+00	−.1128E+05	−.5426E+07	.0000E+00	.5256E+05	.5472E−08
4	−.1665E+05	.0000E+00	.0000E+00	−.1665E+05	.0000E+00	.0000E+00
5	−.1665E+05	.0000E+00	.0000E+00	−.1665E+05	.0000E+00	.0000E+00

工况二：基本输入数据文件：

```
6,7,8,2,1
1,1,2,1,1
2,2,7,1,1
3,3,4,1,1
4,5,2,2,1
5,6,3,2,1
```

```
6,7,3,1,1
1,0,0
2,170,0
3,400,0
4,570,0
5,170,-40
6,400,-40
7,285,0
1,26.0,3.5e10
1,9.341,13.503
2,32.2,5.779
4
1,9999,0.0,9999
4,9999,0.0,9999
5,0.0,0.0,0.0
6,0.0,0.0,0.0
0
4
2,1,300,0.9722
2,1,300,0.9826
6,1,300,0.0174
6,1,300,0.0278
```

输出文件：

=======OUTPUT=========

NM= 6　　NJ= 7　　NS= 8　　NGE= 2　　NME= 1

IE	IST	IEN	IME	IGE
1	1	2	1	1
2	2	7	1	1
3	3	4	1	1
4	5	2	2	1
5	6	3	2	1
6	7	3	1	1

IJ	X	Y
1	.000	.000
2	170.000	.000
3	400.000	.000
4	570.000	.000

5	170.000	−40.000
6	400.000	−40.000
7	285.000	.000

NUM	GRAV	E
1	.2600E+02	.3500E+11

NUM	A	I
1	.93410E+01	.13503E+02
2	.32200E+02	.57790E+01

NUM	ID
1	2
2	11
3	13
4	14
5	15
6	16
7	17
8	18

NJP= 0

NLM= 4

K	ILT	PV	DX
2	1	.3000E+03	.972

K	ILT	PV	DX
2	1	.3000E+03	.983

K	ILT	PV	DX
6	1	.3000E+03	.017

K	ILT	PV	DX
6	1	.3000E+03	.028

THE JOINT DISPLACEMENTS:

JOINT	u	v	q
1	.0000E+00	−.6000E−17	−.5156E−04
2	.0000E+00	−.7725E−02	−.3321E−04
3	.0000E+00	−.7725E−02	.3321E−04
4	.0000E+00	−.6000E−17	.5156E−04
5	.0000E+00	.0000E+00	.0000E+00

```
6    .0000E+00    .0000E+00    .0000E+00
7    .0000E+00   -.9795E-02   -.3345E-19
```
THE TERMINAL FORCES:

MEMBER	N(ST)	Q(ST)	M(ST))	N(EN)	Q(EN)	M(EN)
1	.0000E+00	.6000E+03	.0000E+00	.0000E+00	-.6000E+03	.1020E+06
2	.0000E+00	.6000E+03	-.1020E+06	.0000E+00	.4093E-11	.1694E+06
3	.0000E+00	-.6000E+03	-.1020E+06	.0000E+00	.6000E+03	-.1164E-09
4	.0000E+00	.0000E+00	.0000E+00	.0000E+00	.0000E+00	.0000E+00
5	.0000E+00	.0000E+00	.0000E+00	.0000E+00	.0000E+00	.0000E+00
6	.0000E+00	.7731E-11	-.1694E+06	.0000E+00	.6000E+03	.1020E+06

习　题

7-1　求题 7-1 图示杆单元当 $\bar{u}_1 = 1$ 时所引起各结点的杆端力值为多少？并用矩阵的形式表示。

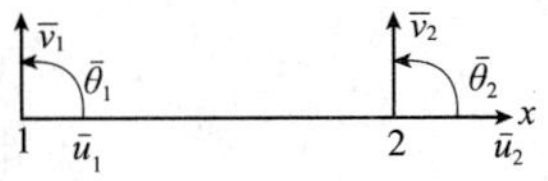

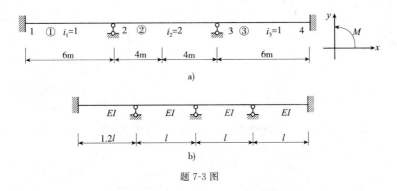

题 7-1 图

7-2　用分块形式快速写出题 7-2 图示梁的原始刚度矩阵 $\boldsymbol{K}$。

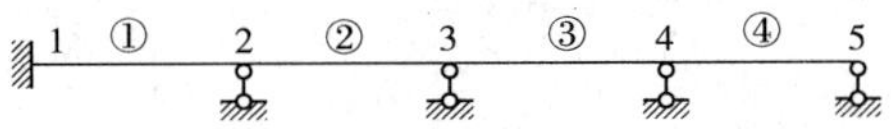

题 7-2 图

7-3　写出题 7-3 图示连续梁结构各单元刚度矩阵，并用直接刚度法形成结构原始刚度矩阵 $\boldsymbol{K}_{总}$。

题 7-3 图

7-4　试写出题 7-4 图示梁的缩减刚度矩阵。EI 为常数。

题 7-4 图

7-5　结构如题 7-5a)图所示，整体坐标见题 7-5b)图，图中圆括号内号码为结点定位向量（力和位移均按竖直、转动方向顺序排列），则结构刚度矩阵 $\boldsymbol{K}$ 中元素 K_{11} 为多少？

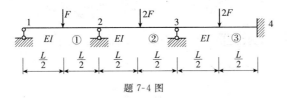

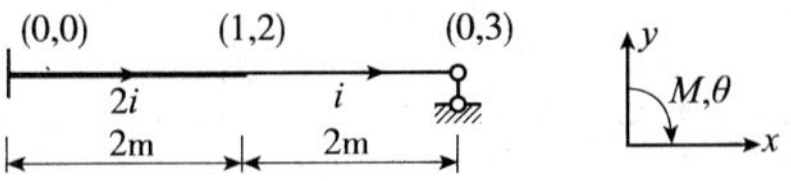

题 7-5 图

7-6　题 7-6 图示结构不考虑轴向变形，整体坐标如图，图中圆括号内号码为结点定位向量

（力和位移均按水平、竖直、转动方向顺序排列）。令 $i = \dfrac{EI}{6}$，求结构的缩减刚度矩阵 $\boldsymbol{K}$。

7-7 已知如题 7-7 图所示刚架结构，设各杆几何尺寸相同，$l = 5\mathrm{m}$，$A = 0.5\mathrm{m}^2$，$I = \dfrac{1}{24}\mathrm{m}^4$，$E = 3 \times 10^4 \mathrm{MPa}$。试求该刚架结构的缩减刚度矩阵 $\boldsymbol{K}$。

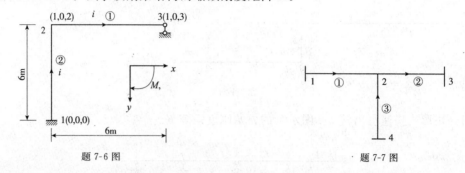

题 7-6 图　　　　　　题 7-7 图

7-8 对题 7-8 图所示结构的结点进行编码，并求自由结点荷载列阵 $\boldsymbol{F}$。

7-9 如题 7-9 图示连续梁，试计算其等效结点荷载。

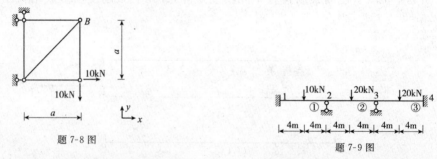

题 7-8 图　　　　　　题 7-9 图

7-10 按结点自由度释放方法（不考虑轴向），对题 7-10 图所示的四种有约束的杆单元分别计算其等效结点荷载。

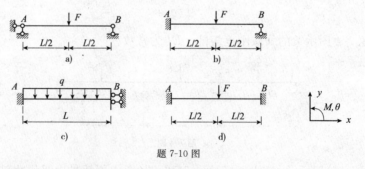

题 7-10 图

7-11 求题 7-11 图示连续梁结构的综合结点荷载向量 $\boldsymbol{F}_{综}$。

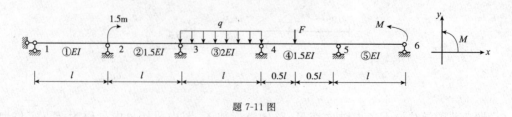

题 7-11 图

202

7-12 求题 7-12 图示结构与可动结点位移相对应的综合结点荷载列阵 $\boldsymbol{F}$。

7-13 按先处理法求题 7-13 图示结构的结点荷载列阵 $\boldsymbol{F}$。只考虑弯曲变形,各杆 EI=常数。

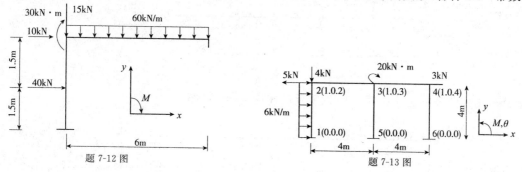

题 7-12 图　　　　　题 7-13 图

7-14 已知题 7-14 图所示材料重度为 γ,弹性模量为 E,各杆段杆长为 l,横截面面积如图所示,求结点位移和各杆段中的内力。

7-15 如题 7-15 图示桁架结构,EA 为常数,试求结点位移和单元内力。

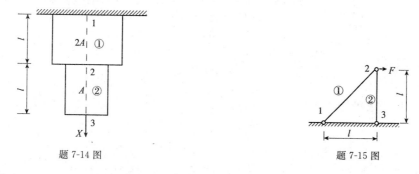

题 7-14 图　　　　　题 7-15 图

7-16 题 7-16 图示三跨连续梁的弹性模量 $E=3\times10^7$ MPa,截面惯性矩 $I_1=235\times10^{-5}$ m^4,$I_2=469\times10^{-5}$ m^4,$I_3=313\times10^{-5}$ m^4。试用矩阵位移法计算连续梁的内力。

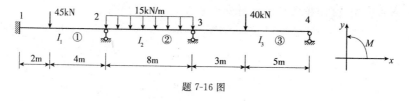

题 7-16 图

7-17 题 7-17 图所示为连续梁,a)图连续梁的结点转角为:$\{\theta_1 \quad \theta_2 \quad \theta_3\}^{\mathrm{T}}=\left\{0 \quad \dfrac{50}{7i} \quad -\dfrac{25}{7i}\right\}^{\mathrm{T}}$,

b)图连续梁的的结点转角为:$\{\theta_1 \quad \theta_2 \quad \theta_3\}^{\mathrm{T}}=\left\{0 \quad \dfrac{45}{7i} \quad -\dfrac{75}{7i}\right\}^{\mathrm{T}}$。试用矩阵位移法分别计算单元杆端弯矩,并画弯矩图。

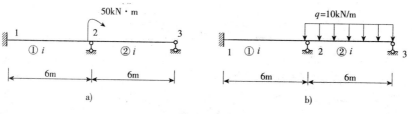

题 7-17 图

7-18 用矩阵位移法计算题 7-18 图所示的梁,画 M 图。

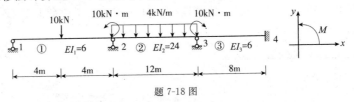

题 7-18 图

7-19 用矩阵位移法计算题 7-19 图所示的连续梁,画 M 图。

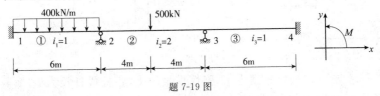

题 7-19 图

7-20 题 7-20 图示刚架结构①单元的单元刚度矩阵 $\bar{k}^{①}$ 为:

$$\bar{k}^{①} = \begin{bmatrix} 80 & 0 & 0 & -80 & 0 & 0 \\ 0 & 1 & 2 & 0 & -1 & 2 \\ 0 & 2 & 6 & 0 & -2 & 3 \\ -80 & 0 & 0 & 80 & 0 & 0 \\ 0 & -1 & -2 & 0 & 1 & 2 \\ 0 & 2 & 3 & 0 & -2 & 6 \end{bmatrix},$$

在荷载作用下求得的 2、3 结点位移为:

$$\begin{bmatrix} u_2 \\ v_2 \\ \theta_2 \end{bmatrix} = 10^3 \times \begin{bmatrix} 0.2\text{m} \\ -2.0\text{m} \\ -0.5\text{rad} \end{bmatrix}, \quad \begin{bmatrix} u_3 \\ v_3 \\ \theta_3 \end{bmatrix} = 10^3 \times \begin{bmatrix} -0.32\text{m} \\ -1.86\text{m} \\ -0.14\text{rad} \end{bmatrix},$$

则①杆的 1 端轴力与弯矩分别为多少?

7-21 题 7-21 图示结构①单元的截面惯性矩为 I_1,②单元的截面惯性矩为 I_2,$I_2 = 2I_1$,不考虑轴向变形的影响,试用矩阵位移法计算结点位移,并画出弯矩图。

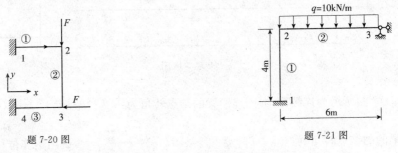

题 7-20 图

题 7-21 图

7-22 不计轴向变形,试分别用先处理法与后处理法计算题 7-22 图示刚架,画出其弯矩图。

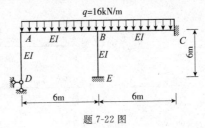

题 7-22 图

204

答　案

7-1 $\begin{bmatrix} \overline{k}_{11} & \overline{k}_{21} & \overline{k}_{31} & \overline{k}_{41} & \overline{k}_{51} & \overline{k}_{61} \end{bmatrix}^{\mathrm{T}} = \begin{bmatrix} \dfrac{EA}{L} & 0 & 0 & -\dfrac{EA}{L} & 0 & 0 \end{bmatrix}$

7-2 $\boldsymbol{K} = \begin{bmatrix} \overline{k}_{11}^{①} & \overline{k}_{12}^{①} & 0 & 0 & 0 \\ \overline{k}_{21}^{①} & \overline{k}_{22}^{①+②} & \overline{k}_{23}^{②} & 0 & 0 \\ 0 & \overline{k}_{32}^{②} & \overline{k}_{33}^{②+③} & \overline{k}_{34}^{③} & 0 \\ 0 & 0 & \overline{k}_{43}^{③} & \overline{k}_{44}^{③+④} & \overline{k}_{45}^{④} \\ 0 & 0 & 0 & \overline{k}_{54}^{④} & \overline{k}_{55}^{④} \end{bmatrix}$

7-3 a) $\boldsymbol{K}_{总} = \begin{bmatrix} 4 & 2 & 0 & 0 \\ 2 & 4+8 & 4 & 0 \\ 0 & 4 & 8+4 & 2 \\ 0 & 0 & 2 & 4 \end{bmatrix}$　　b) $\boldsymbol{K}_{总} = \dfrac{EI}{l} \begin{bmatrix} 3.332 & 1.666 & 0 & 0 & 0 \\ 1.666 & 7.332 & 2 & 0 & 0 \\ 0 & 2 & 8 & 2 & 0 \\ 0 & 0 & 2 & 7.332 & 1.666 \\ 0 & 0 & 0 & 1.666 & 3.332 \end{bmatrix}$

7-4 $\boldsymbol{K} = \begin{bmatrix} 4i & 2i & 0 \\ 2i & 8i & 2i \\ 0 & 2i & 8i \end{bmatrix}$

7-5 $K_{11} = 9i$

7-6 $\boldsymbol{k} = i \begin{bmatrix} 1/3 & -1 & 0 \\ -1 & 8 & 2 \\ 0 & 2 & 4 \end{bmatrix}$

7-7 $\boldsymbol{K} = 10^4 \times \begin{bmatrix} 612 & 0 & -30 \\ 0 & 324 & 0 \\ -30 & 0 & 300 \end{bmatrix}$

7-8 $\boldsymbol{F} = \{0, 0, 10\mathrm{kN}, -10\mathrm{kN}\}^{\mathrm{T}}$

7-9 $\boldsymbol{F}_{\mathrm{E}} = \{10 \quad 10 \quad 0 \quad -20\}^{\mathrm{T}}$

7-10 a) $\left\{ \dfrac{F}{2} \quad \dfrac{F}{2} \right\}^{\mathrm{T}}$;　　　　　b) $\left\{ \dfrac{11F}{16} \quad \dfrac{3Fl}{16} \quad \dfrac{5F}{16} \right\}^{\mathrm{T}}$;

　　　c) $\left\{ ql \quad \dfrac{ql^2}{3} \quad 0 \quad \dfrac{ql^2}{6} \right\}^{\mathrm{T}}$;　　　d) $\left\{ \dfrac{F}{2} \quad \dfrac{Fl}{8} \quad \dfrac{F}{2} \quad -\dfrac{Fl}{8} \right\}^{\mathrm{T}}$

7-11 $\boldsymbol{F}_{综} = \boldsymbol{F}_{\mathrm{D}} + \boldsymbol{F}_{\mathrm{E}} = \left\{ \begin{array}{c} 0 \\ -1.5\mathrm{m} \\ 0 \\ 0 \\ 0 \\ M \end{array} \right\} + \left\{ \begin{array}{c} 0 \\ 0 \\ -\dfrac{ql^2}{12} \\ \dfrac{ql^2}{12} - \dfrac{Fl}{8} \\ \dfrac{Fl}{8} \\ 0 \end{array} \right\} = \left\{ \begin{array}{c} 0 \\ -1.5\mathrm{m} \\ -\dfrac{ql^2}{12} \\ \dfrac{ql^2}{12} - \dfrac{Fl}{8} \\ \dfrac{Fl}{8} \\ M \end{array} \right\}$

7-12 $\quad F = \left\{ \begin{array}{c} 30\text{kN} \\ -195\text{kN} \\ 195\text{kN} \cdot \text{m} \end{array} \right\}$

7-13 $\quad F = \left\{ \begin{array}{c} 10\text{kN} \\ 8\text{kN} \cdot \text{m} \\ -20\text{kN} \\ 0 \end{array} \right\}$

7-14 $\quad K = \dfrac{EA}{L} \begin{bmatrix} 2 & -2 & 0 \\ -2 & 3 & -1 \\ 0 & -1 & 1 \end{bmatrix}; F = \dfrac{\gamma AL}{2} \begin{bmatrix} 2 \\ 3 \\ 1 \end{bmatrix}; K\delta = F, \left\{ \begin{array}{c} u_1 \\ u_2 \\ u_3 \end{array} \right\} = \dfrac{\gamma l^2}{E} \left\{ \begin{array}{c} 0 \\ 1 \\ 1.5 \end{array} \right\}$

7-15 $\quad u_2 = (1 + 2\sqrt{2})Fl/(EA); v_2 = -Fl/(EA);$

$\qquad F_N^{①} = \sqrt{2}F(拉力); F_N^{②} = -F(压力)$

7-16 $\quad \left\{ \begin{array}{l} \theta_2 = -0.000628 \\ \theta_3 = 0.00039 \\ \theta_4 = 0.000404 \end{array} \right.$

$\left\{ \begin{array}{c} M_{12} \\ M_{21} \end{array} \right\} = \left\{ \begin{array}{c} 25.24 \\ -49.52 \end{array} \right\} \text{kN} \cdot \text{m}; \left\{ \begin{array}{c} M_{23} \\ M_{32} \end{array} \right\} = \left\{ \begin{array}{c} 49.52 \\ -74.67 \end{array} \right\} \text{kN} \cdot \text{m}; \left\{ \begin{array}{c} M_{34} \\ M_{43} \end{array} \right\} = \left\{ \begin{array}{c} 74.67 \\ 0 \end{array} \right\} \text{kN} \cdot \text{m}$

7-17 a) $\left\{ \begin{array}{c} M_1^{①} \\ M_2^{②} \end{array} \right\} = \left\{ \begin{array}{c} 14.29 \\ 28.57 \end{array} \right\} \text{kN} \cdot \text{m}; \left\{ \begin{array}{c} M_2^{②} \\ M_3^{②} \end{array} \right\} = \left\{ \begin{array}{c} 21.43 \\ 0 \end{array} \right\} \text{kN} \cdot \text{m}$

$\qquad$ b) $\left\{ \begin{array}{c} M_1^{①} \\ M_2^{②} \end{array} \right\} = \left\{ \begin{array}{c} 12.86 \\ 25.71 \end{array} \right\} \text{kN} \cdot \text{m}; \left\{ \begin{array}{c} M_2^{②} \\ M_3^{②} \end{array} \right\} = \left\{ \begin{array}{c} -25.71 \\ 0 \end{array} \right\} \text{kN} \cdot \text{m}$

7-18 $\quad \left\{ \begin{array}{c} \theta_1 \\ \theta_2 \\ \theta_3 \end{array} \right\} = \left\{ \begin{array}{c} -1.240 \\ -4.186 \\ 4.977 \end{array} \right\}$

$\left\{ \begin{array}{c} M_{12} \\ M_{21} \end{array} \right\}^{①} = \left\{ \begin{array}{c} 0 \\ -24.419 \end{array} \right\} \text{kN} \cdot \text{m}; \left\{ \begin{array}{c} M_{23} \\ M_{32} \end{array} \right\}^{②} = \left\{ \begin{array}{c} 34.419 \\ -24.930 \end{array} \right\} \text{kN} \cdot \text{m}; \left\{ \begin{array}{c} M_{34} \\ M_{43} \end{array} \right\}^{③} = \left\{ \begin{array}{c} 14.930 \\ 7.465 \end{array} \right\} \text{kN} \cdot \text{m}$

7-19 $\quad \left\{ \begin{array}{l} \theta_2 = 50 \\ \theta_3 = 25 \end{array} \right.$

$\left\{ \begin{array}{c} M_{12} \\ M_{21} \end{array} \right\} = \left\{ \begin{array}{c} 1300 \\ -1000 \end{array} \right\} \text{kN} \cdot \text{m}; \left\{ \begin{array}{c} M_{23} \\ M_{32} \end{array} \right\} = \left\{ \begin{array}{c} +1000 \\ -100 \end{array} \right\} \text{kN} \cdot \text{m}; \left\{ \begin{array}{c} M_{34} \\ M_{43} \end{array} \right\} = \left\{ \begin{array}{c} +100 \\ +50 \end{array} \right\} \text{kN} \cdot \text{m}$

7-20 $\quad -16\text{kN}(拉), 2.5\text{kN} \cdot \text{m}(上边受拉)$

7-21 $\quad M_{12} = 11.25\text{kN} \cdot \text{m}; M_{21} = 22.5\text{kN} \cdot \text{m}$

7-22 $\quad M_{AB} = 21.6\text{kN} \cdot \text{m}; \qquad M_{BA} = 55.6\text{kN} \cdot \text{m};$

$\qquad M_{BC} = 52.8\text{kN} \cdot \text{m}; \qquad M_{CB} = 45.6\text{kN} \cdot \text{m}$

第8章 结构的动力计算

8.1 概 述

前面各章讨论了结构在静力荷载作用下的计算问题,本章将专门讨论结构在动力荷载作用下的内力和位移的计算问题。本着由简到繁的原则,首先讨论单自由度体系的振动问题,再讨论多自由度体系和无限自由度体系的振动问题,此外还将简略地介绍计算自振频率的几种常用近似方法。

8.1.1 动力计算的特点

首先,说明动力荷载和静力荷载的区别。在工程结构中,除了结构自重及一些永久性荷载可以看作静力荷载外,严格说来,绝大多数荷载都应属于动力荷载。但是,如果从加载过程及从荷载对结构产生的影响这个角度看,则可分为两种情况。一种情况是:加载过程缓慢,不足以使结构产生显著的加速度,因而可以略去惯性力对结构的影响,这类荷载称之为静力荷载。此时结构的内力、位移等多种量值都不随时间而变化。另一种情况是:作用在结构上的荷载,其大小、方向、作用点随时间迅速变化,结构将发生振动,使得结构产生不容忽视的加速度,因而必须考虑惯性力的影响时则为动力荷载。

其次,说明结构的动力计算与静力计算的区别。根据达朗伯原理,动力计算问题可以转化为静力平衡问题来处理。但是,这只是一种形式上的平衡,是在引进惯性力条件下的动平衡。也就是说,在动力计算中,虽然形式上仍是在列平衡方程,但有两个条件:第一,在所考虑的力系中要包括惯性力;第二,这里考虑的是瞬间的平衡,荷载、内力等量值都是时间的函数。

如果结构受到外部因素干扰发生振动,而在以后的振动过程中不再受外部干扰力作用,这种振动称之为自由振动;若在振动过程中还不断受到外部干扰力作用,则称之为强迫振动。由于动力荷载作用使结构产生的内力和位移称为动内力和动位移,统称为动力响应(动力反应)。学习结构的动力计算,就是要掌握强迫振动时动力响应计算原理和方法,确定它们随时间变化的规律,从而求出它们的最大值,并作为设计的依据。结构的动力响应与结构本身的动力特性有着密切的关系,在分析自由振动时所得到的结构的自振频率、振型和阻尼参数等都是反映结构动力特性的指标。因此,分析自由振动便成为结构动力计算的前提和准备。在以后的讨论中,对各种结构体系,都应先分析它的自由振动,再进一步研究其强迫振动的动力响应。

8.1.2 动力荷载的分类

作用于结构上的动力荷载,按其变化规律,主要有以下几种。

1)简谐性周期荷载

周期荷载中最简单和最重要的一种称为简谐荷载,简谐荷载 $P(t)$ 随时间 t 的变化规律,可用正弦或余弦函数表示[图 8-1a)]。例如具有旋转部件的机器在作等速运转时,其偏心质量产生的离心力就是这种荷载。

2）冲击荷载

荷载以极大的集度出现，且作用的时间很短，然后消失。例如爆炸引起空气的强大流动，在遇到结构时产生的冲击动力荷载［图 8-1b）］。

3）碰撞荷载

由于物体间的碰撞作用，这类荷载作用于结构的时间很短，对结构的作用主要取决于它的冲量［图 8-1c）］。如汽锤在桩头上的碰撞等。

4）突加荷载

在结构上突然施加荷载，荷载值维持不变并继续留在结构上［图 8-1d）］。例如吊车的制动力等就是这种荷载。

5）随机荷载

前面几类荷载都属于确定性荷载，任一时刻的荷载值都是事先确定的。如果荷载在任一时刻的数值无法事先确定，则称为非确定性荷载或称为随机荷载。地震荷载和风荷载是随机荷载的典型例子［图 8-1e）、f）］。本书讨论在确定性荷载作用下结构的动力响应计算。关于在随机荷载作用下结构的随机振动问题，可参考有关专著。

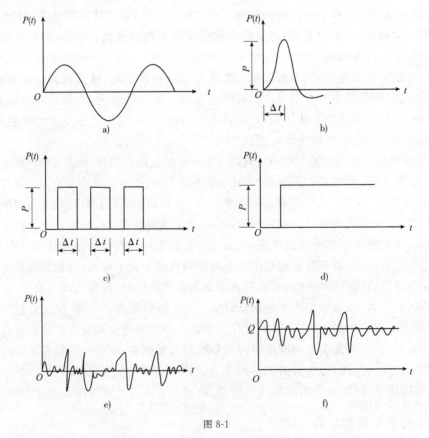

图 8-1

8.1.3 动力计算中结构的自由度

在动力荷载作用下，结构将发生弹性变形，其上的质点将随结构的变形而振动。结构的动力计算与质点的分布和运动有关。质点在振动过程中任一瞬时的位置，可以用某种独立的参数来表示。例如图 8-2 所示简支梁在跨中固定着一个质量较大的物体 W，如果梁本身的自重较小而可略去，并把重物简化为一个集中质点，则得到图 8-2b)所示的计算简图。如果不考虑质点 m 的转动和梁轴的伸缩，则质点 m 的位置只要用一个参数 y 就能确定。我们把结构在弹性变形过程中确定全部质点位置所需的独立参数的数目，称为该结构振动的自由度。据此，图 8-1 所示的梁在振动中将只具有一个自由度。结构振动自由度的数目，在结构动力学中具有很重要的意义。具有一个自由度的结构称为单自由度结构，自由度大于 1 的结构则称为多自由度结构。

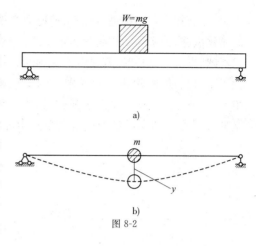

图 8-2

在确定结构振动的自由度时，应注意不能根据结构有几个集中质点就判定它有几个自由度，而应该由确定质点位置所需的独立参数数目来判定。例如图 8-3a)所示结构，在绝对刚性的杆件上附有三个集中质点，它们的位置只需一个参数，即杆件的转角 α 便能确定，故其自由度为 1。又如图 8-3b)所示简支梁上附有三个集中质量，若梁本身的质量可以略去，又不考虑梁的轴向变形和质点的转动，则其自由度为 3，因为尽管梁的变形可以有无限多种形式，但其上三个质点的位置却只需由挠度 y_1、y_2、y_3 就可确定。又如图 8-3c)所示刚架虽然只有一个集中质点，但其位置需由水平位移 y_1 和竖直位移 y_2 两个独立参数才能确定，因此自由度为 2。

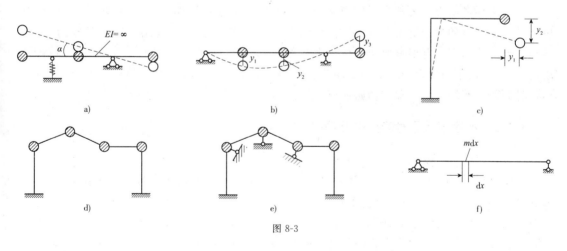

图 8-3

在确定刚架的自由度时，我们仍引用受弯直杆上任意两点之间的距离保持不变的假定。根据这个假定并加入最少数量的链杆以限制刚架上所有质点的位置，则该刚架的自由度数目即等于所加入链杆的数目。例如图 8-3d)所示刚架上虽有四个集中质点，但只需加入三根链杆便可限制其全部质点的位置[图 8-3e)]，故其自由度为 3。由此可见，自由度的数目不完全取决于质点的数目，也与结构是否静定或超静定无关。当然，自由度的数目是随计算要求精确度的不同而不同。如果考虑到质点的转动惯性，则相应地还要增加控制转动的约束，才能确定自由度的数目。以上是对于具有离散质点的情况而言的。但是，在实际结构中，质量的分布总是比较复杂的，除了有较大的集中质量外，一般还会有连续分布的质量。例如图 8-3f)所示的梁，其分布质量集度为 m，此时，可看作是无穷多个 $m\mathrm{d}x$ 的集中质量，所有它是无限自由度结构。

当然,完全按实际结构进行计算,情况会变得很复杂,因此我们常常针对某些具体问题,采用一定的简化措施,把实际结构简化为单个或多个自由度的结构进行计算。例如图 8-4a)所示机器的块式基础,当机器运转时,若只考虑基础的垂直振动,则可用弹簧表示地基的弹性,用一个集中质量代表基础的质量,就可简化为图示的支承集中质量的弹簧,使结构转化为单自由度结构。又如图 8-4b)所示的水塔,顶部水池较重,塔身质量较小,在略去次要因素后,就可简化为图示的直立悬臂梁在顶端支承集中质量的单自由度结构。

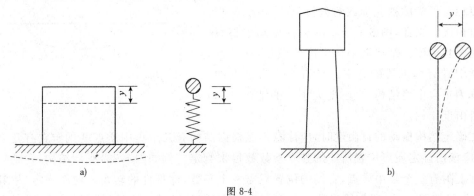

图 8-4

8.2　单自由度体系的自由振动

工程中很多动力问题常常可以简化为单自由度体系进行计算,或进行初步的估算,同时,单自由度体系的动力分析是多自由度体系动力分析的基础,因此单自由度体系的动力分析在结构的动力计算中占有很重要的地位。本节首先讨论单自由度体系的自由振动。所谓自由振动,是指结构在振动过程中不受外部动荷载作用的振动。产生自由振动的原因取决于结构在出事时刻所具有的初始位移和初始速度,或者两者共同影响所引起的振动。

8.2.1　不考虑阻尼时的自由振动

1)自由振动微分方程的建立

如图 8-5a)所示的悬臂立柱在其自由端处有一集中质点 m,设柱本身的质量比 m 小很多,可以忽略不计。因此,体系只有一个自由度。假设由于受外界的干扰,质点 m 离开了静止平衡位置,干扰消失后,由于立柱弹性力的影响,质点 m 沿水平方向产生自由振动,在任一时刻 t,质点的水平位移为 $y(t)$。当忽略阻尼影响时,原体系可用图 8-5b)所示的弹簧模型来表示。原来由立柱对质点 m 所提供的弹性力这里改用弹簧来表示。因此,弹簧的刚度系数 k(使弹簧伸长单位距离时所需施加的拉力)应使之与立柱的刚度系数(使柱顶产生单位水平位移时在柱顶所需施加的水平力)相等。下面我们分别用两种方法建立自由振动的微分方程。

（1）刚度法

刚度法是根据达朗伯原理(动静法)列出动力平衡方程的一种方法。首先以静平衡位置为原点,取质点 m 在振动中位置为 y 时的状态作为隔离体,如图 8-5c)所示。若忽略振动过程中所受的阻力,则隔离体所受的力有下列两种。

① 弹性力 $F_e = -k_{11}y$,负号表示其实际方向始终与位移 y 的方向相反。此力具有把质点 m 拉回到静平衡位置的能力,故又称其为弹性恢复力。

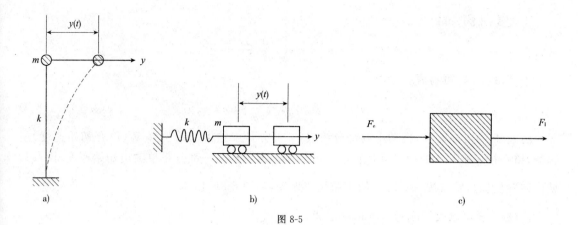

图 8-5

②惯性力 $F_1 = -m\ddot{y}$，负号表示其方向与加速度 $\ddot{y}$ 的方向相反。

根据达朗伯原理，列出隔离体[图 8-5c)]的平衡方程为

$$F_1 + F_e = 0 \tag{8-1}$$

即

$$-m\ddot{y} - k_{11}y = 0$$

改写为

$$m\ddot{y} + k_{11}y = 0 \tag{8-2}$$

式(8-2)即为用刚度法建立的无阻尼自由振动的微分方程。

（2）柔度法

柔度法是以体系为研究对象，从位移协调角度列动位移方程的一种方法。也就是说，当质点 m 振动时，把惯性力 $F_1 = -m\ddot{y}$ 看作是一个静力荷载，则在其作用下，结构在质点处任一时刻的位移 y，应等于惯性力作用下的静位移，即

$$y = F_1\delta_{11} = -m\ddot{y}\delta_{11} \tag{8-3}$$

或

$$m\delta_{11}\ddot{y} + y = 0 \tag{8-4}$$

式中，δ_{11} 表示立柱的柔度系数，即在单位水平力的作用下，柱顶质点 m 处产生的水平位移，其值与刚度系数互为倒数：

$$\delta_{11} = \frac{1}{k_{11}} \tag{8-5}$$

将式(8-5)代入式(8-4)即可得式(8-2)。

2）自由振动微分方程的解

单自由度体系自由振动微分方程式(8-2)可改写为

$$\ddot{y} + \omega^2 y = 0 \tag{8-6}$$

$$\omega = \sqrt{\frac{k_{11}}{m}} \tag{8-7}$$

式(8-6)是一个二阶常系数齐次微分方程，其通解为

$$y(t) = C_1\cos\omega t + C_2\sin\omega t \tag{8-8}$$

式中，系数 C_1 和 C_2 可由初始条件确定。

设初始时刻 $t = 0$，质点 m 有初始位移 y_0 和初始速度 $\dot{y}_0$，即

$$y(0) = y_0, \dot{y}(0) = \dot{y}_0$$

211

代入式(8-8),可得

$$C_1 = y_0, C_2 = \frac{\dot{y}_0}{\omega}$$

于是,式(8-8)可写成

$$y(t) = y_0 \cos\omega t + \frac{\dot{y}_0}{\omega}\sin\omega t \qquad (8\text{-}9)$$

由式(8-9)可以看出,振动由两部分组成:一部分是单独由初始位移 y_0(没有初始速度)引起的,质点按 $y_0\cos\omega t$ 的余弦规律振动,如图 8-6a)所示。另一部分是单独由初始速度(没有初始位移)引起的,质点按 $\frac{\dot{y}_0}{\omega}\sin\omega t$ 的正弦规律振动,如图 8-8b)所示。

式(8-9)还可以改写成另一种单项形式。

首先令

$$y_0 = C\sin\varphi \qquad (8\text{-}10)$$

$$\frac{\dot{y}_0}{\omega} = C\cos\varphi \qquad (8\text{-}11)$$

将式(8-10)和式(8-11)代入式(8-9),则

$$y(t) = C\sin\varphi\cos\omega t + C\cos\varphi\sin\omega t = C(\sin\varphi\cos\omega t + \cos\varphi\sin\omega t)$$

有

$$y(t) = C\sin(\omega t + \varphi) \qquad (8\text{-}12)$$

式(8-12)即为式(8-9)的另一种单项形式,振动图形如图 8-6c)所示,可见这种振动是简谐振动。

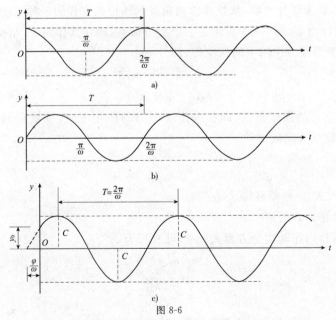

图 8-6

由式(8-10)和式(8-11)两式可得到

$$C = \sqrt{y_0^2 + \frac{\dot{y}_0^2}{\omega^2}} \qquad (8\text{-}13)$$

$$\tan\varphi = \frac{y_0\omega}{\dot{y}_0}, \varphi = \tan^{-1}\frac{y_0\omega}{\dot{y}_0} \qquad (8\text{-}14)$$

式中,C 表示体系振动时质点 m 的最大位移,称为振幅;φ 称为初始相位角。

3)体系的自振周期和自振频率

(1)自振周期 T

由于未考虑阻尼因素,体系在自由振动开始时所具有的能量不会耗散,运动将持续不断。由式(8-12)右边可以看出质点所作的是简谐性周期振动,因此每经历一定时间就要重复一次,结构出现前后同一运动状态(包括位移、速度等)所需的时间间隔称为自振周期,用 T 表示,其常用单位为秒(s),即

$$T = \frac{2\pi}{\omega} \tag{8-15}$$

显然,给时间 t 一个增量 $T = \dfrac{2\pi}{\omega}$,并代入式(8-12)中,不难验证 $y(t)$ 确实满足周期运动的下列条件:

$$y(t+T) = y(t)$$

(2)振动频率 f(也称工程频率)

自振周期 T 的倒数称为振动频率,记作 f,即

$$f = \frac{1}{T} = \frac{\omega}{2\pi} \tag{8-16}$$

式中,振动频率 f 表示体系每秒钟的振动次数(1/s 或 Hz)。

(3)圆频率 ω(或称自振频率)

由式(8-15)和式(8-16)可得

$$\omega = \frac{2\pi}{T} = 2\pi f \tag{8-17}$$

式中,ω 表示在 2π s 内体系自由振动的次数,称为体系的圆频率,简称为自振频率或频率(rad/s),单位亦可简写为 1/秒(1/s)。

ω 的计算在动力学中有着重要意义,ω 的值可由式(8-18)确定。

$$\omega = \sqrt{\frac{k}{m}} = \frac{1}{\sqrt{m\delta}} = \sqrt{\frac{g}{mg\delta}} = \sqrt{\frac{g}{y_{st}}} \tag{8-18}$$

式中,g 表示重力加速度;y_{st} 表示由于重力 mg 所产生的静力位移。

由上面的分析可以看出结构振动的一些重要性质:

①自振频率仅决定于结构体系自身的质量和刚度,而且只与这两者有关,而与外界的干扰力无关,干扰力的大小只能影响振幅的大小和初始相位,而不能影响结构体系自身的频率和周期。

②自振频率与质量的平方根成反比,质量越大,频率越小,周期越长。自振频率与刚度的平方根成正比,刚度越大,频率越大,周期越短;也就是说,要改变结构的自振频率或是周期,只能从改变结构的质量或刚度着手。

③自振频率反映着结构固有的动力特性,是表明结构动力性能的一个重要的指标。如果两个相似结构的自振频率相差很大,则动力性能也相差很大;相反,如果自振频率相差不大,则动力性能相差也不大。因此,自振频率的计算在工程结构中是十分重要的。

④式(8-18)表明,ω 随 y_{st} 的增大而减小,就是说,若把质点安放在结构上产生最大位移的地方,则可求得最小的自振频率和最大的自振周期。

【例 8-1】图 8-7 为三种支承情况的梁,其跨度都为 l,且 l 都等于常数,在中点有一集中质量 m。当不考虑梁的自重时,试比较三者的自振频率。

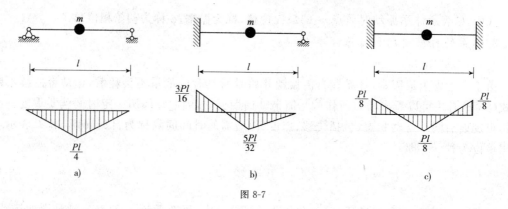

图 8-7

解：

由式(8-18)可知,在计算单自由度结构的自振频率时,需要先求出该结构在重力 $P = mg$ 作用下的静力位移。根据以前学过的位移计算的方法,可求出这三种情况相应的静力位移分别为

$$y_1 = \frac{Pl^3}{48EI}, y_2 = \frac{7Pl^3}{768EI}, y_3 = \frac{Pl^3}{192EI}$$

代入式(8-18)即可求得三种情况的自振频率分别为

$$\omega_1 = \sqrt{\frac{48EI}{ml^3}}, \omega_2 = \sqrt{\frac{768EI}{7ml^3}}, \omega_3 = \sqrt{\frac{192EI}{ml^3}}$$

据此可得

$$\omega_1 : \omega_2 : \omega_3 = 1 : 1.51 : 2$$

此例说明随着结构刚度的加大,其自振频率也相应地增高。

8.2.2 考虑阻尼时的自由振动

以上我们讨论了无阻尼的自由振动问题,但实际上,由于各种阻力的作用,体系开始所具有的能量将逐渐衰减下去,而运动不能无限延续,这种物理现象称为阻尼作用。产生阻尼的主要因素有:结构材料的内摩擦力;支座、结点等构件联结处的摩擦力;周围介质对振动的影响,例如空气和液体的阻力、地基土等的内摩擦阻力以及人为设置的阻力等。由于阻尼的性质比较复杂,并且对一个结构来说,往往同时存在几种不同性质的阻尼因素,这就使数学表达很困难,因而不得不采用简化的模型。目前有几种不同的阻尼力假设,其中应用较广泛且计算又较方便的是黏滞力阻尼理论,假设阻尼力 F_R 的大小与质点运动速度成正比,阻尼力的方向恒与速度方向相反,即

$$F_R = -c\dot{y}(t) \tag{8-19}$$

式中,c 称为阻尼系数,通常由试验测定。

1) 振动微分方程的建立

具有阻尼的单自由度体系自由振动的模型如图 8-8a)所示。取质点 m 为隔离体如图 8-8b)所示。作用于质点上的力有:惯性力 $F_I = -m\ddot{y}(t)$,弹性恢复力 $F_e = -k_{11}y(t)$,阻尼力 $F_R = -c\dot{y}(t)$。于是,列出平衡方程为

$$F_I + F_R + F_e = 0$$

即

$$m\ddot{y} + c\dot{y} + k_{11}y = 0 \tag{8-20}$$

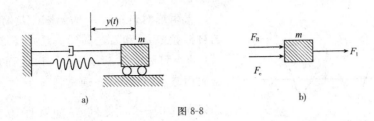

图 8-8

令
$$\zeta = \frac{c}{2m\omega} \tag{8-21}$$

式中，ζ 称为阻尼比，并且 $\omega^2 = \dfrac{k_{11}}{m}$，则式(8-20)可改写为

$$\ddot{y} + 2\zeta\omega\dot{y} + \omega^2 y = 0 \tag{8-22}$$

式(8-22)即为考虑阻尼时单自由度体系自由振动的微分方程。

2)振动微分方程的解

方程式(8-22)为二阶常系数齐次线性微分方程，其特征方程为

$$r^2 + 2\zeta\omega r + \omega^2 = 0 \tag{8-23}$$

其两个根为

$$r_{1,2} = \omega(-\zeta \pm \sqrt{\zeta^2 - 1}) \tag{8-24}$$

方程的解取决于式(8-24)中根号里的值，其值可能为正、负或零，分以下三种情况考虑。

(1)当 $\zeta < 1$ 时，即小阻尼情况

首先令

$$\omega_r = \omega\sqrt{1 - \zeta^2} \tag{8-25}$$

则 r_1、r_2 为一对复根

$$r_{1,2} = -\zeta\omega \pm i\omega_r$$

式(8-22)的通解为

$$y = e^{-\zeta\omega t}(C_1\cos\omega_r t + C_2\sin\omega_r t) \tag{8-26}$$

式中，ω_r 称为考虑阻尼时的圆频率；C_1、C_2 为常数，可由初始条件确定。

设 $t = 0$ 时，$y(0) = y_0$，$\dot{y}(0) = \dot{y}_0$，则式(8-26)可写为

$$y = e^{-\zeta\omega t}\left(y_0\cos\omega_r t + \frac{\dot{y}_0 + \zeta\omega y_0}{\omega_r}\sin\omega_r t\right) \tag{8-27}$$

式(8-27)也可以写成单项形式，即

$$y = Ce^{\zeta\omega t}\sin(\omega_r t + \varphi) \tag{8-28}$$

$$C = \sqrt{y_0^2 + \left(\frac{\dot{y}_0 + \zeta\omega y_0}{\omega_r}\right)^2} \tag{8-29}$$

$$\varphi = \tan^{-1}\frac{y_0\omega_r}{\dot{y}_0 + \zeta\omega y_0}$$

由式(8-28)可画出小阻尼自由振动的位移—时间关系曲线，如图 8-9 所示，这是一条逐渐衰减的振动曲线，振幅 $Ce^{-\zeta\omega t}$ 按指数规律衰减。严格说，它不是周期运动，但可看出质点相邻两次通过平衡位置的时间间隔是相等的，此时间间隔 $T_r = \dfrac{2\pi}{\omega_r}$ 习惯上也称为周期。将图 8-9 与图 8-6c)相比，可看出小阻尼体系中阻尼对自振频率和振幅的影响。

215

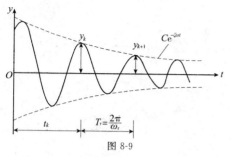

图 8-9

①阻尼对自振频率的影响。从有阻尼与无阻尼的自振频率 ω_r 和 ω 之间的关系式(8-25)可看出,在 $\zeta<1$ 的小阻尼情况下,ω_r 恒小于 ω,而且 ω_r 随 ζ 值的增大而减小。此外,在通常情况下,ζ 是小数(对一般建筑在 $0.01\sim0.1$ 之间)。如果 $\zeta<0.2$,则 $0.96<\dfrac{\omega_r}{\omega}<1$,即 ω_r 与 ω 的值很接近。因此,在 $\zeta<0.2$ 的情况下,阻尼对自振频率的影响不大,可以忽略,可认为

$$\omega_r\approx\omega \tag{8-30}$$

②阻尼对振幅的影响。在式(8-28)中,振幅为 $Ce^{-\zeta\omega t}$,由此看出,由于阻尼的影响,振幅随时间增长而逐渐衰减。若用 y_k 表示某时刻 t_k 的振幅,用 y_{k+1} 表示经过一个周期 T_r 后的振幅,则相邻振幅之比为

$$\frac{y_{k+1}}{y_k}=\frac{e^{-\zeta\omega(t_k+T_r)}}{e^{-\zeta\omega t_k}}=e^{\zeta\omega T_r}$$

由此可见,ζ 值越大,则衰减速度越快。

由此可得

$$\ln\frac{y_k}{y_{k+1}}=\zeta\omega T_r=\zeta\omega\frac{2\pi}{\omega_r}$$

因此

$$\zeta=\frac{1}{2\pi}\frac{\omega_r}{\omega}\ln\frac{y_k}{y_{k+1}}$$

若 $\zeta<0.2$,则 $\dfrac{\omega_r}{\omega}\approx1$,而

$$\zeta\approx\frac{1}{2\pi}\ln\frac{y_k}{y_{k+1}} \tag{8-31}$$

这里,$\ln\dfrac{y_k}{y_{k+1}}$ 称为对数递减率。利用式(8-13)可以根据相邻振幅来计算阻尼比 ζ。实测中为了提高精度,通常取相邻 n 个周期的两个振幅 y_k 和 y_{k+n},然后按式(8-32)计算阻尼比:

$$\zeta=\frac{1}{2\pi n}\ln\frac{y_k}{y_{k+n}} \tag{8-32}$$

(2)当 $\zeta=1$ 时,即临界阻尼情况

特征根 $\qquad\qquad\qquad\qquad\qquad r_{1,2}=-\omega$

因此,方程式(8-22)的解为

$$y=(G_1+G_2t)e^{-\omega t} \tag{8-33}$$

引入初始条件后,可得

$$y=[y_0(1+\omega t)+\dot{y}_0t]e^{-\omega t} \tag{8-34}$$

式(8-34)中含有指数函数,但不包含简谐振动因子,所以体系不发生振动。当 $y_0>0$,$\dot{y}_0>0$ 时,临界阻尼情形下的位移—时间关系曲线如图 8-10 所示。

综合以上的讨论可知:当 $\zeta<1$ 时,体系在自由反应中是会引起振动的,而当阻尼增大到 $\zeta=1$

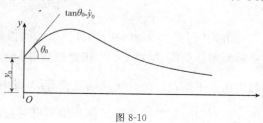

图 8-10

时,体系在自由振动中将不再引起振动,这时的阻尼系数称为临界阻尼系数,用c_r表示。在式(8-21)中令$\zeta=1$,可知临界阻尼系数为

$$c_r=2m\omega=2\sqrt{mk_{11}} \tag{8-35}$$

由式(8-21)和式(8-35)得

$$\zeta=\frac{c}{c_r} \tag{8-36}$$

阻尼比ζ表示实际阻尼系数c与临界阻尼c_r的比值,阻尼比ζ反映阻尼情况的基本参数,它的数值可以通过实测得到。如果我们测得了两个振幅y_k和y_{k+n},则由式(8-32)即可推算出ζ值,由式(8-21)可确定实际的阻尼系数。

(3)当$\zeta>1$时,即大阻尼情况

由于阻尼很大,此时体系在自由反应中不会出现振动现象,当初始位移和初始速度不为零时,其位移—时间关系曲线与临界阻尼情况类似。由于在实际问题中很少遇到这种情况,故不做进一步讨论。对于大多数空气中振动的结构来说,都属于小阻尼范围,故我们仅限于讨论小阻尼振动的情形。

8.3　单自由度体系的强迫振动

所谓强迫振动,是指结构在动力荷载即外来干扰力作用下产生的振动。单自由度结构体系的振动如图8-11a)所示。体系的质量为m,承受动力荷载$F(t)$作用。体系的弹性性质用弹簧表示,弹簧的刚度系数为k。体系的阻尼性质用阻尼减振器表示,阻尼系数为c。取质量m为隔离体,如图8-11b)所示,由达朗伯原理可得弹性力F_e、阻尼力F_R、惯性力F_1和动力荷载$F(t)$之间的平衡方程为

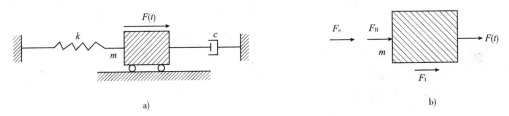

图 8-11

$$F_1+F_R+F_e+F(t)=0$$
$$m\ddot{y}+c\dot{y}(t)+k_{11}y=F(t)$$

或

$$\ddot{y}+2\zeta\omega\dot{y}+\omega^2y=\frac{1}{m}F(t) \tag{8-37}$$

这个微分方程的解包括两部分:一部分为相应齐次方程的通解y^0;另一部分则是与干扰力$F(t)$相适应的特解$\bar{y}$,它将随干扰力的不同而异。通解y^0可用下式表示

$$y^0=e^{-\zeta\omega t}(B_1\cos\omega' t+B_2\sin\omega' t)$$

8.3.1　干扰力为简谐荷载时的强迫振动

我们先讨论干扰力为简谐周期荷载时的情况。具有转动部件的机器在匀速转动时,由于不平衡质量所产生的离心力的竖直或水平分力就是这种荷载的例子,一般可表示为

$$F(t) = F\sin\theta t \tag{8-38}$$

式中，θ 为干扰力的频率；F 为干扰力的最大值。

此时振动微分方程式(8-37)成为

$$\ddot{y} + 2\zeta\omega\dot{y} + \omega^2 y = \frac{F}{m}\sin\theta t \tag{8-39}$$

设式(8-39)有一个特解为

$$\bar{y} = C_1\sin\theta t + C_2\cos\theta t$$

代入式(8-39)，则得

$$C_1\theta^2\sin\theta t - C_2\theta^2\cos\theta t + 2C_1\zeta\omega\theta\cos\theta t - 2C_2\zeta\omega\theta\sin\theta t + C_1\omega^2\sin\theta t + C_2\omega^2\cos\theta t = \frac{F}{m}\sin\theta t$$

即

$$\left(-C_1\theta^2 - 2C_2\zeta\omega\theta + C_1\omega^2 - \frac{F}{m}\right)\sin\theta t = (C_2\theta^2 - 2C_1\zeta\omega\theta - C_2\omega^2)\cos\theta t$$

显然，若 t 为任意值时上式均能成立，则必须是等式两边括号中的系数分别等于零，即

$$-C_1\theta^2 - 2C_2\zeta\omega\theta + C_1\omega^2 - \frac{F}{m} = 0$$

$$C_2\theta^2 - 2C_1\zeta\omega\theta - C_2\omega^2 = 0$$

由此可解出

$$\begin{cases} C_1 = \dfrac{(\omega^2 - \theta^2)F}{m\left[(\omega^2 - \theta^2)^2 + 4\zeta^2\omega^2\theta^2\right]} \\[3mm] C_2 = -\dfrac{2\zeta\omega\theta F}{m\left[(\omega^2 - \theta^2)^2 + 4\zeta^2\omega^2\theta^2\right]} \end{cases}$$

将式(8-37)的通解 y^0 和式(8-39)的特解 $\bar{y}$ 合并到一起，并由 C_1 和 C_2 的值，则得式(8-39)的通解为

$$y = e^{-\zeta\omega t}\left[B_1\cos\omega't + B_2\sin\omega't\right] + \frac{F}{m\left[(\omega^2 - \theta^2)^2 + 4\zeta^2\omega^2\theta^2\right]}$$

$$\left[(\omega^2 - \theta^2)\sin\theta t - 24\zeta\omega\theta\cos\theta t\right]$$

式中，B_1 和 B_2 取决于初始条件。

当 $t = 0$ 时，$y = y_0$，$\dot{y} = \dot{y}_0$，代入上式，可求得：

$$\begin{cases} B_1 = y_0 + \dfrac{2\zeta\omega\theta F}{m\left[(\omega^2 - \theta^2)^2 + 4\zeta^2\omega^2\theta^2\right]} \\[3mm] B_2 = \dfrac{\dot{y} + \zeta\omega y_0}{\omega'} + \dfrac{2\zeta^2\omega^2\theta F}{m\omega'\left[(\omega^2 - \theta^2)^2 + 4\zeta^2\omega^2\theta\right]} - \dfrac{\theta(\omega^2 - \theta^2)F}{m\omega'\left[(\omega^2 - \theta^2)^2 + 4\zeta^2\omega^2\theta\right]} \end{cases}$$

因此，式(8-39)的通解可写为

$$y = e^{-\zeta\omega t}\left[y_0\cos\omega't + \frac{\dot{y}_0 + \zeta\omega y_0}{\omega'}\sin\omega't\right] +$$

$$e^{-\zeta\omega t}\frac{\theta F}{m\left[(\omega^2 - \theta^2)^2 + 4\zeta^2\omega^2\theta^2\right]}\left[2\zeta\omega\cos\omega't + \frac{2\zeta^2\omega^2 - (\omega^2 - \theta^2)}{\omega'}\sin\omega't\right] + \tag{8-40}$$

$$\frac{F}{m\left[(\omega^2 - \theta^2)^2 + 4\zeta^2\omega^2\theta^2\right]}\left[(\omega^2 - \theta^2)\sin\theta t - 2\zeta\omega\theta\cos\theta t\right]$$

由此可知，振动系由三部分组成：第一部分是由初始条件决定的自由振动；第二部分是与初始条件无关而伴随干扰力作用发生的振动，但其频率与体系的自振频率 ω' 一致，称为伴生自由振动。由于这两部分振动都含有因子 $e^{-\zeta\omega t}$，故它们将随时间的推移而很快衰减，最后只剩下按干扰力频率 θ 而振动的第三部分，称为纯强迫振动或稳态强迫振动，如图 8-12 所示。

把在振动开始一段时间内几种振动同时存在的阶段称为过渡阶段;而把后面只剩下纯强迫振动的阶段称为平稳阶段。通常过渡阶段比较短,因而在实际问题中平稳阶段比较重要,故一般只着重讨论纯强迫振动。下面仍分别就考虑和不考虑阻尼两种情况来讨论。

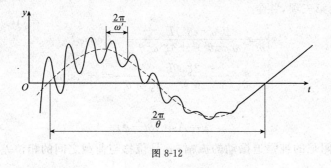

图 8-12

1)不考虑阻尼的纯强迫振动

此时因 $\zeta=0$,由式(8-40)的第三项可知纯强迫振动方程成为

$$y=\frac{F}{m(\omega^2-\theta^2)}\sin\theta t \tag{8-41}$$

因此,最大的动力位移(即振幅)为

$$A=\frac{F}{m(\omega^2-\theta^2)}=\frac{1}{1-\frac{\theta^2}{\omega^2}}\frac{F}{m\omega^2} \tag{8-42}$$

但是,$\omega^2=\dfrac{k_{11}}{m}=\dfrac{1}{m\delta_{11}}$,故 $\omega^2 m=\dfrac{1}{\delta_{11}}$,代入上式,得

$$A=\frac{1}{1-\frac{\theta^2}{\omega^2}}F\delta_{11}=\mu y_{st} \tag{8-43}$$

式中,$y_{st}=F\delta_{11}$,指将振动荷载的最大值 F 作为静力荷载作用于结构上时所引起的静力位移,而

$$\mu=\frac{1}{1-\frac{\theta^2}{\omega^2}}=\frac{A}{y_{st}} \tag{8-44}$$

为最大的动力位移与静力位移的比值,称为位移动力系数。由上可知,根据 θ 与 ω 的比值求得动力系数后,只需将动力荷载的最大值 F 当作静力荷载,求出结构的位移 y_{st},然后再乘上 μ,即可求得动力荷载作用下的最大位移 A。当 $\theta<\omega$ 时,μ 为正,动力位移与动力荷载同向;当 $\theta>\omega$ 时,μ 为负,动力位移与动力荷载反向。

同理,如果我们求出了内力的动力系数,也可仿此计算结构在动力荷载作用下的最大内力。需要指出,在单自由度结构中,当干扰力与惯性力的作用点重合时,位移动力系数和内力动力系数是完全一样的,此时对这两类动力系数可不作区分而统称为动力系数。

由式(8-44)可知,动力系数随比值 $\dfrac{\theta}{\omega}$ 的变化而变化。当干扰力的频率 θ 接近于结构的自振频率 ω 时,动力系数就迅速增大;当两者无限接近时,理论上 μ 将成为无穷大,此时内力和位移都将无限增大。对结构来说,这种情形是危险的。在 $\theta=\omega$ 时,所发生的振动情况称为共振。实际上,由于阻尼力的存在,共振时内力和位移虽然很大,但并不会趋于无穷大,而且共振时的振动也是逐渐由小变大,而不是一下就变得很大。但是,内力和位移之值过大也是不利的,因此,在设计中应尽量避免发生共振。

2)考虑阻尼的纯强迫振动

取式(8-40)的第三项,并令

$$\begin{cases} \dfrac{(\omega^2-\theta^2)F}{m[(\omega^2-\theta^2)^2+4\zeta^2\omega^2\theta^2]}=A\cos\varphi \\ -\dfrac{2\zeta\omega\theta F}{m[(\omega^2-\theta^2)^2+4\zeta^2\omega^2\theta^2]}=-A\sin\varphi \end{cases}$$

则有

$$y=A\sin(\theta t-\varphi) \tag{8-45}$$

式中,A 为有阻尼的纯强迫振动的振幅;φ 是位移与荷载之间的相位差。

由以上式得

$$A=\frac{1}{\sqrt{(\omega^2-\theta^2)^2+4\zeta^2\omega^2\theta^2}}\frac{F}{m} \tag{8-46}$$

$$\varphi=\tan^{-1}\frac{2\zeta\omega\theta}{\omega^2-\theta^2} \tag{8-47}$$

令 $\omega^2=\dfrac{k_{11}}{m}=\dfrac{1}{m\delta_{11}}$,代入式(8-46),则振幅 A 可写为

$$A=\frac{1}{\sqrt{\left(1-\dfrac{\theta^2}{\omega^2}\right)^2+\dfrac{4\zeta^2\theta^2}{\omega^2}}}\frac{F}{m\omega^2}=\mu y_{\text{st}} \tag{8-48}$$

式中

$$\mu=\frac{1}{\sqrt{\left(1-\dfrac{\theta^2}{\omega^2}\right)^2+\dfrac{4\zeta^2\theta^2}{\omega^2}}} \tag{8-49}$$

可见动力系数 μ 不仅与 θ/ω 有关,而且还与阻尼比 ζ 有关,这种关系可绘成图 8-13 所示的曲线。相位差 φ、θ/ω 和阻尼比 ζ 的关系曲线如图 8-14 所示。

现在,结合图 8-13 与图 8-14 来研究 μ、φ 随 $\dfrac{\theta}{\omega}$ 变化的情况,并对位移与荷载的相位关系作一简单讨论。

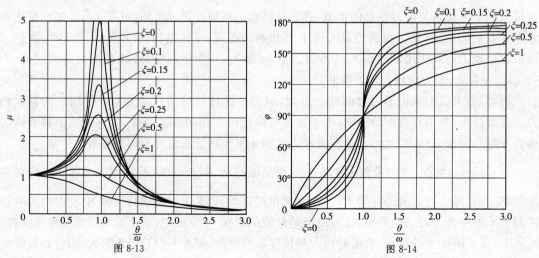

图 8-13　　　　　　　　　　　　　　　　图 8-14

(1)当 θ 远小于 ω 时,则 $\frac{\theta}{\omega}$ 很小,因而 μ 接近于 1。这表明可近似地将 $F\sin\theta t$ 作为静力荷载来计算。这时由于振动很慢,因而惯性力和阻尼力都很小,动力荷载主要由结构的恢复力平衡。

由式(8-45)可知,位移 y 与荷载 $F(t)$ 之间有一个相位差 φ,也就是说在有阻尼的强迫振动中($\zeta\neq 0$),位移 y 要比荷载 $F(t)$ 落后一个相位 φ;然而在无阻尼的强迫振动中($\zeta=0$),由式(8-41)与图 8-14 可知,位移 y 与荷载 $F(t)$ 是同步的(当 $\theta<\omega$ 时),或相差 $180°$,亦即方向相反的(当 $\theta>\omega$ 时),这是有无阻尼的重大差别。不过在目前的有阻尼振动中,由于 θ 远小于 ω,故从式(8-47)与图 8-14 均可知,此时相位差 φ 也很小,因而位移基本上与荷载同步。

(2)当 θ 远大于 ω 时,则 μ 很小,这表明质量近似于不动或只作振幅很微小的颤动。这时由于振动很快,因而惯性力很大,结构的恢复力和阻尼力相对来说可以忽略,此时动力荷载主要由惯性力来平衡。由于惯性力是与位移同相位的,所以动力荷载的方向只能与位移的方向相反才能平衡。由式(8-47)和图 8-14 也可知,此时相位差 $\varphi\approx 180°$。

(3)当 θ 接近于 ω 时,μ 增加很快。由式(8-47)可知,此时 $\varphi\approx 90°$,说明位移落后于荷载 $F(t)$ 约 $90°$,即荷载为最大时,位移很小,加速度也很小,因而恢复力和惯性力都很小,这时荷载主要由阻尼力平衡。因此,荷载频率 θ 在共振频率附近时,阻尼力将起重要作用,μ 值受阻尼大小的影响非常明显。由图 8-13 可见,在 $0.75<\frac{\theta}{\omega}<1.25$ 的范围内,受阻尼大小的影响,强迫振动的位移将大大地减小。当 $\theta\to\omega$ 时,由于阻尼力的存在,μ 值虽不趋向于无穷大,但其值还是很大的,特别是当阻尼作用较小时,共振现象是很危险的,可能导致结构的破坏。因此,在工程设计中应该注意通过调整结构的刚度和质量来控制结构的自振频率,使其不致与干扰力的频率接近,以免发生共振现象。一般使最低自振频率 ω 至少比 θ 大 $25\%\sim30\%$。

【例 8-2】重量 $G=35\text{kN}$ 的发电机置于简支梁的中点上(图 8-15),并知梁的惯性矩 $I=8.8\times10^{-5}\ \text{m}^4$,$E=210\text{GPa}$,发电机转动时其离心力的垂直分力为 $F\sin\theta t$,且 $F=10\text{kN}$。若不考虑阻尼,试求当发电机每分钟的转数 $n=500\text{r/min}$ 时,梁的最大弯矩和挠度(梁的自重可略去不计)。

解:

在发电机的自重作用下,梁中点的最大静力位移为

$$\Delta_{\text{st}}=\frac{Gl^3}{48EI}=\frac{35\times10^3\text{N}\times(4\text{m})^3}{48\times210\times10^9\text{N/m}^2\times8.8\times10^{-5}\text{m}^4}=2.53\times10^{-3}\text{m}$$

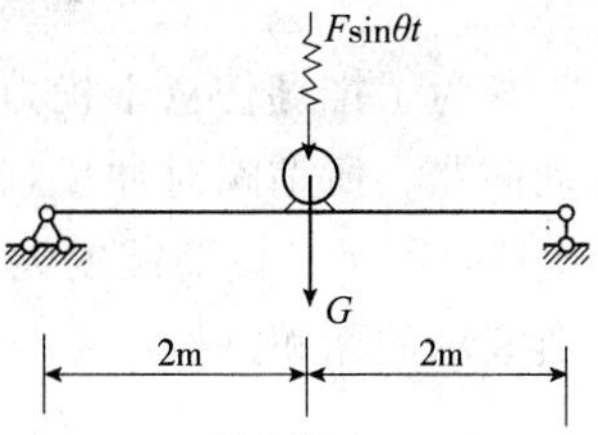

故自振频率为

$$\omega=\sqrt{\frac{g}{\Delta_{\text{st}}}}=\sqrt{\frac{9.81\text{m/s}^2}{2.53\times10^{-3}\text{m}}}=62.3\text{s}^{-1}$$

干扰力的频率为

$$\theta=\frac{2\pi n}{60}=\frac{2\times3.14\times500}{60\text{s}}=62.3\text{s}^{-1}$$

根据式(8-44)可求得动力系数为

$$\mu=\frac{1}{1-\dfrac{\theta^2}{\omega^2}}=\frac{1}{1-\left(\dfrac{52.3\text{s}^{-1}}{62.3\text{s}^{-1}}\right)^2}=3.4$$

图 8-15

故知,由此干扰力影响所产生的内力和位移等于静力影响的 3.4 倍。据此求得梁中点的最大弯矩为

$$M_{\text{max}}=M^G+\mu M_{\text{st}}^F=\frac{35\text{kN}\times4\text{m}}{4}+\frac{3.4\times10\text{kN}\times4\text{m}}{4}=69\text{kN}\cdot\text{m}$$

梁中点最大挠度为

$$y_{\max} = \Delta_{\text{st}} + \mu y_{\text{st}}^{\text{F}} = \frac{Gl^3}{48EI} + \mu \frac{Fl^3}{48EI}$$

$$= \frac{(35 + 3.4 \times 10) \times 10^3 \text{N} \times (4\text{m})^3}{48 \times 210 \times 10^9 \text{N/m}^2 \times 8.8 \times 10^{-5} \text{m}^4}$$

$$= 4.98 \times 10^{-3}\text{m} = 4.98\text{mm}$$

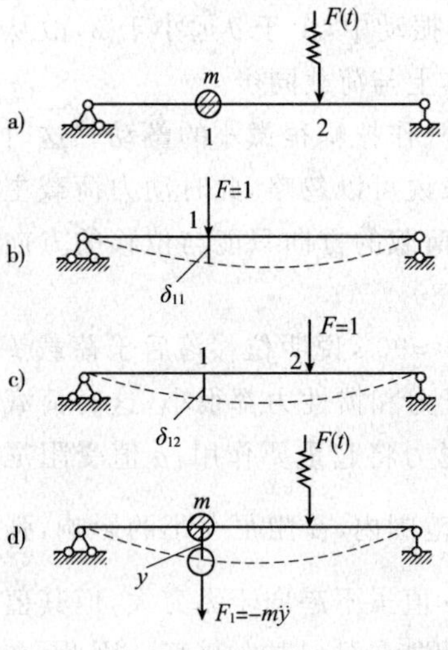

以上分析都是干扰力 $F(t)$ 直接作用在质点 m 上的情形。在实际问题中,干扰力 $F(t)$ 可能并不直接作用在质点上。例如图 8-16a)所示简支梁,集中质点 m 在点 1 处,而干扰力 $F(t)$ 则作用在点 2 处,建立质点 m 的振动方程时,用柔度法较简便,现讨论如下。

设单位力作用在点 1 时使点 1 产生的位移为 δ_{11},单位力作用在点 2 时使点 1 产生的位移为 δ_{12} [图 8-16b)、c)]。若在任一质点 m 处的位移为 y,则作用在质点 m 上的惯性力为 $F_1 = -m\ddot{y}$,在惯性力 F_1 和干扰力 $F(t)$ 共同作用下,如图 8-16d)所示,质点 m 处的位移将为

$$y = \delta_{11}F_1 + \delta_{12}F(t) = \delta_{11}(-m\ddot{y}) + \delta_{12}F(t)$$

即

$$m\ddot{y} + k_{11}y = \frac{\delta_{12}}{\delta_{11}}F(t) \tag{8-50}$$

图 8-16

这就是质点 m 的振动微分方程。由此可见,对于这种情况,本节前面导出的各个计算公式都是适用的,只不过须将公式中的 $F(t)$ 用 $\dfrac{\delta_{12}}{\delta_{11}}F(t)$ 来代替。

8.3.2 干扰力为任意荷载时的强迫振动

为了推导任意干扰力 $F(t)$ 作用下强迫振动的一般公式,我们先讨论瞬时冲量作用下的振动问题。所谓瞬时冲量,就是荷载 $F(t)$ 只在极短的时间 $\Delta t \approx 0$ 内给予振动物体的冲量,如图 8-17a)所示。设荷载的大小为 F,作用的时间为 Δt,则其冲量以 $I = F\Delta t$ 来计算,即图中阴影线所表示的面积。

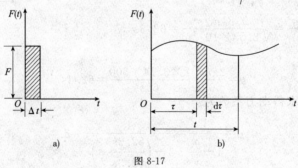

图 8-17

设在 $t = 0$ 时,有冲量 I 作用于单自由度质点上,且假定冲击以前质点原来的初位移和初速度均为零,则在瞬时冲量作用下质点 m 将获得初速度 y_0,此时冲量 I 全部转移给质点,使其增加动量,动量增值即为 $m\dot{y}_0$,故由 $I = m\dot{y}_0$ 可得

$$\dot{y}_0 = \frac{I}{m}$$

在质点获得初速度 $\dot{y}_0$ 但还未产生位移时,冲量即行消失,所以质点在这种冲击下将产生自由振动。将 $y_0=0$ 和 $\dot{y}_0=\dfrac{I}{m}$ 代入式(8-27),便得到瞬时冲量 I 作用下质点 m 的位移方程为

$$y = e^{-\zeta\omega t}\left(\frac{\dot{y}_0}{\omega}\sin\omega' t\right) = \frac{I}{m\omega}e^{-\zeta\omega t}\sin\omega' t \tag{8-51}$$

若瞬时冲量不是在 $t=0$,而是在 $t=\tau$ 时加于质点上,则其位移方程应为

$$y(t) = \frac{I}{m\omega}e^{-\zeta\omega(t-\tau)}\sin\omega'(t-\tau),\ t>\tau \tag{8-52}$$

对于图 8-17b)所示一般形式的干扰力 $F(t)$,可以认为它是一系列微小冲量 $F(\tau)\mathrm{d}\tau$ 连续作用的结果,因此应有

$$y(t) = \frac{1}{m\omega}\int_0^t F(\tau)e^{-\zeta\omega(t-\tau)}\sin\omega'(t-\tau)\mathrm{d}\tau \tag{8-53}$$

式(8-53)这就是单自由度结构当原理的初始位移和初始速度均为零时,在任意动力荷载作用下的质点位移公式。若不考虑阻尼,则有 $\zeta=0$,$\omega'=\omega$,于是

$$y(t) = \frac{1}{m\omega}\int_0^t F(\tau)\sin\omega(t-\tau)\mathrm{d}\tau \tag{8-54}$$

式(8-53)及式(8-54)又称为杜哈梅积分。

若在 $t=0$ 时,质点便具有初始位移 y_0 和初始速度 $\dot{y}_0$,则质点位移应为

$$y(t) = e^{-\zeta\omega t}\left(y_0\cos\omega' t + \frac{\dot{y}_0 + \zeta\omega y_0}{\omega}\sin\omega'\right) + \frac{1}{m\omega}\int_0^t F(\tau)e^{\zeta\omega(t-\tau)}\sin\omega'(t-\tau)\mathrm{d}\tau \tag{8-55}$$

如不考虑阻尼则有

$$y(t) = y_0\cos\omega t + \frac{\dot{y}_0}{\omega}\sin\omega t + \frac{1}{m\omega}\int_0^t F(\tau)\sin\omega(t-\tau)\mathrm{d}\tau \tag{8-56}$$

有了式(8-53)~式(8-56),只需把把已知的干扰力 $F(\tau)$ 代入进行积分运算,便可解算此种干扰力作用下的强迫振动。下面研究两种特殊荷载作用下的解答。

(1)突加荷载。这是指突然施加于结构上并保持常量继续作用的荷载,我们以加载那一瞬间作为时间的起点,其变化规律如图 8-18a)所示,设结构在加载前处于静止状态,则可将 $F(\tau)=F$ 代入式(8-53)进行积分求得

$$y = \frac{F}{m\omega^2}\left[1 - e^{-\zeta\omega t}\left(\cos\omega' t + \frac{\zeta\omega}{\omega}\sin\omega' t\right)\right] \tag{8-57}$$

$$= y_{st}\left[1 - e^{-\zeta\omega t}(\cos\omega' t + \frac{\zeta\omega}{\omega}\sin\omega' t)\right]$$

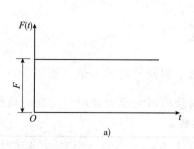

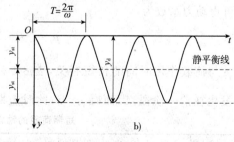

图 8-18

将式(8-57)对 t 求一阶导数,并令其等于零。即可求得产生位移极值的各时刻。当 $t=\dfrac{\pi}{\omega}$ 时,最大动力位移 y_d 为

$$y_d = y_{st}\left(1+e^{-\frac{\zeta\omega t}{\omega}}\right) \tag{8-58}$$

由此可得动力系数为

$$\mu = 1+e^{-\frac{\zeta\omega t}{\omega}} \tag{8-59}$$

若不考虑阻尼影响,则 $\zeta=0$,$\omega'=\omega$,式(8-57)成为

$$y = \frac{F}{m\omega^2}(1-\cos\omega t) = y_{st}(1-\cos\omega t) \tag{8-60}$$

最大动力位移为

$$y_d = 2y_{st} \tag{8-61}$$

即在突加荷载作用下,最大动力位移为静力位移的 2 倍。图 8-18b)给出了式(8-60)所示的振动曲线,此时质点在静力平衡位置附近作简谐振动。

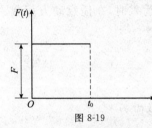

图 8-19

（2）短期荷载。短期荷载是指在短时间内停留结构上的荷载,即当 $t=0$ 时,荷载突然加于结构上,但在 $t=t_0$ 时,荷载又突然消失,如图 8-19 所示。对于这种情况可作如下分析:当 $t=0$ 时,有上面所述的突加荷载加入,并一直作用于结构上;当 $t=t_0$ 时,又有一个大小相等但方向相反的突加荷载加入,以抵消原有荷载的作用。这样,便可利用上述突加荷载作用下的计算公式按叠加法来求解。

由于这种荷载作用时间较短,最大位移一般发生在振动衰减还很少的开始一段时间内,因此通常可以不考虑阻尼影响,于是由式(8-60)可得

当 $0<t<t_0$ 时,$y=y_{st}(1-\cos\omega t)$ $\tag{8-62a}$

当 $t>t_0$ 时,$y = y_{st}(1-\cos\omega t) - y_{st}[1-\cos\omega(t-t_0)]$

$$= y_{st}[\cos\omega(t-t_0) - \cos\omega t] \tag{8-62b}$$

$$= 2y_{st}\left[\sin\frac{\omega t_0}{2}\sin\omega\left(t-\frac{t_0}{2}\right)\right]$$

显然,前一阶段 $0<t<t_0$ 与前述突加荷载作用下的情况相同;后一阶段 $t>t_0$ 则为自由振动。

当荷载停留于结构上的时间小于结构自振周期的一半,即 $t_0<\dfrac{T}{2}$ 时,最大位移发生在后一阶段。由式(8-62)知:在 $t-\dfrac{t_0}{2}<\dfrac{\pi}{2\omega}$ 时有最大位移,其值为

$$y_d = 2y_{st}\sin\frac{\omega t_0}{2} \tag{8-63}$$

据此可得动力系数为

$$\mu = 2\sin\frac{\omega t_0}{2} \tag{8-64}$$

可见 μ 与荷载作用时间的长短有关,表 8-1 列出了不同 $\dfrac{t_0}{T}$ 时的 μ 值。而当 $t_0>\dfrac{T}{2}$ 时,最大位移将发生在前一阶段,因而有 $\mu=2$,此时短期荷载的最大动力效应与突加荷载相同。

短期荷载的动力系数 μ 　　　　　　　　　　　　　　　　表 8-1

t_0/T	0	0.01	0.02	0.05	0.10	1/6	0.20	0.30	0.40	0.50	>0.50
μ	0	0.063	0.126	0.313	0.618	1.000	1.176	1.618	1.902	2	2

8.4 有限多自由度体系的振动

8.4.1 有限多自由度体系的自由振动

1)振动微分方程的建立

多自由度结构的振动微分方程,同样可按前述两种基本方法来建立:一种是列动力平衡方程,即刚度法;另一种是列位移方程,即柔度法。

设图 8-20a)所示无重量简支梁支承着 n 个集中质量 m_1、m_2……m_n,若略去梁的轴向变形和质点的转动,则为 n 个自由度的结构。设在振动中任一时刻各个质点的位移分别为 y_1、y_2……y_n。按刚度法建立振动微分方程时,可以采取类似于第 8 章位移法的步骤来处理。首先加入附加链杆阻止所有质点的位移如图 8-20b)所示,则在各质点的惯性力 $-m_i\ddot{y}_i$($i=1,2,\cdots,n$)作用下,各链杆的反力即等于 $m_i\ddot{y}_i$;其次令各链杆发生与各质点实际位置相同的位移如图 8-20c)所示,此时各链杆上所需施加的力为 $F_{\mathrm{R}i}$($i=1,2,\cdots,n$)。若不考虑各质点所受的阻尼力,将上述两情况叠加,各附加链杆上的总反力应等于零,由此便可列出各质点的动力平衡方程。以质点 m_i 为例,有

$$m_i\ddot{y}_i + F_{\mathrm{R}i} = 0 \tag{8-65}$$

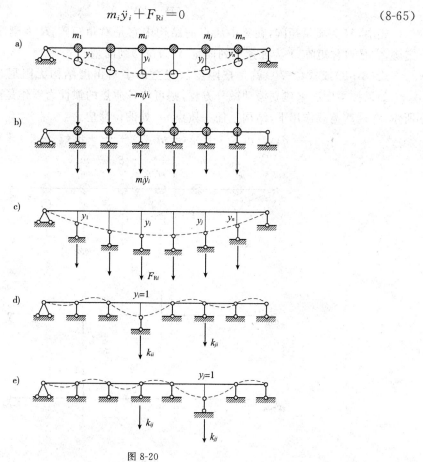

图 8-20

而 F_{Ri} 的大小取决于结构的刚度和各质点的位移值,由叠加原理,它可写为

$$F_{Ri}=k_{i1}y_1+k_{i2}y_2+\cdots+k_{ii}y_i+\cdots+k_{ij}y_j+\cdots+k_{in}y_n \tag{8-66}$$

式中,k_{ii}、k_{ij} 等是结构的刚度系数,其物理意义如图 8-20d)、e)所示。例如 k_{ij} 为 j 点发生单位位移(其余各点位移为零)时 i 点处附加链杆的反力。

把式(8-66)代入式(8-65),有

$$m_i\ddot{y}_i+k_{i1}y_1+k_{i2}y_2+\cdots+k_{in}y_n=0 \tag{8-67}$$

同理,对每个质点都列出这样一个动力平衡方程,于是可建立 n 个方程如下:

$$\left.\begin{aligned}
m_1\ddot{y}_1+k_{11}y_1+k_{12}y_2+\cdots+k_{1n}y_n&=0\\
m_2\ddot{y}_2+k_{21}y_1+k_{22}y_2+\cdots+k_{2n}y_n&=0\\
\vdots\qquad\vdots\qquad\vdots\qquad\vdots\qquad\vdots\quad&\\
m_n\ddot{y}_n+k_{n1}y_1+k_{n2}y_2+\cdots+k_{nn}y_n&=0
\end{aligned}\right\} \tag{8-68}$$

写成矩阵形式为

$$\begin{bmatrix}
m_1 & & & \mathbf{0}\\
& m_2 & &\\
& & \ddots &\\
\mathbf{0} & & & m_n
\end{bmatrix}
\begin{Bmatrix}\ddot{y}_1\\\ddot{y}_2\\\vdots\\\ddot{y}_n\end{Bmatrix}
+
\begin{bmatrix}
k_{11} & k_{12} & \cdots & k_{1n}\\
k_{21} & k_{22} & \cdots & k_{2n}\\
\vdots & \vdots & & \vdots\\
k_{n1} & k_{n2} & \cdots & k_{nn}
\end{bmatrix}
\begin{Bmatrix}y_1\\y_2\\\vdots\\y_n\end{Bmatrix}
=
\begin{Bmatrix}0\\0\\\vdots\\0\end{Bmatrix} \tag{8-69}$$

或简写为

$$\boldsymbol{M}\ddot{\boldsymbol{Y}}+\boldsymbol{K}\boldsymbol{Y}=\boldsymbol{0} \tag{8-70}$$

式中,$\boldsymbol{M}$ 为质量矩阵,在集中质点的结构中它是对角矩阵;$\boldsymbol{K}$ 为刚度矩阵,根据反力互等定理,它是对称矩阵;$\ddot{\boldsymbol{Y}}$ 为加速度列向量;$\boldsymbol{Y}$ 为位移列向量。

式(8-68)或式(8-70)就是按刚度法建立的多自由度结构无阻尼自由振动微分方程。

如果按柔度法来建立振动微分方程,则可将各质点的惯性力看作是静力荷载,如图 8-21a)所示,在这些荷载作用下,结构上任一质点 m_i 处的位移应为

$$y_i=\delta_{i1}(-m_1\ddot{y}_1)+\delta_{i2}(-m_2\ddot{y}_2)+\cdots+\delta_{ii}(-m_i\ddot{y}_i)+\cdots+$$
$$\delta_{ij}(-m_j\ddot{y}_j)+\cdots+\delta_{in}(-m_n\ddot{y}_n) \tag{8-71}$$

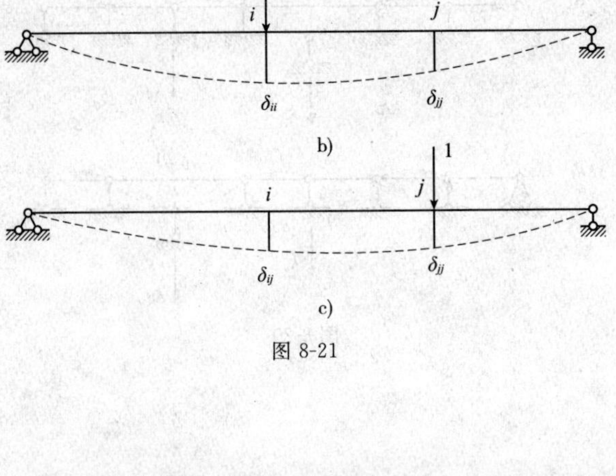

图 8-21

式中，δ_{ii}、δ_{ij} 等是结构的柔度系数，它们的物理意义如图 8-21b)、c)所示。据此，我们可以建立 n 个位移方程：

$$\left.\begin{array}{l} y_1+\delta_{11}m_1\ddot{y}_1+\delta_{12}m_2\ddot{y}_2+\cdots+\delta_{1n}m_n\ddot{y}_n=0 \\ y_2+\delta_{21}m_1\ddot{y}_1+\delta_{22}m_2\ddot{y}_2+\cdots+\delta_{2n}m_n\ddot{y}_n=0 \\ \vdots \qquad \vdots \qquad \vdots \qquad \qquad \vdots \quad \vdots \\ y_n+\delta_{n1}m_1\ddot{y}_1+\delta_{n2}m_2\ddot{y}_2+\cdots+\delta_{nn}m_n\ddot{y}_n=0 \end{array}\right\} \tag{8-72}$$

写成矩阵形式为

$$\begin{Bmatrix} y_1 \\ y_2 \\ \vdots \\ y_n \end{Bmatrix}+\begin{bmatrix} \delta_{11} & \delta_{12} & \cdots & \delta_{1n} \\ \delta_{21} & \delta_{22} & \cdots & \delta_{2n} \\ \vdots & \vdots & & \vdots \\ \delta_{n1} & \delta_{n2} & \cdots & \delta_{nn} \end{bmatrix}\begin{bmatrix} m_1 & & & \mathbf{0} \\ & m_2 & & \\ & & \ddots & \\ \mathbf{0} & & & m_n \end{bmatrix}\begin{Bmatrix} \ddot{y}_1 \\ \ddot{y}_2 \\ \vdots \\ \ddot{y}_n \end{Bmatrix}=\begin{Bmatrix} 0 \\ 0 \\ \vdots \\ 0 \end{Bmatrix} \tag{8-73}$$

或简写为

$$\boldsymbol{Y}+\boldsymbol{\delta M\ddot{Y}}=0 \tag{8-74}$$

式中，$\boldsymbol{\delta}$ 为结构的柔度矩阵，根据位移互等原理，它是对称矩阵。

式(8-72)或式(8-74)就是按柔度法建立的多自由度结构无阻尼自由振动微分方程。

若对式(8-74)左乘以 $\boldsymbol{\delta}^{-1}$，则有

$$\boldsymbol{\delta}^{-1}\boldsymbol{Y}+\boldsymbol{M\ddot{Y}}=0 \tag{8-75}$$

与式(8-70)对比，显然应有

$$\boldsymbol{\delta}^{-1}=\boldsymbol{K} \tag{8-76}$$

即柔度矩阵和刚度矩阵互为逆阵。可见不论采用刚度法还是采用柔度法建立结构的振动微分方程，其实质都一样，只是表现形式不同而已。当结构的柔度系数比刚度系数较易求得时，宜采用柔度法，反之则宜采用刚度法。

2)按柔度法求解

现在讨论按柔度法建立的振动微分方程的求解。设式(8-72)的特解取如下形式：

$$y_i=A_i\sin(\omega t+\varphi)\quad(i=1,2,\cdots,n) \tag{8-77}$$

亦即设所有质点都按同一频率、同一相位作同步简谐振动，但各质点的振幅值各不相同。将式(8-77)代入式(8-72)并消去公因子 $\sin(\omega t+\varphi)$ 可得

$$\left.\begin{array}{l} \left(\delta_{11}m_1-\dfrac{1}{\omega^2}\right)A_1+\delta_{12}m_2A_2+\cdots+\delta_{1n}m_nA_n=0 \\[2mm] \delta_{21}m_1A_1+\left(\delta_{22}m_2-\dfrac{1}{\omega^2}\right)A_2+\cdots+\delta_{2n}m_nA_n=0 \\[2mm] \cdots\cdots \\[2mm] \delta_{n1}m_1A_1+\delta_{n2}m_2A_2+\cdots+\left(\delta_{nn}m_n-\dfrac{1}{\omega^2}\right)A_n=0 \end{array}\right\} \tag{8-78}$$

写成矩阵形式则为

$$\left(\boldsymbol{\delta M}-\frac{1}{\omega^2}\boldsymbol{I}\right)\boldsymbol{A}=0 \tag{8-79}$$

式中，$\boldsymbol{A}=(A_1 \quad A_2 \quad \cdots \quad A_n)^{\mathrm{T}}$ 为振幅列向量；$\boldsymbol{I}$ 为单位矩阵。

式(8-78)为振幅 A_1、A_2……A_n 的齐次方程，称为振幅方程。当 A_1、A_2……A_n 全为零时该式满足，此时，对应于无振动的静止状态。要得到 A_1、A_2……A_n 不全为零的解，则必须使该

方程组的系数行列式等于零,即

$$\begin{vmatrix} \delta_{11}m_1 - \dfrac{1}{\omega^2} & \delta_{12}m_2 & \cdots & \delta_{1n}m_n \\[2mm] \delta_{21}m_1 & \delta_{22}m_2 - \dfrac{1}{\omega^2} & \cdots & \delta_{2n}m_n \\[2mm] \vdots & \vdots & & \vdots \\[2mm] \delta_{n1}m_1 & \delta_{n2}m_2 & \cdots & \delta_{m}m_n - \dfrac{1}{\omega^2} \end{vmatrix} = 0 \tag{8-80}$$

或写为

$$\left| \boldsymbol{\delta M} - \frac{1}{\omega^2}\boldsymbol{I} \right| = \boldsymbol{0} \tag{8-81}$$

将行列式展开,可得到一个含 $\dfrac{1}{\omega^2}$ 的 n 次代数方程,由此可解出 $\dfrac{1}{\omega^2}$ 的 n 个正实根,从而得出 n 个自振频率 ω_1、ω_2……ω_n,若按它们的数值由小到大依次排列,则分别称为第1、第2……第 n 频率,并总称为结构自振的频谱。我们把用以确定 ω 数值的式(8-80)或式(8-81)称为频率方程。

将 n 个自振频率中的任一个 ω_k 代入式(8-77),即得其特解为

$$y_i^{(k)} = A_i^{(k)}\sin(\omega_k t + \varphi_k); i = 1, 2, \cdots, n \tag{8-82}$$

此时各质点按同一频率 ω_k 作同步简谐振动,但各质点的位移相互间的比值

$$y_1^{(k)} : y_2^{(k)} : \cdots : y_n^{(k)} = A_1^{(k)} : A_2^{(k)} : \cdots : A_n^{(k)}$$

却并不随时间而变化,也就是说在任何时刻结构的振动都保持同一形式,整个结构就像一个单自由结构一样在振动。我们把多自由度结构按任一自振频率 ω_k 进行的简谐振动称为主振动,而其相应的特定振动形式称为振型。

要确定振型,须确定各质点振幅间的比值。为此,可将 ω_k 值代回振幅方程(8-78),得

$$\left. \begin{aligned} \left(\delta_{11}m_1 - \frac{1}{\omega_k^2}\right)A_1^{(k)} + \delta_{12}m_2 A_2^{(k)} + \cdots + \delta_{1n}m_n A_n^{(k)} = 0 \\[2mm] \delta_{21}m_1 A_1^{(k)} + \left(\delta_{22}m_2 - \frac{1}{\omega_k^2}\right)A_2^{(k)} + \cdots + \delta_{2n}m_n A_n^{(k)} = 0 \\[2mm] \vdots \qquad\qquad \vdots \qquad\qquad\qquad \vdots \\[2mm] \delta_{n1}m_1 A_1^{(k)} + \delta_{n2}m_2 A_2^{(k)} + \cdots + \left(\delta_{m}m_n - \frac{1}{\omega_k^2}\right)A_1^{(k)} = 0 \end{aligned} \right\} \quad (k = 1, 2, \cdots, n) \tag{8-83}$$

或写为

$$\left(\boldsymbol{\delta M} - \frac{1}{\omega_k^2}\boldsymbol{I}\right)\boldsymbol{A}^{(k)} = \boldsymbol{0} \quad (k = 1, 2, \cdots, n) \tag{8-84}$$

由于此时式(8-83)的系数行列式为零,故其 n 个方程中只有 $n-1$ 个是独立的,因而不能求得 $A_1^{(k)}$、$A_2^{(k)}$……$A_n^{(k)}$ 的确定值,但可确定各质点振幅间的相对比值,这便确定了振型。

$$\boldsymbol{A}^{(k)} = (A_1^{(k)} \quad A_2^{(k)} \quad \cdots \quad A_n^{(k)})^{\mathrm{T}} \tag{8-85}$$

称为振型向量。如果假定了其中任一个元素的值,例如通常可假定第一个元素 $A_1^{(k)} = 1$,便可求出其余各元素的值,这样求得的振型称为规准化振型。

一个结构有 n 个自由度,便有 n 个自振频率,相应地便有 n 个主振动和振型,它们都是振动微分方程的特解。这些主振动的线性组合,就构成振动微分方程的一般解

$$y_i = A_i^{(1)}\sin(\omega_1 t + \varphi_1) + A_i^{(2)}\sin(\omega_2 t + \varphi_2) + \cdots + A_i^{(n)}\sin(\omega_n t + \varphi_n)$$

$$= \sum_{k=1}^{n} A_i^{(k)} \sin(\omega_k t + \varphi_k) \; ; i = 1, 2, \cdots, n \tag{8-86}$$

即在一般情况下,各质点的振动将是由 n 个不同频率的主振动分量叠加而成。各主振动分量的振幅 $A_i^{(k)}$ 及初相角 φ_k 取决于初始条件。由于在每一主振动分量中,各质点振幅之比(振型)是固定的,故只要确定了任一质点的振幅,所有质点的振幅便可确定。这样,在式(8-86)的 $A_i^{(k)}$ 中,独立的参数便只有 n 个,再加上 n 个 φ_k,共有 $2n$ 个待定常数,它们可由 n 个质点的初位移和初速度共 $2n$ 个初始条件确定。显然,初始条件不同,$A_i^{(k)}$ 及 φ_k 值将随之不同。然而自振频率和振型却不因初始条件不同而异,它们与外因干扰无关。由式(8-80)及式(8-83)可知,自振频率和振型只取决于结构的质量分布和柔度系数,因而它们反映着结构本身固有的动力特性。以后可以看到,在多自由度结构的动力计算中,确定自振频率及振型是首要的任务。

多自由度结构中最简单的情况是只具有两个自由度的结构,此时,振幅方程(8-78)可为

$$\left.\begin{array}{l} \left(\delta_{11} m_1 - \dfrac{1}{\omega^2}\right) A_1 + \delta_{12} m_2 A_2 = 0 \\[2mm] \delta_{21} m_1 A_1 + \left(\delta_{22} m_2 - \dfrac{1}{\omega^2}\right) A_2 = 0 \end{array}\right\} \tag{8-87}$$

频率方程为

$$\begin{vmatrix} \delta_{11} m_1 - \dfrac{1}{\omega^2} & \delta_{12} m_2 \\[3mm] \delta_{21} m_1 & \delta_{22} m_2 - \dfrac{1}{\omega^2} \end{vmatrix} = 0 \tag{8-88}$$

将其展开并令 $\lambda = \dfrac{1}{\omega^2}$ 得

$$\lambda^2 - (\delta_{11} m_1 + \delta_{22} m_2)\lambda + (\delta_{11}\delta_{22} - \delta_{12}^2) m_1 m_2 = 0$$

由此解得 λ 的两个根为

$$\left.\begin{array}{l} \lambda_1 = \dfrac{(\delta_{11} m_1 + \delta_{22} m_2) + \sqrt{(\delta_{11} m_1 + \delta_{22} m_2)^2 - 4(\delta_{11}\delta_{22} - \delta_{12}{}^2) m_1 m_2}}{2} \\[4mm] \lambda_2 = \dfrac{(\delta_{11} m_1 + \delta_{22} m_2) - \sqrt{(\delta_{11} m_1 + \delta_{22} m_2)^2 - 4(\delta_{11}\delta_{22} - \delta_{12}{}^2) m_1 m_2}}{2} \end{array}\right\} \tag{8-89}$$

从而可得两个自振频率为

$$\left.\begin{array}{l} \omega_1 = \dfrac{1}{\sqrt{\lambda_1}} \\[4mm] \omega_1 = \dfrac{1}{\sqrt{\lambda_2}} \end{array}\right\} \tag{8-90}$$

下面确定相应的两个主振型。求第一振型时,将 $\omega = \omega_1$ 代入式(8-87),由于系数行列式为零,所以两个方程线性相关,只有一个是独立的,可由其中任何一式求得 $A_1^{(1)}$ 与 $A_2^{(1)}$ 的比值,比如由第一式可得

$$\rho_1 = \frac{A_2^{(1)}}{A_1^{(1)}} = \frac{\dfrac{1}{\omega_1^2} - \delta_{11} m_1}{\delta_{12} m_2} \tag{8-91}$$

同理可求得第二振型为

$$\rho_2 = \frac{A_2^{(2)}}{A_1^{(2)}} = \frac{\dfrac{1}{\omega_2^2} - \delta_{11} m_1}{\delta_{12} m_2} \tag{8-92}$$

【例 8-3】试求图 8-22a)所示等截面简支梁的自振频率,并确定其主振型。

解:

结构有两个自由度,由图乘可得

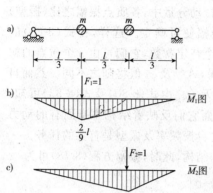

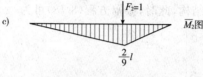

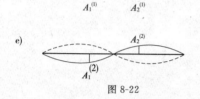

图 8-22

$$\delta_{11} = \delta_{22} = \frac{4l^3}{243EI}$$

$$\delta_{12} = \delta_{21} = \frac{7l^3}{486EI}$$

将其代入式(8-89)并注意有 $m_1 = m_2 = m$,则可求得

$$\lambda_1 = (\delta_{11} + \delta_{12})m = \frac{15ml^3}{486EI}$$

$$\lambda_2 = (\delta_{11} + \delta_{12})m = \frac{ml^3}{486EI}$$

于是,得到

$$\omega_1 = \sqrt{\frac{1}{\lambda_1}} = \sqrt{\frac{486EI}{15ml^3}} = 5.69\sqrt{\frac{EI}{ml^3}}$$

$$\omega_2 = \sqrt{\frac{1}{\lambda_2}} = \sqrt{\frac{486EI}{ml^3}} = 22.05\sqrt{\frac{EI}{ml^3}}$$

由式(8-91)求得第一振型为

$$\rho = \frac{A_2^{(1)}}{A_1^{(1)}} = \frac{\lambda_1 - \delta_{11}m_1}{\delta_{12}m_2} = \frac{(\delta_{11} + \delta_{12})m - \delta_{11}m}{\delta_{12}m} = 1$$

这表明结构按第一频率振动时,两质点的位移始终保持同向且相等,其振型为正对称,如图 8-22d)所示。

同理,由式(8-92)求得第二振型为

$$\rho_1 = \frac{A_2^{(2)}}{A_1^{(2)}} = \frac{\lambda_2 - \delta_{11}m_1}{\delta_{12}m_2} = \frac{(\delta_{11} - \delta_{12})m - \delta_{11}m}{\delta_{12}m} = -1$$

可见按第二频率振动时,两质点的位移是等值且反向的,其振型为反对称,如图 8-22e)所示。

由此例可以看出,若结构的刚度和质量分布都是对称的,则其主振型不是正对称便是反对称。因此,求自振频率时,我们也可以分别就正、反对称的情况取一半结构来进行计算,这样就简化为两个单自由度结构的计算。

【例 8-4】图 8-23a)所示刚架各杆 EI 都为常数,假设将其质量集中于各结点处,分别为 m_1 和 m_2,且 $m_2 = 1.5m_1$。试确定其自振频率和相应的振型。

解:

此刚架为对称结构,故其振型可分为正、反对称两种。根据受弯直杆两端距离不变的假定,可判定不可能发生正对称型式的振动,因此其振型只能是反对称的,于是可取图 8-23b)所示一半结构来计算,它是两个自由度的结构。

为了能按式(8-89)及式(8-90)求得自振频率,须先求出各单位力作用下的位移。此半刚架是超静定的,应先解算超静定结构,作出它在单位力 $F_1 = 1$ 和 $F_2 = 1$ 分别作用下的弯矩图 M_1 和 M_2 图[图 8-24a)、b)];然后可取静定的基本结构,绘出其 $\overline{M}_1$ 和 $\overline{M}_2$ 图[图 8-24c)、d)]。用图乘法可求得

$$\delta_{11} = \sum \int \frac{M_1 \overline{M}_1 \, \mathrm{d}x}{EI} = \frac{39h^3}{48EI}$$

$$\delta_{22} = \sum \int \frac{M_2 \overline{M}_2 \, \mathrm{d}x}{EI} = \frac{23h^3}{48EI}$$

$$\delta_{12} = \sum \int \frac{M_1 \overline{M}_2 \, \mathrm{d}x}{EI} = \frac{27h^3}{48EI}$$

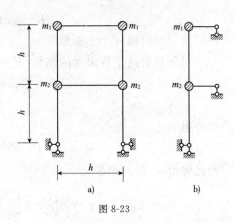

代入式(8-89)有

$$\lambda_1 = 1.4561 \frac{m_1 h^3}{EI}, \lambda_2 = 0.0751 \frac{m_1 h^3}{EI}$$

从而得

$$\omega_1 = \sqrt{\frac{1}{\lambda_1}} = 0.83 \sqrt{\frac{EI}{m_1 h^3}}, \omega_2 = \sqrt{\frac{1}{\lambda_2}} = 3.65 \sqrt{\frac{EI}{m_1 h^3}}$$

图 8-23

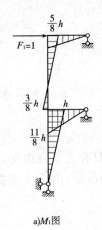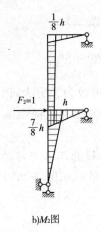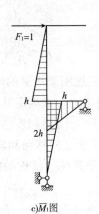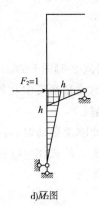

a)M_1图   b)M_2图   c)$\overline{M}_1$图   d)$\overline{M}_2$图

图 8-24

再由式(8-91)和式(8-92)分别求得第一振型和第二振型为

$$\rho_1 = 0.763, \rho_2 = -0.874$$

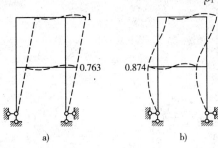

图 8-25

这表明,按第一频率作反对称振动时,上下两层的质点是同向振动的;而按第二频率作反对称振动时,上下两层的质点则反向振动,分别如图 8-25a)、b)所示。

3)按刚度法求解

以上是按柔度法求解。若按刚度法求解,推导过程与上相似。然而我们也可以利用柔度矩阵与刚度矩阵互为逆阵的关系,将前述求频率和振型的公式加以变换即可。为此,用 $\boldsymbol{\delta}^{-1}$ 左乘式(8-79)有

$$\left(\boldsymbol{M} - \frac{1}{\omega^2} \boldsymbol{\delta}^{-1}\right) \boldsymbol{A} = \boldsymbol{0}$$

即

$$(\boldsymbol{K} - \omega^2 \boldsymbol{M}) \boldsymbol{A} = \boldsymbol{0} \tag{8-93}$$

这便是按刚度法求解的振幅方程。因 $\boldsymbol{A}$ 不能全为零,故可得频率方程为

$$|\boldsymbol{K} - \omega^2 \boldsymbol{M}| = 0 \tag{8-94}$$

将其展开,可解出 n 个自振频率 ω_1、$\omega_2 \cdots \cdots \omega_n$,再将它们逐一代回振幅方程(8-93)得

231

$$(\boldsymbol{K}-\omega_k^2\boldsymbol{M})\boldsymbol{A}^{(k)}=\boldsymbol{0} \quad (k=1,2,\cdots,n) \tag{8-95}$$

便可确定相应的 n 个主振型。

对于具有两个自由度的结构,其频率方程(8-94)则为

$$\begin{vmatrix} k_{11}-\omega^2 m_1 & k_{12} \\ k_{21} & k_{22}-\omega^2 m_2 \end{vmatrix}=0$$

展开得

$$m_1 m_2(\omega^2)^2-(k_{11}m_2+k_{22}m_1)\omega^2+(k_{11}k_{22}-k_{12}^2)=0$$

由此解得 ω^2 的两个根为

$$\omega_{1,2}^2=\frac{1}{2}\left(\frac{k_{11}}{m_1}+\frac{k_{22}}{m_2}\right)\mp\frac{1}{2}\sqrt{\left(\frac{k_{11}}{m_1}+\frac{k_{22}}{m_2}\right)^2-\frac{4(k_{11}k_{22}-k_{12}^2)}{m_1 m_2}} \tag{8-96}$$

分别再开平方便可求得 ω_1 和 ω_{21}。两个主振型为

$$\left.\begin{aligned} \rho_1=\frac{A_2^{(1)}}{A_1^{(1)}}=\frac{\omega_1^2 m_1-k_{11}}{k_{12}} \\ \rho_2=\frac{A_2^{(2)}}{A_1^{(2)}}=\frac{\omega_2^2 m_1-k_{11}}{k_{12}} \end{aligned}\right\} \tag{8-97}$$

【例 8-5】图 8-26a)所示三层刚架横梁的刚度可视为无穷大,因而其变形可略去不计,并设刚架的质量都集中在各层横梁上。试确定其自振频率和主振型。

解:

此刚架振动时,各横梁不能竖向移动和转动,只能作水平移动,故只有三个自由度。我们按刚度法的式(8-94)来求自振频率。结构的刚度系数如图 8-26b)~d)所示,由此可建立其刚度矩阵为

$$\boldsymbol{K}=\frac{24EI}{l^3}\begin{bmatrix} 6 & -2 & 0 \\ -2 & 3 & -1 \\ 0 & -1 & 1 \end{bmatrix}$$

而质量矩阵为

$$\boldsymbol{M}=m\begin{bmatrix} 2 & 0 & 0 \\ 0 & 1.5 & 0 \\ 0 & 0 & 1 \end{bmatrix}$$

因而有

$$\boldsymbol{K}-\omega^2\boldsymbol{M}=\frac{24EI}{l^3}\begin{bmatrix} 6-2\eta & 12 & 0 \\ -2 & 3-1.5\eta & -1 \\ 0 & -1 & 1-\eta \end{bmatrix} \tag{8-98}$$

式中

$$\eta=\frac{ml^3}{24EI}\omega^2 \tag{8-99}$$

将式(8-98)代入式(8-94)应有

$$\begin{vmatrix} 6-2\eta & -2 & 0 \\ -2 & 3-1.5\eta & -1 \\ 0 & -1 & 1-\eta \end{vmatrix}=0$$

由试算法可解得其三个根为

232

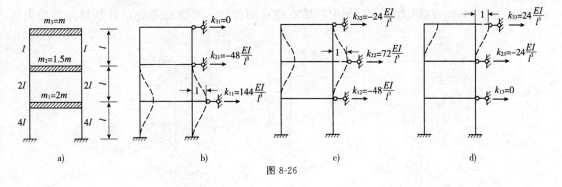

图 8-26

$$\eta_1 = 0.392, \qquad \eta_2 = 1.774, \qquad \eta_3 = 3.834$$

由式(8-99)求得三个自振频率为

$$\omega_1 = \sqrt{\frac{24EI}{ml^3}\eta_1} = 3.067\sqrt{\frac{EI}{ml^3}}$$

$$\omega_2 = \sqrt{\frac{24EI}{ml^3}\eta_2} = 6.525\sqrt{\frac{EI}{ml^3}}$$

$$\omega_3 = \sqrt{\frac{24EI}{ml^3}\eta_3} = 9.592\sqrt{\frac{EI}{ml^3}}$$

下面来确定主振型。将式(8-98)代入式(8-95)并约去公因子 $\dfrac{24EI}{l^3}$ 有

$$\begin{bmatrix} 6-2\eta_k & -2 & 0 \\ -2 & 3-1.5\eta_k & -1 \\ 0 & -1 & 1-\eta_k \end{bmatrix} \begin{bmatrix} A_1^{(k)} \\ A_2^{(k)} \\ A_3^{(k)} \end{bmatrix} = \begin{bmatrix} 0 \\ 0 \\ 0 \end{bmatrix} \qquad (8\text{-}100)$$

将 $\omega_k = \omega_1$，即 $\eta_k = \eta_1 = 0.392$ 代入式(8-100)有

$$\begin{bmatrix} 5.216 & -2 & 0 \\ -2 & 2.412 & -1 \\ 0 & -1 & 0.608 \end{bmatrix} \begin{bmatrix} A_1^{(1)} \\ A_2^{(1)} \\ A_3^{(1)} \end{bmatrix} = \begin{bmatrix} 0 \\ 0 \\ 0 \end{bmatrix}$$

因上式的系数行列式为零，故三个方程中只有两个是独立的，可由三个方程中任取两个，如取前两个方程

$$\begin{cases} 5.216A_1^{(1)} - 2A_2^{(1)} = 0 \\ -2A_1^{(1)} + 2.412A_2^{(1)} - A_3^{(1)} = 0 \end{cases}$$

并假设 $A_1^{(1)} = 1$，即可求得规准化的第一振型为

$$A^{(1)} = \begin{bmatrix} A_1^{(1)} \\ A_2^{(1)} \\ A_3^{(1)} \end{bmatrix} = \begin{bmatrix} 1 \\ 2.608 \\ 4.290 \end{bmatrix}$$

同理，可求得第二和第三振型分别为

$$A^{(2)} = \begin{bmatrix} A_1^{(2)} \\ A_2^{(2)} \\ A_3^{(2)} \end{bmatrix} = \begin{bmatrix} 1 \\ 1.226 \\ -1.584 \end{bmatrix}, A^{(3)} = \begin{bmatrix} A_1^{(3)} \\ A_2^{(3)} \\ A_3^{(3)} \end{bmatrix} = \begin{bmatrix} 1 \\ -0.834 \\ 0.294 \end{bmatrix}$$

第一、二、三振型如图8-27所示。由本例(以及前面的例题)可以看出：一般地说，频率越高，振型的形状也越复杂。通常，当其一个质点上有一个力作用(其余各质点上均无力作用)

时,各质点位移的方向即为第一振型中各质点位移的方向。可据此事先估计最低振型的大致形状。

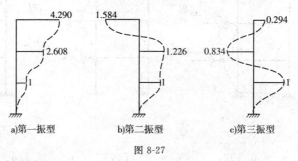

图 8-27

4) 主振型的正交性

由上已知,n 个自由度的结构具有 n 个自振频率及 n 个主振型,每一频率及其相应的主振型均满足式(8-95),即

$$(K - \omega_k^2 M)A^{(k)} = 0$$

现在来说明任何两个不同的主振型向量之间的正交性。在式(8-95)中,分别取 $k = i$ 和 $k = j$,可得

$$KA^{(i)} = \omega_i^2 MA^{(i)} \tag{8-101}$$

和

$$KA^{(j)} = \omega_j^2 MA^{(j)} \tag{8-102}$$

将式(8-101)两边左乘以 $A^{(j)}$ 的转置矩阵 $(A^{(j)})^T$,将式(8-102)两边左乘以 $(A^{(i)})^T$,则有

$$(A^{(j)})^T KA^{(i)} = \omega_i^2 (A^{(j)})^T MA^{(i)} \tag{8-103}$$

$$(A^{(i)})^T KA^{(j)} = \omega_j^2 (A^{(i)})^T MA^{(j)} \tag{8-104}$$

由于 K 和 M 均为对称矩阵,故 $K^T = K, M^T = M$,将式(8-104)两边转置,将有

$$(A^{(j)})^T KA^{(i)} = \omega_i^2 (A^{(j)})^T MA^{(i)} \tag{8-105}$$

再将式(8-103)减去式(8-105)得

$$(\omega_i^2 - \omega_j^2)[A^{(j)}]^T MA^{(i)} = 0$$

当 $i \neq j$ 时,$\omega_i \neq \omega_j$,于是应有

$$(A^{(j)})^T MA^{(i)} = 0 \tag{8-106}$$

这表明,对于质量矩阵 M,不同频率的两个主振型是彼此正交的,这是主振型之间的第一个正交关系。将这一关系代入式(8-103),可知

$$(A^{(j)})^T KA^{(i)} = 0 \tag{8-107}$$

可见,对于刚度矩阵 K,不同频率的两个主振型也是彼此正交的,这是主振型之间的第二个正交关系。对于只具有集中质量的结构,由于 M 是对角矩阵,故式(8-106)比式(8-107)要简单一些。主振型的正交性也是结构本身固有的特性,它不仅可以用来简化结构的动力计算,而且可用以检验所求得的主振型是否正确。

例如检查例 8-5 中的 $A^{(1)}$ 和 $A^{(2)}$ 时,有

$$(A^{(1)})^T MA^{(2)} = \begin{bmatrix} 1 & 2.608 & 4.290 \end{bmatrix} m \begin{bmatrix} 2 & 0 & 0 \\ 0 & 1.5 & 0 \\ 0 & 0 & 0 \end{bmatrix} \begin{bmatrix} 1 \\ 1.226 \\ -1.584 \end{bmatrix}$$

$$= (1 \times 2 \times 1 + 2.608 \times 1.5 \times 1.226 - 4.290 \times 1 \times 1.584)m$$

$$= (6.796 - 6.795)m$$
$$= 0.001m \approx 0$$

故可认为满足正交性要求。

8.4.2 多自由度体系的强迫振动

与单自由度结构一样,在动力荷载作用下多自由度结构的强迫振动开始时也存在一个过渡段。由于实际上阻尼的存在,不久便进入平稳阶段。我们将只讨论平稳阶段的纯强迫振动,本节研究结构承受简谐荷载,且各荷载的频率和相位都相同的情况。

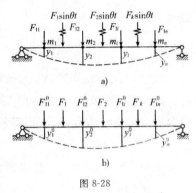

图 8-28

图 8-28a)所示无重量简支梁上有 n 个集中质点,并承受 k 个简谐周期荷载 $F_1\sin\theta t$、$F_2\sin\theta t$ …… $F_k\sin\theta t$ 的作用,我们按柔度法来建立其振动微分方程。显然,目前的情况与上节的自由振动不同之处在于结构除受到 n 个质点的惯性力 F_{1i} 作用外,还受到 k 个动力荷载的作用,因而任一质点 m_i 的位移 y_i 应为

$$y_i = \delta_{i1}F_{11} + \delta_{i2}F_{12} + \cdots + \delta_{in}F_{1n} + y_{iP} \tag{8-108}$$

式中

$$y_{iP} = \sum_{j=1}^{k} \delta_{ij}F_j\sin\theta t = \Delta_{iP}\sin\theta t$$

其中

$$\Delta_{iP} = \sum_{j=1}^{k} \delta_{ij}F_j$$

为各动力荷载同时达到最大值时质点 m_i 处所引起的静力位移。根据以上式子,对 n 个质点可建立 n 个这样的位移方程,并注意到 $F_{1i} = -m\ddot{y}_i$,故可写为

$$\left. \begin{array}{l} y_1 + \delta_{11}m_1\ddot{y}_1 + \delta_{12}m_2\ddot{y}_2 + \cdots + \delta_{1n}m_n\ddot{y}_n = \Delta_{1P}\sin\theta t \\ y_2 + \delta_{21}m_1\ddot{y}_1 + \delta_{22}m_2\ddot{y}_2 + \cdots + \delta_{2n}m_n\ddot{y}_n = \Delta_{2P}\sin\theta t \\ \vdots \qquad \vdots \qquad \vdots \qquad \qquad \vdots \qquad \qquad \vdots \\ y_n + \delta_{n1}m_1\ddot{y}_1 + \delta_{n2}m_2\ddot{y}_2 + \cdots + \delta_{nn}m_n\ddot{y}_n = \Delta_{nP}\sin\theta t \end{array} \right\} \tag{8-109}$$

写成矩阵形式,便有

$$Y + \delta M\ddot{Y} = \Delta_P\sin\theta t \tag{8-110}$$

式中,$\Delta_P = [\Delta_{1P} \quad \Delta_{2P} \quad \cdots \quad \Delta_{nP}]^T$,为荷载幅值引起的静力位移列向量。

以上线性微分方程组的一般解将包括两部分:一部分反映结构的自由振动,由于阻尼作用将很快衰减掉;另一部分为纯强迫振动,这是要着重研究的。

设在平稳阶段各质点均按干扰力的频率 θ 作同步简谐振动,亦即取纯强迫振动的解为

$$y_i = y_i^0\sin\theta t \quad (i = 1, 2, \cdots, n) \tag{8-111}$$

式中,y_i^0 为质点 m_i 的振幅。

将式(8-111)代入式(8-109),并注意到 $\ddot{y}_i = -y_i^0\theta^2\sin\theta t$,可得

$$\left(\delta_{11}m_1-\frac{1}{\theta^2}\right)y_1^0+\delta_{12}m_2y_2^0+\cdots+\delta_{1n}m_ny_n^0+\frac{\Delta_{1P}}{\theta^2}=0$$
$$\delta_{21}m_1y_1^0+\left(\delta_{22}m_2-\frac{1}{\theta^2}\right)y_2^0+\cdots+\delta_{2n}m_ny_n^0+\frac{\Delta_{2P}}{\theta^2}=0 \qquad (8\text{-}112)$$
$$\delta_{n1}m_1y_1^0+\delta_{n2}m_2y_2^0+\cdots+\left(\delta_{nn}m_n-\frac{1}{\theta^2}\right)y_n^0+\frac{\Delta_{nP}}{\theta^2}=0$$

或写为

$$\left(\boldsymbol{\delta M}-\frac{1}{\theta^2}\boldsymbol{I}\right)\boldsymbol{Y}^0+\frac{1}{\theta^2}\boldsymbol{\Delta}_P=0 \qquad (8\text{-}113)$$

式中，$\boldsymbol{I}$ 为单位矩阵；$\boldsymbol{Y}^0$ 为振幅向量。

解此方程组即可求出各质点在纯强迫振动中的振幅 y_1^0、y_2^0……y_n^0，再代入式(8-111)，即得各质点的振动方程，从而可得各质点的惯性力为

$$F_{\mathrm{I}i}=-m_i\ddot{y}_i=m_i\theta^2y_i^0\sin\theta t=F_{\mathrm{I}i}^0\sin\theta t \qquad (8\text{-}114)$$

式中，$F_{\mathrm{I}i}^0=m_i\theta^2y_i^0$，代表惯性力的最大值。

由式(8-111)和式(8-114)及干扰力的表达式可见，位移、惯性力及干扰力都将同时达到最大值。因此，在计算最大动力位移和内力时，可将惯性力和干扰力的最大值作为静力荷载加于结构上进行计算，如图 8-28b)所示。

为了便于求惯性力的最大值 $F_{\mathrm{I}i}^0$，我们可利用 $F_{\mathrm{I}i}^0=m_i\theta^2y_i^0$ 的关系，将式(8-112)改写成

$$\left(\delta_{11}-\frac{1}{m_1\theta^2}\right)F_{\mathrm{I}1}^0+\delta_{12}F_{\mathrm{I}2}^0+\cdots+\delta_{1n}F_{\mathrm{I}n}^0+\Delta_{1P}=0$$
$$\delta_{21}F_{\mathrm{I}1}^0+\left(\delta_{22}-\frac{1}{m_2\theta^2}\right)F_{\mathrm{I}2}^0+\cdots+\delta_{2n}F_{\mathrm{I}n}^0+\Delta_{2P}=0$$
$$\vdots \qquad \vdots \qquad \qquad \vdots \qquad \vdots \qquad (8\text{-}115)$$
$$\delta_{n1}F_{\mathrm{I}1}^0+\delta_{n2}F_{\mathrm{I}2}^0+\cdots+\left(\delta_{nn}-\frac{1}{m_n\theta^2}\right)F_{\mathrm{I}n}^0+\Delta_{nP}=0$$

或写为

$$\left(\boldsymbol{\delta}-\frac{1}{\theta^2}\boldsymbol{M}^{-1}\right)\boldsymbol{F}_{\mathrm{I}}^0+\boldsymbol{\Delta}_P=0 \qquad (8\text{-}116)$$

这里的 $\boldsymbol{F}_{\mathrm{I}}^0$ 是最大惯性力向量，这样便可直接解得各惯性力幅值。

当 $\theta=\omega_k(k=1,2,\cdots,n)$，亦即干扰力的频率与任一个自振频率相等时，由式(8-80)可知，此时式(8-112)的系数行列式也等于零，因而振幅、惯性力及内力值均为无限大，这便是共振现象。实际上由于阻尼的存在，振幅等量值不会为无限大，但这对结构仍然是很危险，故应避免。

【例 8-6】图 8-29a)所示为一等截面刚架，其上有四个集中质量，已知 m_1 的重量为 1kN，m_2 的重量为 0.5kN，在 m_2 上有水平振动荷载 $F\sin\theta t$ 的作用，其中 $F=5$kN，每分钟振动 300 次，$l=4$m，$EI=5\times10^3$kN·m^2。试作此刚架的最大动力弯矩图。

解：

此为对称刚架承受反对称的振动荷载，故可取图 8-29b)所示半个刚架进行计算。它具有三个自由度：m_1 的水平位移和 m_2 的水平及竖向位移。今以 $F_{\mathrm{I}1}^0$ 代表 m_1 的最大惯性力，$F_{\mathrm{I}2}^0$ 和 $F_{\mathrm{I}3}^0$ 分别代表 m_2 沿水平和竖向的最大惯性力，按式(8-115)有

$$\left(\delta_{11}-\frac{1}{m_1\theta^2}\right)F_{11}^0+\delta_{12}F_{12}^0+\delta_{13}F_{13}^0+\Delta_{1P}=0$$

$$\delta_{21}F_{11}^0+\left(\delta_{22}-\frac{1}{m_2\theta^2}\right)F_{12}^0+\delta_{23}F_{13}^0+\Delta_{2P}=0$$

$$\delta_{31}F_{11}^0+\delta_{32}F_{12}^0+\left(\delta_{33}-\frac{1}{m_2\theta^2}\right)F_{13}^0+\Delta_{3P}=0$$

(8-117)

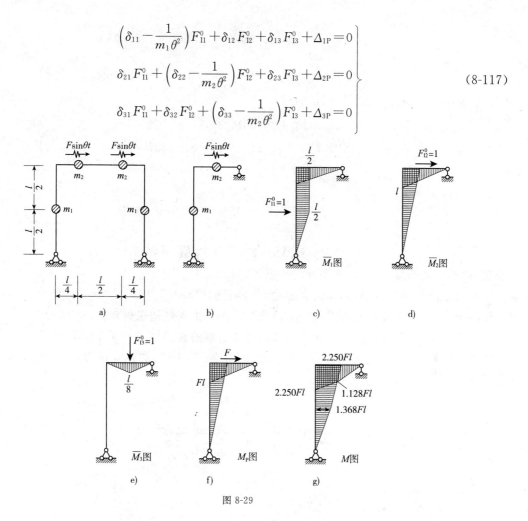

图 8-29

为了求出上式中的系数和自由项,需作出 $\overline{M}_1$、$\overline{M}_2$、$\overline{M}_3$ 和 M_P 图,如图 8-29c)~f)所示。由图乘法得

$$EI\delta_{11}=\frac{5}{24}l^3=13.33\text{m}^3,EI\delta_{22}=\frac{l^3}{2}=32.00\text{m}^3,EI\delta_{33}=\frac{l^3}{384}=10.17\text{m}^3,$$

$$EI\delta_{12}=\frac{5l^3}{16}=20.00\text{m}^3,EI\delta_{13}=\frac{l^3}{128}=0.59\text{m}^3,EI\delta_{23}=\frac{l^3}{64}=1.00\text{m}^3,$$

$$EI\Delta_{1P}=\frac{5Fl^3}{16}=20F\text{m}^3,EI\Delta_{2P}=\frac{Fl^3}{2}=32F\text{m}^3,EI\Delta_{3P}=\frac{Fl^3}{64}=F\text{m}^3$$

两集中质量的数值为

$$m_1=\frac{1}{9.81}=0.102\text{kN}\cdot\text{s}^2/\text{m},m_2=\frac{0.5}{9.81}=0.051\text{kN}\cdot\text{s}^2/\text{m}$$

振动荷载的频率为

$$\theta=\frac{2\pi\times300}{60\text{s}}=10\pi\text{s}^{-1}$$

根据上列数据和 $EI=5\times10^3\text{kN}\cdot\text{m}^2$,有

$$EI\left(\delta_{11}-\frac{1}{m_1\theta^2}\right)=13.33\text{m}^3-49.67\text{m}^3=-36.34\text{m}^3$$

$$EI\left(\delta_{22}-\frac{1}{m_2\theta^2}\right)=32.00\text{m}^3-99.33\text{m}^3=-67.33\text{m}^3$$

$$EI\left(\delta_{33}-\frac{1}{m_2\theta^2}\right)=0.17\text{m}^3-99.33\text{m}^3=-99.16\text{m}^3$$

将各有关数值代入式(8-117),即得

$$\begin{cases}-36.34F_{11}^0+20.00F_{12}^0+0.50F_{13}^0+20F=0\\20.00F_{11}^0-67.33F_{12}^0+1.00F_{13}^0+32F=0\\0.50F_{11}^0+1.00F_{12}^0-99.16F_{13}^0+F=0\end{cases}$$

解方程组得

$$F_{11}^0=0.971F,\quad F_{12}^0=0.764F,\quad F_{13}^0=0.023F$$

按下式

$$M=F_{11}^0\overline{M}_1+F_{12}^0\overline{M}_2+F_{13}^0\overline{M}_3+M_P$$

叠加,即得最大动力弯矩图,如图 8-29g)所示。

从以上计算结果可知,如果略去质量 m_2 的竖向位移及其相应的惯性力,则对于最后结果的影响很小。这样,我们就可将该刚架简化为两个自由度结构来处理。

上面是按柔度法求解,下面在给出按刚度法求解的有关公式。对于图 8-30 所示具有 n 个自由度的结构,当各干扰力均作用在质点处时,仿照式(8-68)的建立过程,可得出其动力平衡方程如下:

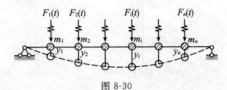

图 8-30

$$\left.\begin{array}{l}m_1\ddot{y}_1+k_{11}y_1+k_{12}y_2+\cdots+k_{1n}y_n=F_1(t)\\m_2\ddot{y}_2+k_{21}y_1+k_{22}y_2+\cdots+k_{2n}y_n=F_2(t)\\\vdots\qquad\vdots\qquad\vdots\qquad\quad\vdots\qquad\quad\vdots\\m_n\ddot{y}_n+k_{n1}y_1+k_{n2}y_2+\cdots+k_{nn}y_n=F_n(t)\end{array}\right\}\qquad(8\text{-}118)$$

写成矩阵形式则为

$$M\ddot{Y}+KY=F(t)\qquad(8\text{-}119)$$

若各干扰力均为同步简谐荷载,即

$$F(t)=F\sin\theta t$$

式中,$F=(F_1\quad F_2\quad\cdots\quad F_n)^{\mathrm{T}}$,为荷载幅值向量,则在平稳阶段各质点亦均按频率 θ 作同步简谐振动。

$$Y=Y^0\sin\theta t\qquad(8\text{-}120)$$

代入式(8-119)并消去 $\sin\theta t$ 得

$$(K-\theta^2M)Y^0=F\qquad(8\text{-}121)$$

由上式便可解算各质点的振幅值。然后代入式(8-120)即得各质点的位移方程,并可求得各质点的惯性力:

$$F_I=-M\ddot{Y}=\theta^2MY^0\sin\theta t=F_I^0\sin\theta t\qquad(8\text{-}122)$$

式中,F_I 是惯性力向量;$F_I^0=\theta^2MY^0$,为惯性力幅值向量,利用此关系又可将式(8-121)改

写为

$$(KM^{-1} - \theta^2 I)F_1^0 = \theta^2 F \tag{8-123}$$

式中，I 为单位矩阵。

由上式即可直接求解惯性力幅值。前已指出，由于位移、惯性力均与干扰力同时达到最大值，故可将惯性力和干扰力的最大值作为静力荷载作用于结构，以计算最大动力位移和内力。

8.4.3 振型分解法

多自由度结构的无阻尼强迫振动微分方程已在上节导出，按刚度法有

$$M\ddot{Y} + KY = F(t) \tag{8-124}$$

前已指出，对于只具有集中质量的结构，质量矩阵 M 是对角矩阵，但刚度矩阵 K 一般不是对角矩阵，因此方程组是联立的，或者说是耦联的。当荷载 $F(t)$ 不是按简谐规律变化而是任意动力荷载时，求解联立微分方程组是很困难的。若能设法解除方程组的耦联，亦即使其变为一个个独立方程，则可使计算大为简化。实际上这一目的可以利用主振动的正交性通过坐标变换的途径来实现。

前面所建立的多自由度结构的振动微分方程，是以各质点的位移 y_1、y_2……y_n 为对象来求解的，位移向量

$$Y = (y_1 \quad y_2 \quad \cdots \quad y_n)^T$$

称为几何坐标。为了解除方程组的耦联，需进行如下的坐标变换：将结构已规准化的 n 个主振型向量表示为 $\Phi^{(1)}$、$\Phi^{(2)}$……$\Phi^{(n)}$，并作为基底，把几何坐标 Y 表示为基底的线性组合，即

$$Y = \alpha_1 \Phi^{(1)} + \alpha_2 \Phi^{(2)} + \cdots + \alpha_n \Phi^{(n)} \tag{8-125}$$

这也就是将位移向量 Y 按各主振型进行分解。上式的展开形式为

$$\begin{bmatrix} y_1 \\ y_2 \\ \vdots \\ y_n \end{bmatrix} = \alpha_1 \begin{bmatrix} \Phi_1^{(1)} \\ \Phi_2^{(1)} \\ \vdots \\ \Phi_n^{(1)} \end{bmatrix} + \alpha_2 \begin{bmatrix} \Phi_1^{(2)} \\ \Phi_2^{(2)} \\ \vdots \\ \Phi_n^{(2)} \end{bmatrix} + \cdots + \alpha_n \begin{bmatrix} \Phi_1^{(n)} \\ \Phi_2^{(n)} \\ \vdots \\ \Phi_n^{(n)} \end{bmatrix} = \begin{bmatrix} \Phi_1^{(1)} & \Phi_1^{(2)} & \cdots & \Phi_1^{(n)} \\ \Phi_2^{(1)} & \Phi_2^{(2)} & \cdots & \Phi_2^{(n)} \\ \vdots & \vdots & & \vdots \\ \Phi_n^{(1)} & \Phi_n^{(2)} & \cdots & \Phi_n^{(n)} \end{bmatrix} \begin{bmatrix} \alpha_1 \\ \alpha_2 \\ \vdots \\ \alpha_n \end{bmatrix} \tag{8-126}$$

可简写为

$$Y = \Phi \alpha \tag{8-127}$$

这样就把几何坐标 Y 变换成数目相同的另一组新坐标

$$\alpha = (\alpha_1 \quad \alpha_2 \quad \cdots \quad \alpha_n)^T$$

α 称为正则坐标。

$$\Phi = [\Phi^{(1)} \quad \Phi^{(2)} \quad \cdots \quad \Phi^{(n)}] \tag{8-128}$$

称为主振型矩阵，是几何坐标和正则坐标之间的转换矩阵。

将式(8-127)代入式(8-119)，并左乘以 Φ^T，得到

$$\Phi^T M \Phi \ddot{\alpha} + \Phi^T K \Phi \alpha = \Phi^T F(t) \tag{8-129}$$

利用主振型的正交性，很容易证明上式中的 $\Phi^T M \Phi$ 和 $\Phi^T K \Phi$ 是对角矩阵。

由矩阵的乘法有

$$\Phi^T M \Phi = \begin{bmatrix} (\Phi^{(1)})^T \\ (\Phi^{(2)})^T \\ \vdots \\ (\Phi^{(n)})^T \end{bmatrix} M [\Phi^{(1)} \quad \Phi^{(2)} \quad \cdots \quad \Phi^{(n)}]$$

$$= \begin{bmatrix} (\boldsymbol{\Phi}^{(1)})^{\mathrm{T}}\boldsymbol{M}\boldsymbol{\Phi}^{(1)} & (\boldsymbol{\Phi}^{(1)})^{\mathrm{T}}\boldsymbol{M}\boldsymbol{\Phi}^{(2)} & \cdots & (\boldsymbol{\Phi}^{(1)})^{\mathrm{T}}\boldsymbol{M}\boldsymbol{\Phi}^{(n)} \\ (\boldsymbol{\Phi}^{(2)})^{\mathrm{T}}\boldsymbol{M}\boldsymbol{\Phi}^{(1)} & (\boldsymbol{\Phi}^{(2)})^{\mathrm{T}}\boldsymbol{M}\boldsymbol{\Phi}^{(2)} & \cdots & (\boldsymbol{\Phi}^{(2)})^{\mathrm{T}}\boldsymbol{M}\boldsymbol{\Phi}^{(n)} \\ \vdots & \vdots & & \vdots \\ (\boldsymbol{\Phi}^{(n)})^{\mathrm{T}}\boldsymbol{M}\boldsymbol{\Phi}^{(1)} & (\boldsymbol{\Phi}^{(n)})^{\mathrm{T}}\boldsymbol{M}\boldsymbol{\Phi}^{(2)} & \cdots & (\boldsymbol{\Phi}^{(n)})^{\mathrm{T}}\boldsymbol{M}\boldsymbol{\Phi}^{(n)} \end{bmatrix} \tag{8-130}$$

由第一个正交关系,即式(8-106)知,上式右端矩阵中所有非主对角线上的元素均为零,因而只剩下主对角线上的元素。令

$$\overline{M}_i = (\boldsymbol{\Phi}^{(i)})^{\mathrm{T}}\boldsymbol{M}\boldsymbol{\Phi}^{(i)} \tag{8-131}$$

称为相应于第 i 个主振型的广义质量。于是式(8-130)可写为

$$\boldsymbol{\Phi}^{\mathrm{T}}\boldsymbol{M}\boldsymbol{\Phi} = \begin{bmatrix} \overline{M}_1 & & & 0 \\ & \overline{M}_2 & & \\ & & \ddots & \\ 0 & & & \overline{M}_n \end{bmatrix} = \overline{\boldsymbol{M}} \tag{8-132}$$

式中,$\overline{\boldsymbol{M}}$ 称为广义质量矩阵,它是一个对角矩阵。

同理,可以证明 $\boldsymbol{\Phi}^{\mathrm{T}}\boldsymbol{K}\boldsymbol{\Phi}$ 也是对角矩阵,并可将其表为

$$\boldsymbol{\Phi}^{\mathrm{T}}\boldsymbol{K}\boldsymbol{\Phi} = \begin{bmatrix} \overline{K}_1 & & & 0 \\ & \overline{K}_2 & & \\ & & \ddots & \\ 0 & & & \overline{K}_n \end{bmatrix} = \overline{\boldsymbol{K}} \tag{8-133}$$

其中主对角线上的任一元素为

$$\overline{K}_i = (\boldsymbol{\Phi}^{(i)})^{\mathrm{T}}\boldsymbol{K}\boldsymbol{\Phi}^{(i)} \tag{8-134}$$

称为相应于第 i 个主振型的广义刚度;对角矩阵 $\overline{\boldsymbol{K}}$ 则称为广义刚度矩阵。

在本节有关主振型的正交性问题式(8-105)中,将 $\boldsymbol{A}$ 换成 $\boldsymbol{\Phi}$ 即

$$(\boldsymbol{\Phi}^{(i)})^{\mathrm{T}}\boldsymbol{K}\boldsymbol{\Phi}^{(i)} = \omega_i^2 (\boldsymbol{\Phi}^{(j)})^{\mathrm{T}}\boldsymbol{M}\boldsymbol{\Phi}^{(i)}$$

令 $j=i$,并将式(8-131)和式(8-134)代入可得

$$\overline{K}_i = \omega_i^2 \overline{M}_i \tag{8-135}$$

或

$$\omega_i = \sqrt{\frac{\overline{K}_i}{\overline{M}_i}} \tag{8-136}$$

这是自振频率与广义刚度和广义质量间的关系式,它与单自由度结构的频率公式(8-18)具有相似的形式。如果将 n 个自振频率的平方也组成为一个对角矩阵并记为 $\boldsymbol{\Omega}^2$,即

$$\boldsymbol{\Omega}^2 = \begin{bmatrix} \omega_1^2 & & & 0 \\ & \omega_2^2 & & \\ & & \ddots & \\ 0 & & & \omega_n^2 \end{bmatrix} \tag{8-137}$$

则又可写出

$$\overline{\boldsymbol{K}} = \boldsymbol{\Omega}^2 \overline{\boldsymbol{M}} \tag{8-138}$$

最后,将式(8-129)的右端记为 $\overline{\boldsymbol{F}}(t)$,即

$$\bar{F}(t) = \Phi^\mathrm{T} F(t) = \begin{Bmatrix} (\Phi^{(1)})^\mathrm{T} F(t) \\ (\Phi^{(2)})^\mathrm{T} F(t) \\ \vdots \\ (\Phi^{(n)})^\mathrm{T} F(t) \end{Bmatrix} = \begin{Bmatrix} \bar{F}_1(t) \\ \bar{F}_2(t) \\ \vdots \\ \bar{F}_n(t) \end{Bmatrix} \tag{8-139}$$

其中任一元素

$$\bar{F}_i(t) = (\Phi^{(i)})^\mathrm{T} F(t) \tag{8-140}$$

称为相应于第 i 个主振型的广义荷载;$\bar{F}(t)$ 则称为广义荷载向量。

由式(8-131)、式(8-134)及式(8-139),则方程(8-129)成为

$$\bar{M}\ddot{\alpha} + \bar{K}\alpha = \bar{F}(t) \tag{8-141}$$

由于 $\bar{M}$ 和 $\bar{K}$ 都是对角矩阵,故此时方程组已解除耦联,而成为 n 个独立方程:

$$\bar{M}_i\ddot{\alpha}_i + \bar{K}_i\alpha_i = \bar{F}_t(t) \quad (i=1,2,\cdots,n) \tag{8-142}$$

将式(8-135)代入并除以 $\bar{M}_i$ 可得

$$\ddot{\alpha}_i + \omega_i^2\alpha = \frac{\bar{F}_i(t)}{\bar{M}_i} \quad (i=1,2,\cdots,n) \tag{8-143}$$

这与单自由度结构的强迫振动方程式(8-37)略去阻尼后的形式相同,因而可按同样方法求解。式(8-143)的解可用杜哈梅积分求得,在初位移和初速度为零的情况下,参照式(8-54)有

$$a_i(t) = \frac{1}{\bar{M}_i\omega_i}\int_0^t \bar{F}_i(\tau)\sin\omega_i(t-\tau)\mathrm{d}\tau \quad (i=1,2,\cdots,n) \tag{8-144}$$

这样,就把 n 个自由度结构的计算问题简化为 n 个单自由度计算问题。在分别求得了各正则坐标 α_1、$\alpha_2\cdots\cdots\alpha_n$ 的解答之后,再代入式(8-125)或式(8-127)即可得到各几何坐标 y_1、$y_2\cdots\cdots y_n$。以上解法的关键之处就在于将位移 Y 分解为各主振型的叠加,故称为振型分解法或振型叠加法。

综上所述,可将振型分解法的步骤归纳如下:

(1)求自振频率和振型 ω_i 和 $\Phi^{(i)}$ $(i=1,2,\cdots,n)$。

(2)计算广义质量和广义荷载

$$\left.\begin{array}{l} \bar{M}_i = \{\Phi^{(i)}\}^\mathrm{T} M\Phi^{(i)} \\ \bar{F}_i(t) = \{\Phi^{(i)}\}^\mathrm{T} F(t) \end{array}\right\} (i=1,2,\cdots,n)$$

(3)求解正则坐标的振动微分方程为

$$\ddot{\alpha}_i + \omega_i^2\alpha_i = \frac{\bar{F}_i(t)}{\bar{M}_i} \quad (i=1,2,\cdots,n)$$

与单自由度问题一样求解,得到 α_1、$\alpha_2\cdots\cdots\alpha_n$。

(4)计算几何坐标

由

$$Y = \Phi\alpha$$

求出各质点位移 y_1、$y_2\cdots\cdots y_n$,然后计算其他动力反应(加速度、惯性力、动内力等)。

【例 8-7】例 8-3 的结构在质点 2 处受有突加荷载

$$F(t) = \begin{cases} 0, & \text{当 } t<0 \\ F, & \text{当 } t>0 \end{cases}$$

241

作用如图 8-31a)所示,试求两质点的位移和梁的弯矩。

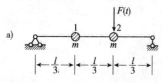

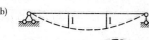

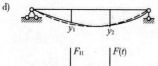

图 8-31

解:

(1)由例 8-3 知,结构的两个自振频率及振型[图 8-31b)和 c)]为

$$\omega_1 = 5.69\sqrt{\frac{EI}{ml^3}}, \omega_2 = 22.05\sqrt{\frac{EI}{ml^3}}$$

$$\boldsymbol{\Phi}^{(1)} = \binom{1}{1}, \boldsymbol{\Phi}^{(2)} = \binom{1}{-1}$$

(2)广义质量为

$$\overline{M}_1 = (\boldsymbol{\Phi}^{(1)})^{\mathrm{T}} \boldsymbol{M} \boldsymbol{\Phi}^{(1)}$$

$$= (1 \quad 1)\begin{pmatrix} m & 0 \\ 0 & m \end{pmatrix}\binom{1}{1} = 2m$$

$$\overline{M}_2 = (\boldsymbol{\Phi}^{(2)})^{\mathrm{T}} \boldsymbol{M} \boldsymbol{\Phi}^{(2)}$$

$$= (1 \quad -1)\begin{pmatrix} m & 0 \\ 0 & m \end{pmatrix}\binom{1}{-1} = 2m$$

广义荷载为

$$\overline{F}_1(t) = (\boldsymbol{\Phi}^{(1)})^{\mathrm{T}} \boldsymbol{F}(t) = (1 \quad 1)\binom{0}{F(t)} = F(t)$$

$$\overline{F}_2(t) = (\boldsymbol{\Phi}^{(2)})^{\mathrm{T}} \boldsymbol{F}(t) = (1 \quad -1)\binom{0}{F(t)} = -F(t)$$

(3)求正则坐标。由式(8-144)有

$$\alpha_1(t) = \frac{1}{\overline{M}_1 \omega_1}\int_0^t \overline{F}_1(\tau)\sin\omega_1(t-\tau)\mathrm{d}\tau$$

$$= \frac{1}{2m\omega_1}\int_0^t F\sin\omega_1(t-\tau)\mathrm{d}\tau$$

$$= \frac{F}{2m\omega_1^2}(1-\cos\omega_1 t)$$

$$\alpha_2(t) = \frac{1}{\overline{M}_2 \omega_2}\int_0^t \overline{F}_2(\tau)\sin\omega_2(t-\tau)\mathrm{d}\tau$$

$$= \frac{1}{2m\omega_2}\int_0^t (-F)\sin\omega_2(t-\tau)\mathrm{d}\tau$$

$$= -\frac{F}{2m\omega_2^2}(1-\cos\omega_2 t)$$

(4)求位移。由式(8-126)有

$$\begin{bmatrix} y_1 \\ y_2 \end{bmatrix} = \begin{pmatrix} 1 & 1 \\ 1 & -1 \end{pmatrix}\begin{bmatrix} \alpha_1 \\ \alpha_2 \end{bmatrix}$$

得

$$y_1 = \alpha_1 + \alpha_2$$

$$= \frac{F}{2m\omega_1^2}\left[(1-\cos\omega_1 t) - \left(\frac{\omega_1}{\omega_2}\right)^2(1-\cos\omega_2 t)\right]$$

$$= \frac{F}{2m\omega_1^2}\left[(1-\cos\omega_1 t) - 0.0667(1-\cos\omega_2 t)\right]$$

$$y_2 = \alpha_1 - \alpha_2$$

$$= \frac{F}{2m\omega_1^2}\big[(1-\cos\omega_1 t)+0.0667(1-\cos\omega_2 t)\big]$$

两质点位移图大致形状如图 8-31d)所示。由上式可见,第二振型所占分量比第一振型小得多。一般说,多自由度结构的动力位移主要是由前几个较低频率的振型组成,较高的振型则影响很小,可略去不计。还应注意,第一振型与第二振型频率不同,它们并不是同时达到最大值,故求最大位移时不能简单地把两个分量的最大值叠加。

(5)求弯矩。两质点的惯性力分别为

$$F_{I1}=-m_1\ddot{y}_1=-\frac{F}{2}(\cos\omega_1 t-\cos\omega_2 t)$$

$$F_{I2}=-m_2\ddot{y}_2=-\frac{F}{2}(\cos\omega_1 t+\cos\omega_2 t)$$

然后由图 8-31e)便可求得梁的动力弯矩。例如截面 1 的弯矩为

$$M_1(t)=F_{I1}\frac{2l}{9}+\big[F(t)+F_{I2}\big]\frac{l}{9}$$

$$=\frac{Fl}{6}\Big[(1-\cos\omega_1 t)-\frac{1}{3}(1-\cos\omega_2 t)\Big]$$

*8.5 无限自由度体系振动

在 8.1 节中曾指出,在动力计算中,如果考虑结构的分布质量,则其自由度将为无限大,图 8-32a)所示具有均布质量的单跨梁,就是比较简单的例子。当它振动时,其弹性曲线上任一点的位移 y 将是横坐标 x 和时间 t 这两个独立变量的函数,可表示为

$$y=f(x,t)$$

相应地,任一截面的内力也是 x、t 的函数。设梁的均布自重为 q,则单位长度上的质量为 $m=\dfrac{q}{g}$,惯性力的集度将为 $-m\dfrac{\partial^2 y}{\partial t^2}$。考察微段的动力平衡[图 8-32b)],如设位移 y 和荷载集度都取向下为正,则根据材料力学,应有如下关系式:

$$\begin{cases} EI\dfrac{\partial^2 y}{\partial x^2}=-M \\[2mm] EI\dfrac{\partial^3 y}{\partial x^3}=-\dfrac{\partial M}{\partial x}=-F_S \\[2mm] EI\dfrac{\partial^4 y}{\partial x^4}=-\dfrac{\partial F_S}{\partial x}=-m\dfrac{\partial^2 y}{\partial t^2} \end{cases}$$

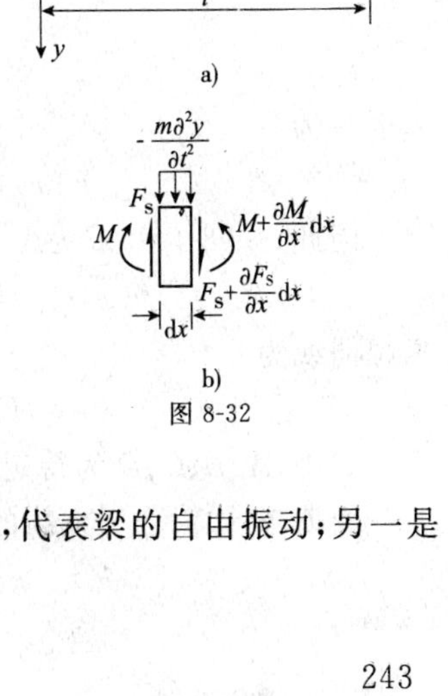

如果梁上还承受均布简谐荷载 $p\sin\theta t$ 作用,则梁的振动微分方程为

$$EI\frac{\partial^4 y}{\partial x^4}=-m\frac{\partial^2 y}{\partial t^2}+p\sin\theta t$$

或

$$EI\frac{\partial^4 y}{\partial x^4}+m\frac{\partial^2 y}{\partial t^2}=p\sin\theta t \qquad (8\text{-}145)$$

图 8-32

这个微分方程的解包括两个部分:一是相应齐次方程的通解,代表梁的自由振动;另一是特解,代表梁的强迫振动。下面分别讨论这两部分解。

8.5.1 梁的自由振动

此时微分方程是齐次的,即

$$EI\frac{\partial^4 y}{\partial x^4}+m\frac{\partial^2 y}{\partial t^2}=0 \tag{8-146}$$

这是一个四阶线性偏微分方程,可利用分离变量法求解。设位移 y 为坐标位置函数 $F(x)$ 和时间函数 $T(t)$ 的积,即设

$$y=f(x,t)=F(x)T(t) \tag{8-147}$$

代入式(8-146),有

$$F\frac{\mathrm{d}^2 T}{\mathrm{d}t^2}+\frac{EI}{m}T\frac{\mathrm{d}^4 F}{\mathrm{d}x^4}=0$$

或

$$-\frac{\dfrac{\mathrm{d}^2 T}{\mathrm{d}t^2}}{T}=\frac{EI}{m}\frac{\dfrac{\mathrm{d}^4 F}{\mathrm{d}x^4}}{F}$$

上式左边仅取决于变量 t,右边则仅取决于变量 x,而 t 与 x 彼此独立无关,因此要上式成立,只有左右两边同等于一个常量才行。设此常量用 ω^2 表示,则上式可分解为两个独立的常微分方程:

$$\frac{\mathrm{d}^2 T}{\mathrm{d}t^2}+\omega^2 T=0 \tag{8-148}$$

$$\frac{\mathrm{d}^4 F}{\mathrm{d}x^4}-\frac{\omega^2 m}{EI}F=0 \tag{8-149}$$

式(8-148)与前述单自由度结构无阻尼自由振动微分方程相同,故它的解为

$$T=a\sin(\omega t+\varphi) \tag{8-150}$$

可见这是简谐振动,ω 为其自振角频率。而为了确定频率 ω 及其相应的主振型曲线,则需研究式(8-149)的解。为此,令

$$k^4=\frac{\omega^2 m}{EI} \quad \text{或} \quad \omega=k^2\sqrt{\frac{EI}{m}} \tag{8-151}$$

式中,k 称为频率特征值。

于是,式(8-149)可改写为

$$\frac{\mathrm{d}^4 F}{\mathrm{d}x^4}-k^4 F=0 \tag{8-152}$$

其通解为

$$F(x)=A'\cosh kx+B'\sinh kx+C'\cos kx+D'\sin kx \tag{8-153}$$

因此,式(8-147)成为

$$y(x,t)=F(x)\cdot T(t)=aF(x)\sin(\omega t+\varphi)=y_x\sin(\omega t+\varphi) \tag{8-154}$$

振幅曲线为

$$y_x=aF(x)=A\cosh kx+B\sinh kx+C\cos kx+D\sin kx \tag{8-155}$$

式中,A、B、C、D 为待定的任意常数。

为便于计算,今引入新的常量:

$$A=\frac{1}{2}(C_1+C_3),B=\frac{1}{2}(C_2+C_4)$$

$$C=\frac{1}{2}(C_1-C_3),D=\frac{1}{2}(C_2-C_4)$$

代入式(8-153),有

$$y_x=C_1A_{kx}+C_2B_{kx}+C_3C_{kx}+C_4D_{kx} \tag{8-156}$$

其中

$$\left.\begin{array}{l}A_{kx}=\dfrac{1}{2}(\cosh kx+\cos kx)\\[2mm] B_{kx}=\dfrac{1}{2}(\sinh kx+\sin kx)\\[2mm] C_{kx}=\dfrac{1}{2}(\cosh kx-\cos kx)\\[2mm] D_{kx}=\dfrac{1}{2}(\sinh kx-\sin kx)\end{array}\right\} \tag{8-157}$$

称为克雷洛夫函数,它们之间有下述关系:

$$\left.\begin{array}{l}\dfrac{\mathrm{d}}{\mathrm{d}x}(A_{kx})=A'_{kx}=kD_{kx}\\[2mm] \dfrac{\mathrm{d}}{\mathrm{d}x}(B_{kx})=B'_{kx}=kA_{kx}\\[2mm] \dfrac{\mathrm{d}}{\mathrm{d}x}(C_{kx})=C'_{kx}=kB_{kx}\\[2mm] \dfrac{\mathrm{d}}{\mathrm{d}x}(D_{kx})=D'_{kx}=kC_{kx}\end{array}\right\} \tag{8-158}$$

利用这个关系,可写出梁的挠度 y_x、角位移 y'_x、弯矩 M_x 和剪力 F_{Sx} 的公式如下:

$$\left.\begin{array}{l}y_x=C_1A_{kx}+C_2B_{kx}+C_3C_{kx}+C_4D_{kx}\\[2mm] y'_x=k(C_1D_{kx}+C_2A_{kx}+C_3B_{kx}+C_4C_{kx})\\[2mm] y''_x=\dfrac{M_x}{EI}=k^2(C_1C_{kx}+C_2D_{kx}+C_3A_{kx}+C_4B_{kx})\\[2mm] y'''_x=\dfrac{F_{Sx}}{EI}=k^3(C_1B_{kx}+C_2C_{kx}+C_3D_{kx}+C_4A_{kx})\end{array}\right\} \tag{8-159}$$

任意常数 C_1、C_2、C_3、C_4 取决于边界条件。当 $x=0$ 时,设

$$y_x=y_0,y'_x=y'_0,y''_x=\frac{M_0}{EI},y'''_x=\frac{F_{S0}}{EI}$$

在 $x=0$ 时,$A_{kx}=1$,$B_{kx}=C_{kx}=D_{kx}=0$,故按式(8-159)有

$$C_1=y_0,C_2=\frac{1}{k}y'_0,C_3=\frac{1}{k^2}\frac{M_0}{EI},C_4=\frac{1}{k^3}\frac{F_{S0}}{EI}$$

把这些常量代入式(8-159)得

$$\left.\begin{array}{l}EIy_x=EIy_0A_{kx}+EIy'_0\ \dfrac{1}{k}B_{kx}+M_0\ \dfrac{1}{k^2}C_{kx}+F_{S0}\dfrac{1}{k^3}D_{kx}\\[3mm] EIy'_x=EIy_0kD_{kx}+EIy'_0A_{kx}+M_0\ \dfrac{1}{k}B_{kx}+F_{S0}\dfrac{1}{k^2}C_{kx}\\[3mm] M_x=EIy_0k^2C_{kx}+EIy'_0kD_{kx}+M_0A_{kx}+F_{S0}\dfrac{1}{k}B_{kx}\\[3mm] F_{Sx}=EIy_0k^3B_{kx}+EIy'_0k^2C_{kx}+M_0kD_{kx}+F_{S0}A_{kx}\end{array}\right\} \tag{8-160}$$

这就把待定常数 C_1、C_2、C_3 和 C_4 改用梁的初参数 y_0、y'_0、M_0 和 F_{S0} 来表达。根据梁的边界条件，通常可确定有两个初参数等于零，并写出包含另两个初参数的两个齐次方程。为了求得非零解，应使该两方程的系数行列式等于零，这便得到了求解 k 值的频率方程或特征方程。求出 k 值后即可按式（8-151）求得频率 ω。将 k 值代回上述两齐次方程的任何一式，便可确定初参数之间的比值，再代入 y_x 的表达式即得到相应的主振型曲线。

无限自由度结构的频率方程为一超越方程，其解有无穷多个，亦即结构有无穷多个自振频率和振型。但在实用中，一般只需求出其最低的几个频率。对于每一个频率 ω_i 和振型 $y_x^{(i)}$，方程（8-146）都有一个如式（8-154）的特解，其全解则为各特解的线性组合，即

$$y(x,t) = \sum_{i=1}^{\infty} a_i y_x^{(i)} \sin(\omega_i t + \varphi_i) \tag{8-161}$$

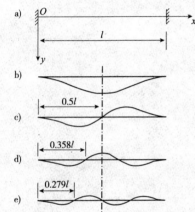

图 8-33

【例 8-8】试求图 8-33a)所示等截面且两端固定的梁的自振频率和振型。

解：

根据梁的边界条件，当 $x=0$ 时，有

$$y = y'_0 = 0, M_0 \neq 0, F_{S0} \neq 0$$

当 $x=l$ 时，有

$$y_l = \dot{y}_l = 0$$

利用式（8-160）可得

$$\left.\begin{array}{l} EIy_1 = M_0 \dfrac{1}{k^2} C_{kl} + F_{S0} \dfrac{1}{k^3} D_{kl} = 0 \\[2mm] EIy'_1 = M_0 \dfrac{1}{k} B_{kl} + F_{S0} \dfrac{1}{k^2} C_{kl} = 0 \end{array}\right\} \tag{8-162}$$

因 M_0、F_{S0} 不能全为零，故要求上式的系数行列式等于零，即

$$\begin{vmatrix} \dfrac{1}{k^2} C_{kl} & \dfrac{1}{k^3} D_{kl} \\[3mm] \dfrac{1}{k} B_{kl} & \dfrac{1}{k^2} C_{kl} \end{vmatrix} = 0$$

展开得

$$C_{kl}^2 - B_{kl} D_{kl} = 0$$

即

$$(\cosh kl - \cos kl)^2 - (\sinh^2 kl - \sin^2 kl) = 0$$

化简后，有

$$\cosh kl \cos kl = 1 \tag{8-163}$$

由双曲函数及三角函数的图形可估计出

$$kl \approx \frac{2i+1}{2}\pi; i = 1, 2, \cdots$$

用试算法可求得前四个值为

$$k_1 = \frac{4.730}{l}, k_2 = \frac{7.853}{l}, k_3 = \frac{10.996}{l}, k_4 = \frac{14.137}{l}$$

相应的自振频率为

$$\omega_1 = \frac{22.37}{l^2}\sqrt{\frac{EI}{m}}, \omega_2 = \frac{61.67}{l^2}\sqrt{\frac{EI}{m}}, \omega_3 = \frac{120.91}{l^2}\sqrt{\frac{EI}{m}}, \omega_4 = \frac{199.85}{l^2}\sqrt{\frac{EI}{m}}$$

下面确定振型曲线。由式(8-162)的第一式,有

$$F_{S0} = -\frac{kC_{kl}}{D_{kl}}M_0$$

将此 F_{S0} 值及 $y_0 = y'_0 = 0$ 代入式(8-160)的第一式,得

$$y_x = \frac{M_0}{EIk^2}\left(C_{kx} - \frac{C_{kl}}{D_{kl}}D_{kx}\right) = C\left(C_{kx} - \frac{C_{kl}}{D_{kl}}D_{kx}\right) \tag{8-164}$$

式中,M_0 尚为待定值,故可将 $\dfrac{M_0}{EIk^2}$ 以任意常数 C 表示。将 $k = k_1$、k_2 …… 分步代入式(8-164)便可得出第一、第二……主振型曲线,前四个振型曲线的形状如图8-33b)~e)所示。

8.5.2 简谐均布干扰力作用下的强迫振动

简谐均布干扰力作用下强迫振动的微分方程为

$$EI\frac{\partial^4 y}{\partial x^4} + m\frac{\partial^2 y}{\partial t^2} = p\sin\theta t$$

设特解为

$$y = F(x)\sin\theta t \tag{8-165}$$

代入上式有

$$\frac{\mathrm{d}^4 F}{\mathrm{d}x^4} - \frac{\theta^2 m}{EI}F = \frac{p}{EI} \tag{8-166}$$

令

$$k^4 = \frac{\theta^2 m}{EI} \tag{8-167}$$

必须注意,这里的 k 是与干扰力频率 θ 有关,而前面式(8-151)中的 k 则是与自振频率 ω 有关,两者是不同的。

运用与上述相似的步骤,可得到下述基本方程

$$\left.\begin{aligned}
EIy_x &= EIy_0 A_{kx} + EIy'_0\frac{1}{k}B_{kx} + M_0\frac{1}{k^2}C_{kx} + F_{S0}\frac{1}{k^3}D_{kx} + p\frac{A_{kx}-1}{k^4} \\
EIy'_x &= EIy_0 kD_{kx} + EIy'_0 A_{kx} + M_0\frac{1}{k}B_{kx} + F_{S0}\frac{1}{k}C_{kx} + p\frac{D_{kx}}{k^3} \\
M_x &= EIy_0 k^2 C_{kx} + EIy'_0 kD_{kx} + M_0 A_{kx} + F_{S0}\frac{1}{k}B_{kx} + p\frac{C_{kx}}{k^2} \\
F_{Sx} &= EIy_0 k^3 B_{kx} + EIy'_0 k^2 C_{kx} + M_0 kD_{kx} + F_{S0} A_{kx} + p\frac{B_{kx}}{k}
\end{aligned}\right\} \tag{8-168}$$

利用式(8-168),根据边界条件便可解算梁在均布振动荷载 $p\sin\theta t$ 作用下的强迫振动问题。但是这与解算自由振动问题不同:解算自由振动问题是求对应于前几个自振频率的 k 值;而这里却是求由于干扰力所引起的位移和内力,因干扰力的频率 θ 是已知的,所以 k 值也是已知的。

按照类似的步骤,可以求解其他形式的周期干扰力,诸如在周期集中力或力偶等作用下的强迫振动。如果我们按照例8-8那样把各种支承情况的单跨梁的自由振动和强迫振动的公式都算出来,就可以像静力计算中的位移法那样,解算刚架一类结构的动力计算问题。此外,在

无限自由度结构中同样存在主振型的正交性,同样可用振型分解法计算其强迫振动。限于篇幅,这些内容就不作介绍了。

8.6 频率计算的近似法

由以上讨论可知,随着结构自由度的增多,计算自振频率的工作量也随之加大。但是,在许多实际工程中,较为重要的通常只是结构前几个较低的自振频率。这是因为频率越高,则振动速度越大,因而介质的阻尼影响也就越大,相应于高频率的振动形式也就愈不易出现。基于这种原因,用近似法计算结构的较低频率以简化计算就很重要。

下面介绍两种常用的方法。

8.6.1 能量法

结构在振动中,具有两种形式的能量:一种是由于具有质量和速度而构成的动能,另一种则是由于结构变形而存储的应变能。此外,由于干扰力的作用而不断地输入能量,而由于克服介质阻尼影响则不断消耗能量。结构就是在这些能量变化过程中进行振动。

根据能量守恒原理,结构在无阻尼自由振动中的任何时刻,其动能 T 和应变能 V_ε 之和应等于常量,即

$$T(t) + V_\varepsilon(t) = 常量$$

当结构处于最大振幅位置上时,其动能等于零,而应变能具有最大值 $V_{\varepsilon max}$;当结构处于静力平衡位置的瞬间,其动能 T 具有最大值 T_{max},而应变能则为零。据此,有

$$V_{\varepsilon max} + 0 = T_{max} + 0 = 常量$$

亦即

$$V_{\varepsilon max} = T_{max}$$

以梁为例,假定其振动方程为

$$y(x,t) = y(x)\sin(\omega t + \varphi)$$

则其速度为

$$u = \dot{y}(x,t) = y(x)\omega\cos(\omega t + \varphi)$$

因而其动能为

$$T = \frac{1}{2}\int_0^l m(x)v^2 \mathrm{d}x = \frac{1}{2}\omega^2\cos^2(\omega t + \varphi)\int_0^l m(x)y^2(x)\mathrm{d}x$$

当 $\cos(\omega t + \varphi) = 1$ 时,有

$$T_{max} = \frac{1}{2}\omega^2\int_0^l m(x)y^2(x)\mathrm{d}x \tag{8-169}$$

结构的应变能为

$$V_\varepsilon = \frac{1}{2}\int_0^l \frac{M^2 \mathrm{d}x}{EI} = \frac{1}{2}\int_0^l EI[y''(x,t)]^2 \mathrm{d}x$$

$$= \frac{1}{2}\sin^2(\omega t + \varphi)\int_0^l EI[y''(x)]^2 \mathrm{d}x$$

当 $\sin(\omega t + \varphi) = 1$ 时,有

$$V_{\varepsilon max} = \frac{1}{2}\int_0^l EI[y''(x)]^2 \mathrm{d}x \tag{8-170}$$

由 $T_{\max} = V_{\varepsilon\max}$,得

$$\omega^2 = \frac{\int_0^l EI[y''(x)]^2 \mathrm{d}x}{\int_0^l m(x)y^2(x)\mathrm{d}x} \tag{8-171}$$

如果结构上除分布质量 $m(x)$ 外,还有集中质量 $m_i(i = 1,2,\cdots,n)$,则上式应改为

$$\omega^2 = \frac{\int_0^l EI[y''(x)]^2 \mathrm{d}x}{\int_0^l m(x)y^2(x)\mathrm{d}x + \sum_{i=1}^n m_i y_i^2} \tag{8-172}$$

利用上述公式计算自振频率时,必须知道振幅曲线 $y(x)$,但 $y(x)$ 事先往往未知,故只能假设一个 $y(x)$ 来进行计算。若所假设的曲线恰好与第一振型吻合,则可求得第一频率的精确值;若恰好与第二振型吻合,则可求得第二频率的精确值……但假设的曲线往往是近似的,故求得的频率亦为近似值。由于假设高频率的振型较困难,常使误差很大,故这种方法适宜于计算第一频率。在假设曲线 $y(x)$ 时,至少应使它满足位移边界条件。为了提高精度,通常可采取某一静荷载,例如一般用结构自重作用下的弹性曲线来作为 $y(x)$,此时应变能 $V_{\varepsilon\max}$ 可以更简便地用外力功来代替,即

$$V_{\varepsilon\max} = \frac{1}{2}\int_0^l m(x)gy(x)\mathrm{d}x + \frac{1}{2}\sum_{i=1}^n m_i g y_i$$

于是式(8-174)可改写为

$$\omega^2 = \frac{\int_0^l m(x)gy(x)\mathrm{d}x + \sum_{i=1}^n m_i g y_i}{\int_0^l m(x)y^2(x)\mathrm{d}x + \sum_{i=1}^n m_i y_i^2} \tag{8-173}$$

如果是求水平方向振动的频率,则重力应沿水平方向作用。

【例 8-9】试用能量法求图 8-34a)所示两端固定等截面梁的自振第一频率。

解:

取梁在自重 q 作用下的挠曲线为第一振型[图 8-34b)],即取

$$y(x) = \frac{ql^4}{24EI}\left(\frac{x^2}{l^2} - 2\frac{x^3}{l^3} + \frac{x^4}{l^4}\right)$$

注意到 $q = mg$,因而有

$$\int_0^l m(x)gy(x)\mathrm{d}x = \frac{q^2}{24EI}\int_0^l(l^2 x^2 - 2lx^3 + x^4)\mathrm{d}x$$

$$= \frac{q^2}{24EI}\frac{l^5}{30}$$

$$\int_0^l m(x)y^2(x)\mathrm{d}x = \frac{mq^2}{(24EI)^2}\int_0^l(l^2 x^2 - 2lx^3 + x^4)^2\mathrm{d}x = \frac{mq^2}{(24EI)^2}\frac{l^9}{630}$$

代入式(8-173)得

$$\omega = \sqrt{\frac{q^2 l^5}{24EI \times 30} \cdot \frac{(24EI)^2 \times 630}{mq^2 l^9}} = \frac{22.45}{l^2}\sqrt{\frac{EI}{m}}$$

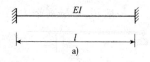

图 8-34

精确值为 $\omega_1 = \dfrac{22.37}{l^2}\sqrt{\dfrac{EI}{m}}$，可见能量法的精度是很好的。

【例 8-10】 试用能量法求例 8-5 刚架的最低自振频率。

解：

将此刚架重绘在图 8-35a)中，右边所注 k_1、k_2、k_3 分别为第一、二、三层之间相对侧移刚度，即该层上、下两端发生单位相对侧移时所需的总剪力值。

将各层重量 $m_i g$ 作为水平力加在结构上，如图 8-35b)所示，以此所产生的位移作为第一振型，各层质量处位移为

$$y_1 = \frac{\sum\limits_{i=1}^{3} m_i g}{k_1} = \frac{4.5mg}{4k} = 1.125\frac{mg}{k}$$

$$y_2 = y_1 + \frac{\sum\limits_{i=2}^{3} m_i g}{k_2} = 1.125\frac{mg}{k} + \frac{2.5mg}{2k} = 2.375\frac{mg}{k}$$

$$y_3 = y_2 + \frac{\sum\limits_{i=3}^{3} m_i g}{k_3} = 2.375\frac{mg}{k} + \frac{mg}{k} = 3.375\frac{mg}{k}$$

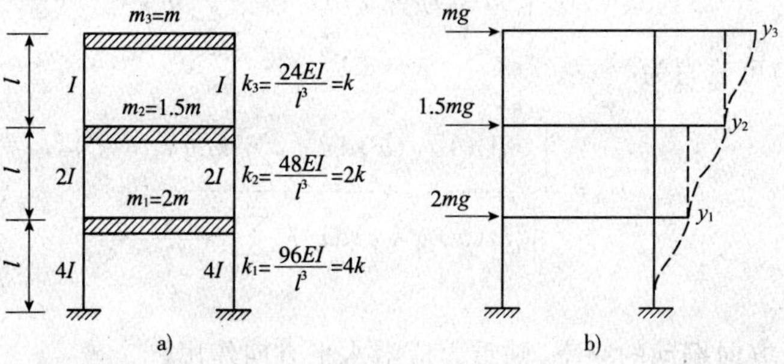

图 8-35

一般说，n 层刚架中第 i 层位移为

$$y_i = y_{i-1} + \frac{\sum\limits_{i=i}^{n} m_i g}{k_i} \tag{8-174}$$

将以上 y_1、y_2 和 y_3 值代入式(8-173)有

$$\omega^2 = \frac{\sum\limits_{i=1}^{n} m_i g y_i}{\sum\limits_{i=1}^{n} m_i y_i^2} = \frac{2\times1.125 + 1.5\times2.375 + 1\times3.375}{2\times1.125^2 + 1.5\times2.345^2 + 1\times3.375^2} \cdot \frac{m^2 g^2/k}{m^3 g^2/k^2}$$

$$= 0.41047\frac{k}{m} = 9.8513\frac{EI}{ml^3}$$

可得

$$\omega = 3.139\sqrt{\frac{EI}{ml^3}}$$

该结果比精确值 $3.067\sqrt{\dfrac{EI}{ml^3}}$（例 8-5）只大 2.3%。

8.6.2 集中质量法

此法是把结构的分布质量在一些适当的位置集中起来而化为若干集中质量,把无限自由度结构简化为有限自由度结构。显然,集中质量的数目愈多,所得结果就愈精确,但相应计算工作量也愈大。不过,在求通常的低频率时,集中质量的数目毋须太多,即可得到满意的结果。

【例 8-11】试求具有均布质量 m 的简支梁的自振频率。

解:

(1)如图 8-36a)所示,为了求最低频率,可将梁分为两段,并将每段的质量集中于该段的两端,使梁简化为单自由度结构,然后按单自由度结构的频率计算公式即可求得

$$\omega_1\sqrt{\frac{1}{m_1\delta_{11}}}=\sqrt{\frac{1}{\frac{ml}{2}\times\frac{l^3}{48EI}}}=\frac{9.08}{l^2}\sqrt{\frac{EI}{m}}$$

精确解为 $\omega_1=\frac{\pi^2}{l^2}\sqrt{\frac{EI}{m}}=\frac{9.87}{l^2}\sqrt{\frac{EI}{m}}$。将两者相较,近似法的误差只有 0.7%。

(2)如果求其第一和第二频率,则至少须把结构简化为具有两个自由度。为此,可按图 8-36b)方案将质量集中。相关位移为

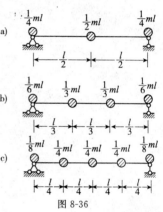

$$\delta_{11}=\delta_{22}=\frac{4l^3}{243EI},\delta_{12}=\delta_{21}=\frac{7l^3}{486EI}=\frac{7}{8}\delta_{11}$$

将上列数值以及 $m_1=m_2=\frac{1}{3}ml$ 代入式(8-89)计算,再由式(8-90)得

$$\omega_1=\frac{9.86}{l^2}\sqrt{\frac{EI}{m}},\omega_2=\frac{38.2}{l^2}\sqrt{\frac{EI}{m}}$$

图 8-36

此时,ω_1 与精确解相差 0.1%;ω_2 的精确解为 $\frac{39.48}{l^3}\sqrt{\frac{EI}{m}}$,故其近似解的误差为 3.24%。

(3)如果要求其第一、第二和第三频率,则至少应将梁简化为三个自由度的结构。可采用图 8-36c)所示方案,则按多自由度结构的频率计算方法可求得

$$\omega_1=\frac{9.865}{l^2}\sqrt{\frac{EI}{m}},\omega_2=\frac{39.2}{l^2}\sqrt{\frac{EI}{m}},\omega_3=\frac{84.6}{l^2}\sqrt{\frac{EI}{m}}$$

此时,ω_1 的误差仅为 0.05%;ω_2 的误差为 0.7%;而 ω_3 的精确解为 $\frac{88.83}{l^2}\sqrt{\frac{EI}{m}}$,其近似解的误差为 4.8%。

由此可见,集中质量法能给出较精确的近似结果,故在工程上常被采用。特别是对于一些较为复杂的结构如桁架、刚架等,采用此法可简便地找出其最低频率。但在选择集中质量的位置时,须注意结构的振动形式,而将质量集中在振幅较大的地方,才能使所得的频率值较为正确。例如在计算简支梁的最低频率时,由于其相应的振动形式是对称的,且跨中振幅最大,故应将质量集中在跨度中点;而在计算双铰拱的最低频率时,则由于其相应的振动形式是反对称的,拱顶竖向位移为零,故不宜将质量集中在该处,而应集中在拱跨的两个 1/4 点处,因为这些地方的振幅较大[图 8-37a)]。又如对于图 8-37b)所示刚架,当它作对称振动时,各结点无线

位移,这时应将质量集中于杆件的中点;而在反对称振动时,如图 8-37c)所示,应将质量集中在结点上。

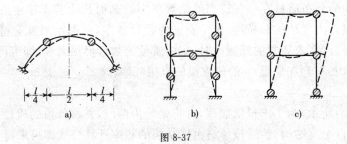

图 8-37

8-1 试确定题 8-1 图示各结构的振动自由度。各集中质量略去其转动惯量；杆件质量除注明者外略去不计；杆件轴向变形忽略不计。

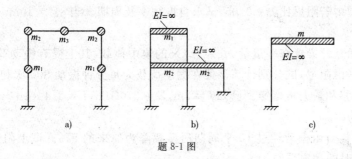

题 8-1 图

8-2 试列出题 8-2 图示结构的振动微分方程，不计阻尼。［提示：a）列动力平衡方程 $\Sigma M_A = 0$ 较简便；b）列位移方程较简便。］

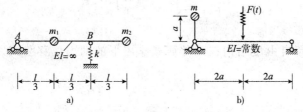

题 8-2 图

8-3 试求题 8-3 图示各结构的自振频率。略去杆件自重及阻尼影响。

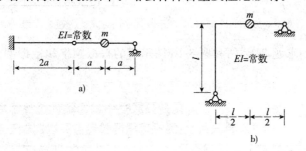

题 8-3 图

8-4 试求题 8-2a）图示结构的自振频率。

8-5 试求题 8-5 图示桁架的自振频率。已知质量 m 重为 $mg = 40\text{kN}$，$g = 9.81\,\text{m/s}^2$，桁架各截面相同，$A = 2 \times 10^{-3}\,\text{m}^2$，$E = 210\text{GPa}$，并设桁架各杆自重及质量 m 的水平运动均可略去不计。

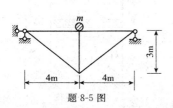

题 8-5 图

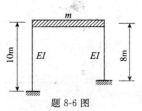

题 8-6 图

253

8 -6 试求题 8-6 图示刚架侧移振动时的自振频率和周期。横梁的刚度可视为无穷大,重量为 $mg=200\text{kN}$(柱子的部分重量已集中到横梁处,不需另加考虑),$g=9.81\text{m/s}^2$,柱的 $EI=5\times 10^4\text{kN}\cdot\text{m}^2$。

8 -7 在题 8-6 图中若初始位移为 10mm,初始速度为 0.1m/s。试求振幅值和 $t=1\text{s}$ 时的位移值。

8 -8 在题 8-6 图中若阻尼比 $\zeta=0.05$,试求自振频率及周期。当 $y_0=10\text{mm}$,$\dot{y}_0=$ 时,求 $t=1\text{s}$ 时位移是多少?

8 -9 题 8-9 图示悬臂梁具有一重量 $mg=12\text{kN}$ 的集中荷载,其上受有振动荷载 $F\sin\theta t$,其中 $F=5\text{kN}$。若不考虑阻尼,试分别计算该梁在振动荷载为每分钟振动 300 次和 600 次两种情况下的最大竖向位移和最大负弯矩。已知 $l=2\text{m}$,$E=210\text{GPa}$,$I=3.4\times10^{-5}\text{m}^4$。梁的自重可略去不计。

8 -10 测得某结构自由振动经过 10 个周期后振幅降为原来的 5%。试求阻尼比和在简谐干扰力作用下共振时的动力系数。

8 -11 爆炸荷载可近似用题 8-11 图示规律表示,即

$$F(t)=\begin{cases}F\left(1-\dfrac{t}{t_1}\right),& t<t_1\\ 0 ,& t\geqslant t_1\end{cases}$$

若不考虑阻尼,试求单自由度结构在此种荷载作用下的动力位移公式。设结构原处于静止状态。

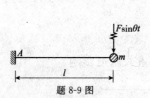

题 8-9 图

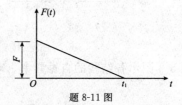

题 8-11 图

8 -12～8 -13 试分别求题 8-12 图和题 8-13 图示梁的自振频率和主振型。梁的自重可略去不计,$EI=$ 常数。

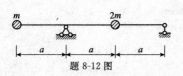

题 8-12 图

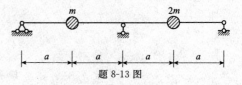

题 8-13 图

8 -14～8 -15 试分别求题 8-14 图和题 8-15 图示刚架的自振频率和主振型。

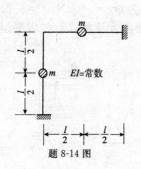

题 8-14 图

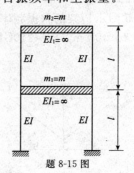

题 8-15 图

8-16 题 8-16 图示悬臂梁上装有两个发电机，重各为 $G=30\text{kN}$，振动力最大值为 $F=5\text{kN}$。试求当发电机 D 不开动而发电机 C 在每分钟转动次数分别为 300 次和 500 次时，梁的动力弯矩图。已知梁的 $E=210\text{GPa}$，$I=2.4\times10^{-4}\text{m}^4$。梁重可略去。

8-17 题 8-17 图示梁的 $E=210\text{GPa}$，$I=1.6\times10^{-4}\text{m}^4$，重量 $mg=20\text{kN}$，设振动荷载最大值 $F=4.8\text{kN}$，角频率 $\theta=30\text{s}^{-1}$。试求两质点处的最大竖向位移。梁重可以略去。

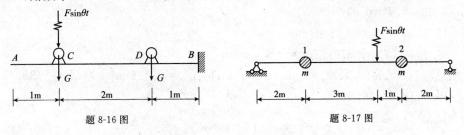

题 8-16 图　　　　　　　题 8-17 图

8-18 试求题 8-18 图示刚架的最大动力弯矩图。设 $\theta=\sqrt{48EI/ml^3}$，刚架自重已集中于两质点处。

8-19 题 8-19 图示刚架各横梁刚度为无穷大，试求各横梁处的位移幅值和柱端弯矩幅值。已知 $m=100\text{t}$，$EI=5\times10^5\text{kN}\cdot\text{m}^2$，$l=5\text{m}$；简谐荷载幅值 $F=30\text{kN}$，每分钟振动 240 次。

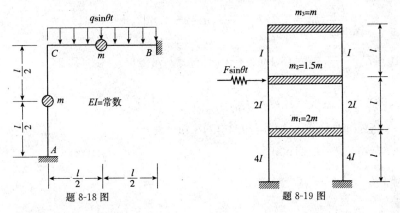

题 8-18 图　　　　　　　题 8-19 图

8-20 用振型分解法重作题 8-16。

8-21 用振型分解法重作题 8-19。

8-22 试用能量法求题 8-22 图示梁的最低自振频率。设以梁在自重下的弹性曲线为其振动形式。

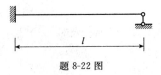

题 8-22 图

答　　案

8-1 a) 4；b) 2；c) 2

8-2 a) $\ddot{y}_1+\dfrac{4k}{m_1+9m_2}y_1=0$；b) $\ddot{y}+\dfrac{3EI}{5a^3m}y=\dfrac{3}{5}\dfrac{F(t)}{m}$

255

8-3 a)$\sqrt{\dfrac{6EI}{5a^3m}}$;b)$\dfrac{2}{3}\sqrt{\dfrac{k}{m}}$

8-4 $\sqrt{\dfrac{4k}{m_1+9m_2}}$

8-5 87.3s^{-1}

8-6 $\omega=9.32\text{s}^{-1}, T=0.674\text{s}$

8-7 $a=14.67\text{mm}, y_{t=1}=-8.82\text{mm}$

8-8 $\omega'=9.30\text{s}^{-1}, T=0.676\text{s}, y_{t=1}=-5.34\text{mm}$

8-9 a)$\Delta_{\max}=7.88\text{mm}(\downarrow); M_A=-42.2\text{kN}\cdot\text{m}$;b)$\Delta_{\max}=6.18\text{mm}(\downarrow); M_A=-36.4\text{kN}\cdot\text{m}$

8-10 $\zeta\approx0.0477, \mu\approx10.5$

8-11 当 $t\leqslant t_1$，$y=y_{st}\left(1-\cos\omega t+\dfrac{\sin\omega t}{\omega t_1}-\dfrac{t}{t_1}\right)$；当 $t\geqslant t_1$，$y=$

$y_{st}\left[-\cos\omega t+\dfrac{\sin\omega t-\sin\omega(t-t_1)}{\omega t_1}\right]$

8-12 $\omega_1=0.931\sqrt{\dfrac{EI}{ma^3}}, \omega_2=2.352\sqrt{\dfrac{EI}{ma^3}}, \dfrac{A_2^{(1)}}{A_1^{(1)}}=-0.305, \dfrac{A_2^{(2)}}{A_1^{(2)}}=1.638$

8-13 $\omega_1=1.928\sqrt{\dfrac{EI}{ma^3}}, \omega_2=3.327\sqrt{\dfrac{EI}{ma^3}}, \rho_1=-1.592, \rho_2=0.314$

8-14 $\omega_1=10.47\sqrt{\dfrac{EI}{ml^3}}, \omega_2=13.86\sqrt{\dfrac{EI}{ml^3}}, \rho_1=-1, \rho_2=1$

8-15 $\omega_1=3.028\sqrt{\dfrac{EI}{ml^3}}, \omega_2=7.927\sqrt{\dfrac{EI}{ml^3}}, \dfrac{A_2^{(1)}}{A_1^{(1)}}=1.618, \dfrac{A_2^{(2)}}{A_1^{(2)}}=-0.618$

8-16 a)$M_B=33.90\text{kN}\cdot\text{m}$;b)$M_B=29.45\text{kN}\cdot\text{m}$

8-17 $y_1^0=2.27\text{mm}, y_2^0=2.41\text{mm}$

8-18 $M_B=\dfrac{15}{96}ql^2$

8-19 $\begin{Bmatrix}y_1^0\\y_2^0\\y_3^0\end{Bmatrix}=\begin{Bmatrix}-0.076\\-0.117\\-0.518\end{Bmatrix}\text{mm}$；各层柱端弯矩幅值：$\begin{Bmatrix}M_1\\M_2\\M_3\end{Bmatrix}=\begin{Bmatrix}36.3\\24.4\\40.9\end{Bmatrix}\text{kN}\cdot\text{m}$

8-22 $\omega=\dfrac{15.45}{l^2}\sqrt{\dfrac{EIg}{q}}$

参 考 文 献

[1] 李廉锟．结构力学[M].4 版．北京:高等教育出版社,2006.

[2] 龙驭球,包世华．结构力学[M].4 版．北京:高等教育出版社,2007.

[3] Bingchen zhi. Structural Mechanics[M]. 北京:清华大学出版社,1996.

[4] 杨茀康,李家宝．结构力学(上)[M].4 版．北京:高等教育出版社,1997.

[5] 王焕定．结构力学[M].4 版．北京:清华大学出版社,2004.

[6] 郭少华,刘奇言,肖勇刚．结构力学[M].北京:中南大学出版社,2002.